普通高等教育"十三五"规划教材

Excel 数据分析教程

◎主　编　段　杨

◎副主编　张　莉

◎参　编　黄　攀　曾　静　盛加林

U0322795

电子工业出版社

Publishing House of Electronics Industry

北京 · BEIJING

内 容 简 介

本书立足于已具有 Excel 初步知识的读者，系统地介绍了 Excel 2016 的一些高级功能使用方法和技巧，并通过大量实用案例引导读者将所学知识应用到实际工作中。本书共 8 章，从图表到各级分析工具再到 VBA，所有内容都紧扣数据分析的主题，为读者进入更高阶段的学习打下了基础。

全书结构紧凑，重点突出，立足商务实用，既整合了入门类图书的看图说话、图文并茂的特点，又融入了技术型图书的分类精准、逻辑严密的特点，特别是借鉴了案例类图书融会贯通、举一反三的优点，使其具有广泛的适应性和实用性，适合具有一定基础的 Excel 用户学习和参考，也适合高校本科专业基础课使用。

图书在版编目（CIP）数据

Excel 数据分析教程 / 段杨主编. —北京：电子工业出版社，2017.8

ISBN 978-7-121-32177-1

Ⅰ．①E… Ⅱ．①段… Ⅲ．①表处理软件—高等学校—教材 Ⅳ．①TP391.13

中国版本图书馆 CIP 数据核字（2017）第 161274 号

策划编辑：王志宇
责任编辑：裴 杰
印　　刷：北京虎彩文化传播有限公司
装　　订：北京虎彩文化传播有限公司
出版发行：电子工业出版社
　　　　　北京市海淀区万寿路 173 信箱　邮编　100036
开　　本：787×1 092　1/16　印张：18.75　字数：480 千字
版　　次：2017 年 8 月第 1 版
印　　次：2021 年 2 月第 8 次印刷
定　　价：45.00 元

凡所购买电子工业出版社图书有缺损问题，请向购买书店调换。若书店售缺，请与本社发行部联系，联系及邮购电话：（010）88254888，88258888。

质量投诉请发邮件至 zlts@phei.com.cn，盗版侵权举报请发邮件至 dbqq@phei.com.cn。

本书咨询联系方式：（010）88254523，wangzy@phei.com.cn。

前 言

PREFACE

　　随着计算机软、硬件的不断升级，以及教学方式的不断改革，计算机教学内容也需要不断改进。作为 Office 组件中最有价值的 Excel，以及目前主流的表格制作和数据处理软件，它以其功能强大、操作简便及安全稳定等特点，已经成为办公用户必备的数据处理软件之一，其应用涵盖了办公自动化应用的所有领域，包括统计、财会、人事、管理、销售等。如今，熟练操作 Excel 软件已经成为职场人士必备的技能。

　　但也正是由于 Excel 的功能十分强大，要想熟练掌握其高级功能，选择一本合适的参考书尤为重要。本书立足于已具有 Excel 初步知识的读者，系统地介绍了 Excel 的一些高级功能使用方法和技巧，并通过大量实用案例引导读者将所学知识应用到实际工作中。本书具有知识点全面、讲解细致、图文并茂和案例丰富等特点，适合具有一定基础的 Excel 用户学习和参考，也适合作为高校本科专业基础课教材。

　　本书共 8 章，所有内容都紧扣数据分析的主题。第 1 章 Excel 数据可视化——图表的应用，以雷达图为引例，介绍了 Excel 各种图表类型的使用范围、图表的基本操作；第 2 章 Excel 数据分析入门——透视分析，通过排序与筛选、分类汇总、数据透视表、数据透视图等几部分介绍了 Excel 的基本分析方法；第 3 章 Excel 数据分析初步——使用简单分析工具，介绍了模拟运算表、方案编辑器等分析工具的使用以及目标搜索等分析方法，算是 Excel 的通用分析方法入门；第 4 章 Excel 数据分析进阶——函数的应用，通过一个风险分析的实例，介绍了 Excel 的主要函数类别，重点是查找与引用函数；第 5～7 章列出了 Excel 在统计、预测、规划等领域的高级应用，算作专业分析方法的应用实践；第 8 章 Excel 数据分析自动化——宏和 VBA 的应用，通过对控件、宏和 VBA 的初步学习，为读者进入更高阶段的学习打下了基础。

　　全书结构紧凑，重点突出，立足商务实用，既整合了入门类图书的看图说话、图文并茂的特点，又融入了技术型图书的分类精准、逻辑严密的特点，特别是借鉴了案例类图书融会贯通、举一反三的优点，使其具有广泛的适应性和实用性。参与编写本书的几位编者都拥有在高校长期从事相关理论和实验课程教学的经历，对 2016 版之前的各版 Excel 也有相当的了解，主编段杨长期从事 Visual Basic 课程的教学，在本书中主要编写第 2、7、8 章；副主编张莉主要编写第 1、3 章；另外，参与本书编写的还有黄攀（编写第 4 章）、曾静（编写第 5 章）和盛加林（编写第 6 章）。

　　在编写本书的过程中，参考了相关书籍，在此对这些书籍的作者表示感谢。

　　虽然各位编者都尽心尽力，倾注了大量心血，但由于水平有限，加之时间仓促，书中难免有不妥和错误之处，恳请广大读者和同仁批评指正。

编　者

CONTENTS

第1章

Excel 数据可视化——图表的应用

本章提要

　　本章首先通过一个经营分析的实例引入图表应用的操作。经营分析本质上是一种静态的（因为没有变量）、宏观的状态分析，是 Excel 对数据的可视化的描述，严格来说还没有进行分析。

　　本章主要通过企业的经营发展分析问题介绍了雷达图的应用和分析方法，着重说明了 Excel 中图表制作和修饰的基本步骤和操作技巧，同时说明了 Excel 中其他常用图表的特点和应用范围。

1.1 用雷达图描述企业的经营现状

1.1.1 描述企业经营现状的指标

　　首先需要全面计算企业的各项经营指标。一般可从收益性、流动性、安全性、生产性和成长性 5 个方面进行分析。

（1）**收益性分析**

收益性指标反映了企业的收益或盈利能力，包括以下主要内容。

$$总资金利润率=\frac{利润总额}{国家资金+自有资金+负债}\times100\%$$

$$销售利润率=\frac{销售利润}{销售收入}\times100\%$$

$$销售总利润率=\frac{利润总额}{销售收入}\times100\%$$

$$流动资金利润率=\frac{利润总额}{流动资金+流动负债}\times100\%$$

$$销售收入对费用率=\frac{车间经费+企业管理费}{销售收入}\times100\%$$

$$销售额经常利润率=\frac{经常利润}{销售收入}\times100\%$$

（2）**流动性分析**

流动性指标主要描述企业的周转情况，通常使用以下 3 个指标。

$$流动资金周转次数 = \frac{年销售收入}{流动资金年平均占用额}$$

$$固定资产周转次数 = \frac{销售收入}{固定资产净值}$$

$$盘存资产周转次数 = \frac{销售收入}{盘点资产平均额}$$

（3）安全性分析

安全性分析则主要判断企业在财务上的平衡状况，主要从以下几个指标入手。

$$流动率 = \frac{流动资产}{流动负债} \times 100\%$$

$$活期比率 = \frac{活期资产}{流动负债} \times 100\%$$

$$固定比率 = \frac{固定资产}{自有资金} \times 100\%$$

（4）生产性分析

生产性指标主要反映了企业的经济效益，主要指生产、技术、经济活动的投入与产出的比值，主要指标如下。

$$人均销售收入 = \frac{销售收入}{职工人数}$$

$$人均利润收入 = \frac{利润总额}{职工人数}$$

$$人均净产值 = \frac{净产值}{职工人数}$$

$$人均劳务费 = \frac{劳务费}{职工人数}$$

$$劳动分配率 = \frac{劳务费}{净产值}$$

$$固定资产投资率 = \frac{净产值}{固定资产原值}$$

（5）成长性分析

成长性指标主要反映了企业经营活动的发展变化趋势，属于企业经营状态的动态分析，主要的成长性指标包括销售收入增长率、固定资产增长率、总产值增长率、净产值增长率、总利润增长率和人员增长率等，其计算公式均为相应指标的当期值与基期值之比。例如，销售收入增长率的计算公式为

$$销售收入增长率 = \frac{销售收入当期值}{销售收入基期值} \times 100\%$$

1.1.2 雷达图结构

计算出了企业的各项经营比率后，仅仅通过数据或表格反映计算的结果不太直观。而通过图表可以清晰地反映出数据的各种特征，如最大值、最小值、变化趋势、变化速度以

及多组数据间的相互关系等。而雷达图是专门用来进行多指标体系分析的专业图表。

雷达图通常由一组坐标轴和三个同心圆构成。每个坐标轴代表一个指标。同心圆中最小的圆表示最差水平或平均水平的 1/2；中间的圆表示标准水平或平均水平；最大的圆表示最佳水平或平均水平的 1.5 倍。其中，中间的圆与外圆之间的区域称为标准区。图 1-1 即为一个描述某企业经营状况的雷达图。

在雷达图上，企业的各项经营指标比率分别标在相应的坐标轴上，并用线段将各坐标轴上的点连接起来。如果某项指标位于平均线以内，则说明该指标有待改进。而对于接近甚至低于最小圆的指标，则是危险信号，应分析原因，抓紧改进。如果某项指标高于平均线，则说明该企业相应方面具有优势。各种指标越接近外圆越好。

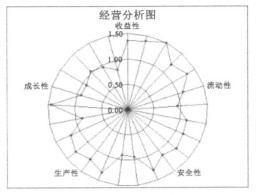

图 1-1　一个描述某企业经营状况的雷达图

1.1.3　根据雷达图分析得出的企业经营现状类型

根据雷达图的不同形状，通常可以将企业大致分为以下几种类型。

1．理想稳定型

五性指标较为均匀地分布在标准区内，称为理想稳定型，如图 1-2 所示。理想稳定型是很完善的经营体制。如果一个企业处于该阶段，可以考虑增加设备投资，扩大企业规模，开展多种经营等措施，积极向前发展。同时，可注意加强研究开发、广告宣传等先行投资。理想的经营状态变化规律是稳定理想型—成长型—理想稳定型。

2．保守型

如果企业的收益性、流动性和安全性比率指标位于标准区，而生产性、成长性比率指标低于标准区，则称为保守型，如图 1-3 所示。这说明该企业属于保守的、安全性较强的体制。一般老企业容易处于这种状态。此时应注意改进销售政策，开发新的产品，以及加强设备投资等方面的问题。其理想的经营状态变化是保守型—理想稳定型，从而进入良性循环。而要注意避免保守型—消极安全型的变化趋势。

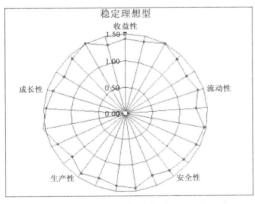

图 1-2　理想稳定型企业的雷达图

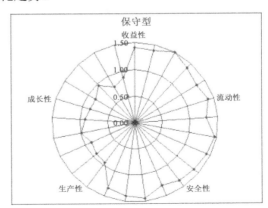

图 1-3　保守型企业的雷达图

3．成长型

如果企业的收益性、流动性和成长性比率指标位于标准区，而安全性、生产性比率指标低于标准区，则称为成长型，如图 1-4 所示。这说明该企业正处于业绩上升的恢复期，而财政未能适应急速发展的情况。此时应注意资金调度，争取增加资金，争取向着成长型—理想稳定型的方向发展。

4．积极扩大型

如果企业的安全性、成长性和生产性比率指标均位于标准区，但是流动性、收益性比率指标低于同行业平均水平，则属于积极扩大型，如图 1-5 所示。以增加数量为主要手段扩大经营的企业通常会出现这种情况。此时应注意改进利润计划，根据市场需求尽量投产高利润产品，同时应注意节约经费，争取出现积极扩大型—稳定理想型趋势。

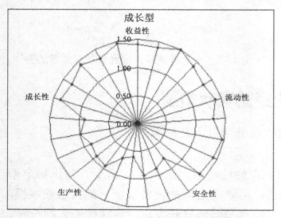

图 1-4　成长型企业的雷达图

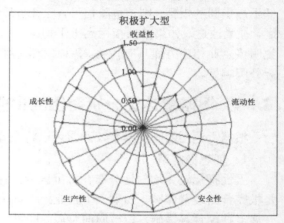

图 1-5　积极扩大型企业的雷达图

5．消极安全型

如果企业的安全性比率指标大大高于同行业平均水平，而生产性、成长性、收益性和流动性指标均低于标准区，则表示该企业属于消极安全型，如图 1-6 所示。当企业维持消极经营时，容易陷入这种情况。此时应充分利用财政余力提高成长性，努力开发新产品，使经营活跃起来，向着消极安全型—积极扩大型—稳定理想型趋势发展。

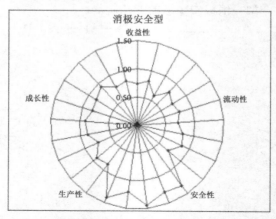

图 1-6　消极安全型企业的雷达图

1.2 雷达图的制作

雷达图是由多个坐标轴构成的图形，用手工制作还是比较复杂的。而如果应用雷达图进行经营分析，需要考查各指标的变动情况和相互影响，这样可能需要绘制多个雷达图。利用 Excel 只需将有关的数据输入到工作表中，即可方便、快捷地制作雷达图，而当数据变动时，相应的图形可以自动更新。

1.2.1 数据的准备

数据的准备包括下述几方面的工作。

1．输入企业经营数据

首先需要将企业的各项经营指标输入到 Excel 工作表中。如果企业已采用计算机管理，则可以直接将有关的数据导入到 Excel 工作表中。如果企业使用 Excel 进行日常财务管理，则可以根据明细账分类汇总得到总账（科目汇总表），再直接引用其中有关经营的各项指标。

2．计算指标比率

根据前面所列的计算公式，计算出相应的比率指标。对于同一工作表的数据，一般可使用相对地址直接引用。如果不在同一个工作表中（最好将雷达图分析的数据放在一个新的工作表中），则可以按下述格式引用：

< 工作表名称 >！< 单元格相对地址 >

如果是跨工作簿的引用，则需在上述格式前加上工作簿的名称：

<[工作簿名称]>< 工作表名称 >！< 单元格混合（或绝对）地址 >

其中，将工作簿名称括起的方括号是必需的。比较稳妥的方法是将要引用的工作簿都打开，然后在引用时，直接用鼠标点选相应工作簿的有关单元格。Excel 会自动按正确的格式填入。注意：在跨工作表或工作簿引用时，要在被引用的工作表或工作簿上单击"√"符号，否则将会出错。

3．输入参照指标

经营分析通常都需要将被分析企业与同类企业的标准水平或平均水平进行比较。所以需要在工作表中输入有关的参照指标。我国对不同行业、不同级别的企业都有相应的标准，因此可以用同行业同级企业标准作为对照。图 1-7 是已准备好有关数据的工作表的一部分。

4．计算作图数据

雷达图是使用企业实际指标比率与参照值的比值数据来制作的。因此，在制作雷达图以前，还需计算出所有的指标比值。为了反映出收益性、流动性、安全性、生产性和成长性的平均指标，还可计算出"五性"的平均值。具体步骤如下。

	A	B	C	D	E
1	企业经营分析比率表				
2	项目	细目	单位	企业值	标准值
3	收益性	收益性			
4		总资本利润率	%	14	10
5		销售利润率	%	31	20
6		销售总利润率	%	6	5
7		销售收入对费用率	%	24	18
8	流动性	流动性			
9		总资金周转率	次/年	1.6	1.7
10		流动资金周转率	次/年	1.7	1.5
11		固定资产周转率	次/年	4	3.5
12		盘存资产周转率	次/年	12	10
13	安全性	安全性			
14		流动率	%	180	140
15		活题比率	%	85	90
16		固定比率	%	45	50
17		利息负担率	%	40	30
18	生产性	生产性			
19		人均销售收入	万元	3.2	2.5
20		人均利润收入	万元	1.9	1.6
21		人均净产值	万元	1.3	1.5
22		劳动准备率	万元	3.2	2.2
23	成长性	成长性			
24		总利润增长率	%	110	120
25		销售收入增长率	%	124	120
26		固定资产增长率	%	100	105
27		人员增长率	%	120	150

图 1-7　雷达图原始数据

输入计算公式：选定 F4 单元格，输入计算比值的公式"＝D4／E4"。注意，这里应使用相对地址。

填充计算公式：选定 F4 单元格，将光标指向当前单元格的右下角填充柄。当鼠标指针变为黑色十字形状时，按住鼠标左键将其拖到 F7 后放开。

计算平均值：选定 F3 单元格，单击粘贴函数按钮，选定常用或统计分类中的 AVERAGE 函数。或者输入等号后，单击编辑栏左侧的函数列表框下拉按钮，从中选择 AVERAGE 函数。在 AVERAGE 函数对话框中的 Number1 框中输入"F4:F7"，或直接用鼠标选定 F4:F7 单元格区域。建立计算平均值的公式"＝ AVERAGE（F4:F7）"。

按照类似的方法，计算流动性、安全性等其他比值和平均值。因为"五性"的计算公式都是类似的，而且项数也一样多，所以可以简单地使用复制的方法，将计算收益性比值和平均值的公式直接复制到 F8:F12、F13:F17 等单元格区域中，最后计算结果如图 1-8 所示。

	A	B	C	D	E	F
1	企业经营分析比率表					
2	项目	细目	单位	企业值	标准值	比值
3	收益性	收益性				1.37
4		总资本利润率	%	14	10	1.40
5		销售利润率	%	31	20	1.55
6		销售总利润率	%	6	5	1.20
7		销售收入对费用率	%	24	18	1.33
8	流动性	流动性				1.10
9		总资金周转率	次/年	1.6	1.7	0.94
10		流动资金周转率	次/年	1.7	1.5	1.13
11		固定资产周转率	次/年	4	3.5	1.14
12		盘存资产周转率	次/年	12	10	1.20
13	安全性	安全性				1.12
14		流动率	%	180	140	1.29
15		活期比率	%	85	90	0.94
16		固定比率	%	45	50	0.90
17		利息负担率	%	40	30	1.33
18	生产性	生产性				1.20
19		人均销售收入	万元	3.2	2.5	1.28
20		人均利润收入	万元	1.9	1.6	1.19
21		人均净产值	万元	1.3	1.5	0.87
22		劳动准备率	万元	3.2	2.2	1.45
23	成长性	成长性				0.93
24		总利润增长率	%	110	120	0.92
25		销售收入增长率	%	124	120	1.03
26		固定资产增长率	%	100	105	0.95
27		人员增长率	%	120	150	0.80

图 1-8 雷达图数据准备

1.2.2 创建雷达图

数据准备好以后，即可制作雷达图了。创建雷达图的基本步骤如下。

① 选定制作雷达图的数据源。选定 A3:A27 单元格区域，然后按住 Ctrl 键，再选定 F3:F27 单元格区域。前者用来标识坐标轴信息，后者是实际作图的数据源。

② 单击"插入"→"图表"→"推荐的图表"按钮，在"插入图表"对话框中选择"所有图表"选项卡，从中选择需要的雷达图样式，如图 1-9 所示。

使用 Excel 2016 时，生成的雷达图没有轴线，并且无论怎样操作都加不上，即使给"坐标轴格式"的"刻度线"加上了"内部""外部""交叉"中的一个，也只能得到如图 1-10 所示的效果。

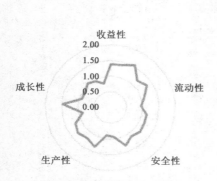

图 1-9 刚建好的雷达图

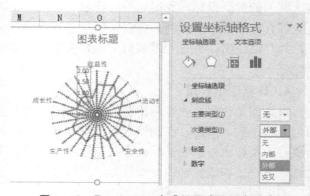

图 1-10 Excel 2016 生成的雷达图没有轴线

这是 Office 2013 的一个漏洞，Office 2016 也延续了此漏洞。解决方法如下：先制作成其他图，如图 1-11 所示的默认的柱形图：

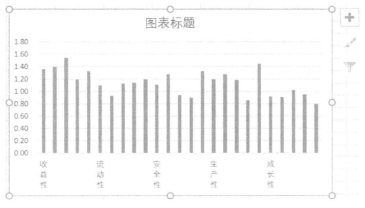

图 1-11 生成柱形图

其纵坐标也是只有刻度没有坐标线的。选中它，在"设置坐标轴格式"窗格中为其加上线条，如图 1-12 所示。

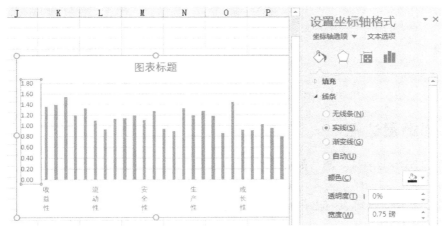

图 1-12 在柱形图中生成轴线

在这里可以领会"刻度线"中的"外部""内部""交叉"的含义，如图 1-13 所示。

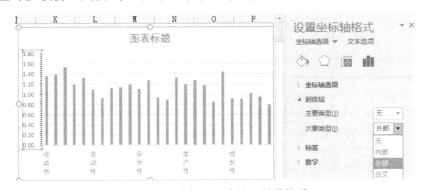

图 1-13 在柱形图中设置轴线格式

当然，在"次要类型"→"刻度"中还是选择"无"，选中图表，单击"插入"→"图表"→"雷达图"按钮，即可得到坐标轴，如图 1-14 所示。

图 1-14　将柱形图转换成雷达图

1.2.3　修饰雷达图

雷达图刚制作出来时，通常需要进行修饰，以便看起来更清晰、美观。修饰雷达图时，可根据需要针对不同的图表对象，如图表标题、坐标轴、网格线、数据标志以及分类标志分别进行操作。操作时，可以右击相应的图表对象，然后在弹出的快捷菜单中选择有关的格式选项，也可直接双击有关的图表对象，此时都会弹出有关的对话框，再选择有关的选项卡和选项即可。下面分别介绍图表标题、坐标轴、分类标志和数据标志等对象的修饰。

1．图表标题

当右击图表标题，在快捷菜单中选择"设置图表标题格式"选项后，将弹出"设置图表标题格式"窗格，如图 1-15 所示。

在"填充""效果"和"大小与属性"3 个选项卡中，可以根据需要选择不同的图案效果和对齐方式等，至于字体、字形、字号以及文字颜色等，则仍然在 Excel 主界面中进行设置。此外，还可以选择不同的设置。这里在"字体"选项卡中选中隶书，并将字号放大到 36 磅。

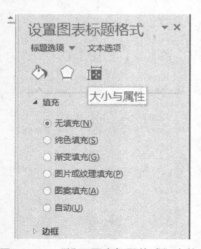

图 1-15　"设置图表标题格式"窗格

2．坐标轴

在图表中，坐标轴的设置十分重要。设置得当，可以使数据的特征更加清晰。右击坐标轴，再在弹出的快捷菜单中选择“设置坐标轴格式”选项，或直接单击某坐标轴，右侧窗格将更改为“设置坐标轴格式”窗格。除了一般的图案、字体、数字、对齐等选项卡之外，关键是“刻度”选项卡中的设置，其中有最大值、最小值、主要刻度单位、次要刻度单位等选项。通常情况下，Excel 会根据数据系列的数据分布自动设置上述选项。用户可以根据需要手工调整有关选项。根据雷达图的特性，这里将最大值改为 1.5。同时，在“图案”选项卡中设置刻度线标志为无，不显示坐标轴上刻度线的值。

3．分类标志

右击某个分类标志，如收益性，再选择快捷菜单中的“设置分类标志格式”选项，或直接单击某分类标签，右侧窗格将更改为“设置分类标签格式”窗格。该对话框主要用来设置数字和对齐方式等，至于字体的设置，仍然在 Excel 主界面中进行。

4．数据标志

如果需要在雷达图上方便地查看各指标比率的具体数值，则可以设置显示数据标志。在“图表元素”中选择“数据标签”，如图 1-16 所示：右击任意数据标签，再选择快捷菜单中的“设置数据标签格式”选项，或直接单击任意数据标签，右侧窗格将更改为“设置数据标签格式”窗格，在这里可对数据标签进行各种设置，至于字体的设置，仍然在 Excel 主界面中进行。

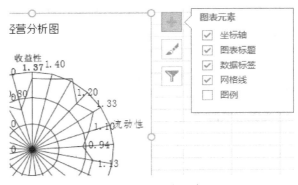

图 1–16　图表元素

修饰过的雷达图如图 1-17 所示。

特别注意：除了这种常用的同心圆式的雷达图外，也有不是圆形的雷达图，但它一定是同心的，可用来进行多个数据系列的比较，如用来了解每位员工最擅长的和最不擅长的科目（长处和短处），如图 1-18 所示。

图 1–17　修饰过的雷达图

	A	B	C	D	E	F
1		张三	李四	王五	赵六	
2	财务	30	80	60	90	
3	推销	70	40	30	40	
4	公关	40	60	80	30	
5	文秘	60	70	50	80	
6	行政	20	40	60	50	

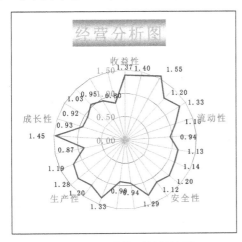

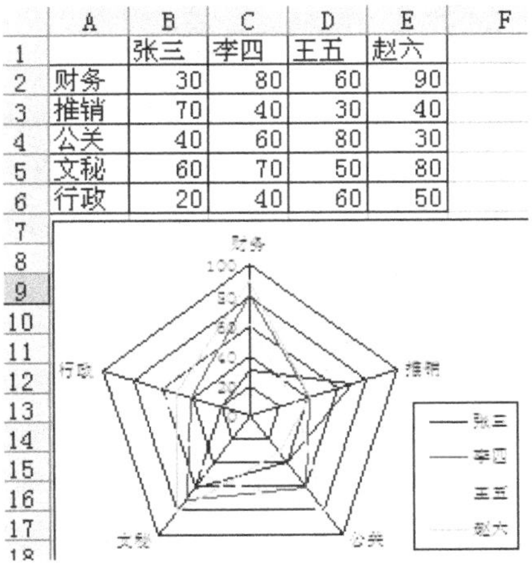

图 1–18　另一种常用的雷达图外观

1.3 Excel 图表类型

除了雷达图以外，Excel 还提供了 70 种不同类型的专业统计图表。对于一些特殊的应用，用户还可以自定义图表类型。

但是虽然有这些图表类型，如果不明白每种图形的特性，画出来的图表还是无法提供给相关人员决策判断的，以下简要介绍其他几种常用图表类型的特点和应用场合。

1.3.1 常见的标准类型

1. 柱形图

柱形图也称直方图，是 Excel 的默认图表类型，也是用户经常使用的一种图表类型。通常用来描述不同时期数据的变化情况或描述不同类别数据（称为分类项）之间的差异，也可以同时描述不同时期、不同类别数据的变化和差异。例如，描述不同时期的生产指标，产品的质量分布，或不同时期多种销售指标的比较等。一般将分类数据或时间在水平轴上标出，而把数据的大小在垂直轴上标出。如果要描述不同时期、不同类别的数据，则可将不同类别数据用图例表示。如图 1-19 所示为 2017 年度某市主要景点旅游人数的统计。

柱形图共有 7 种子图表类型：簇状柱形图、堆积柱形图、百分比堆积柱形图、三维簇状柱形图、三维堆积柱形图、三维百分比堆积柱形图和三维柱形图。其中，簇状柱形图是柱形图的基本类型，如图 1-20 所示为使用百分比堆积柱形图描述的 2017 年度某市主要景点旅游人数的统计。

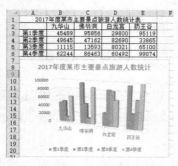

图 1-19　三维簇状柱形图

图 1-20　簇状柱形图

堆积柱形图和百分比堆积柱形图则通过将不同类别数据堆积起来，进一步反映相应的数据占总数的大小。三维的簇状柱形图、堆积柱形图和百分比柱形图则使得图形具有立体感，进一步加强了修饰效果。三维柱形图主要用来比较不同类别、不同系列数据的关系。

2. 条形图

条形图有些像水平的柱形图，它使用水平横条的长度来表示数据值的大小。条形图主要用来比较**不同类别数据之间**的**差异**情况，而不强调时间。一般把分类项在垂直轴上标出，而把数据的大小在水平轴上标出。这样可以突出数据之间差异的比较，而淡化时间的变化。例如，某种饮料畅销程度（销售额或各项商品的人气指数）可使用条形图表示，如图 1-21 所示。

条形图共有 6 个子图表类型：簇状条形图、堆积条形图、百分比堆积条形图、三维簇状条形图、三维堆积条形图和三维百分比堆积条形图。要分析某公司在不同地区的销售情况，可在垂直轴上标出地区名称，在水平轴上标出销售额数值，如图 1-22 所示。

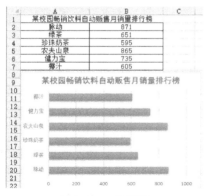

图 1-21　条形图

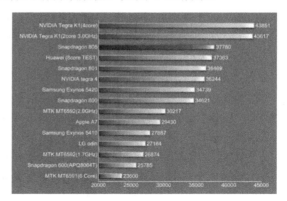

图 1-22　条形图的应用

3．折线图

折线图是用直线段将各数据点连接起来而组成的图形，以折线方式显示数据的变化趋势。在折线图中，数据是递增还是递减、增减的速率、增减的规律（周期性、螺旋性等）、峰值等特征都可以清晰地反映出来。所以，折线图常用来分析数据**随时间**的**变化趋势**，适合用来显示相等时间间隔（每月、每季、每年、…）的数据趋势，也可用来分析多组数据随时间变化的相互作用和相互影响。例如，可用来分析某类商品或某几类相关的商品随时间变化的销售情况，从而进一步预测未来的销售情况。例如，内贸统计第 1～4 季度的土特产订单金额，如图 1-23 所示。

在折线图中，一般水平轴（X 轴）用来表示时间的推移，并且间隔相同；而垂直轴（Y 轴）代表不同时刻的数据的大小。折线图共有 7 个子图表类型：折线图、堆积折线图、百分比堆积折线图、数据点折线图、堆积数据点折线图、百分比堆积数据点折线图和三维折线图。

4．饼图

饼图通常只用一组数据系列作为源数据。它将一个圆划分为若干个扇形，每个扇形代表数据系列中的一项数据值，其大小用来表示相应数据项占该数据系列总和的比例。所以饼图通常用来描述百分比例、构成等信息。例如，国民经济中不同产业部门的比例，某企业的销售收入构成，某学校的各类人员的构成等。例如，查看特定月份哪种小吃卖得最好，如图 1-24 所示。

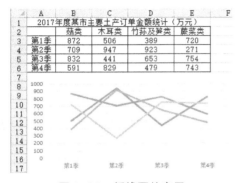

图 1-23　折线图的应用

图 1-24　饼图的应用

饼图共有 6 个子图表类型：饼图、三维饼图、复合饼图、分离型饼图、分离型三维饼图和复合条饼图。其中，复合饼图和复合条饼图是在主饼图的一侧生成一个较小的饼图或堆积条形图，用来将其中一个较小的扇形中的比例数据放大表示。

5. XY 散点图

XY 散点图与折线图类似，它可以用线段或者一系列的点来描述数据。它主要显示两组或多组数据系列之间的关联，如果散点图包含两组坐标轴，则会在水平方向显示一组数据系列，在垂直方向显示另一组数据系列，图表会把这些值合并成单一的数据点，并以不均匀间隔显示这些值。

XY 散点图除了可以显示数据的变化趋势以外，更多地用来描述**数据之间的关系**。例如，几组数据之间是否相关，是正相关还是负相关，以及数据之间的集中程度和离散程度等。它通常用于科学、统计以及工程数据，也可用于进行产品的比较，例如，冰、热两种饮料会随着气温变化而影响销售量，气温越高，冷饮销量越好，如图 1-25 所示。

XY 散点图共有 5 个子图表类型：散点图、平滑线散点图、无数据点平滑线散点图、折线散点图和无数据点折线散点图。其中，平滑线散点图可以自动对折线做平滑处理，更好地描述变化趋势，如图 1-26 所示。

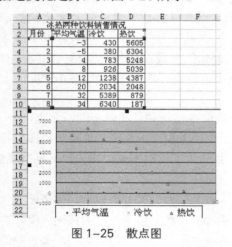

图 1-25　散点图

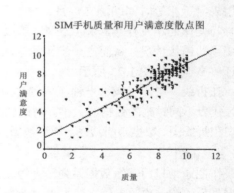

图 1-26　散点图的应用

6. 面积图

面积图实际上是折线图的另一种表现形式，因此也主要是基于时间变化看趋势的，它使用折线和分类轴（X 轴）组成的面积以及两条折线之间的面积来显示数据系列的值。面积图除了具备折线图的特点，强调数据随时间的变化以外，还可通过显示数据的面积来分析部分与整体的关系。例如，可用来描述国民经济不同时期、不同产业部门的产值数据等。例如，某地近年来新生入学统计如图 1-27 所示。

可以看出，面积图虽然是折线图的一种，但它是以堆叠方式显示的，确保数据系列不会交叉。

面积图共有 6 个子图表类型：面积图、堆积面积图、百分比堆积面积图、三维面积图、三维堆积面积图和三维百分比堆积面积图。

7. 圆环图

圆环图与饼图类似，也是用来描述比例和构成等信息的。但是饼图只能显示一个数据系列，而圆环图可以显示多个数据系列。圆环图由多个同心的圆环组成，每个圆环划分为若干个圆环段，每个圆环段代表一个数据值在相应数据系列中所占的比例。所以圆环图除了具有饼图的特点以外，常用来比较**多组数据的比例和构成关系**。例如，多个国家的国民经济中不同产业部门的比例，多个企业的销售收入构成，不同学校的各类人员的构成等。如图 1-28 所示为各厂商近 4 年来的空调销量。

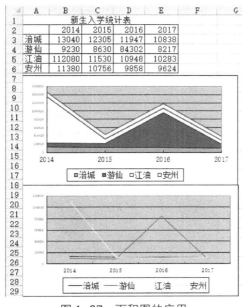

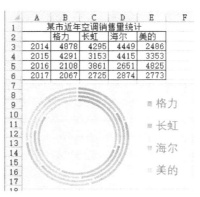

图 1-27　面积图的应用　　　　　　　　　　图 1-28　圆环图的应用

8．曲面图

曲面图是折线图和面积图的另一种形式，它在原始数据的基础上，通过跨两维的趋势线描述数据的变化趋势，而且通过拖放图形的坐标轴可以方便地变换观察数据的角度。如图 1-29 所示的两张图即为旋转到不同角度的同一个曲面图。

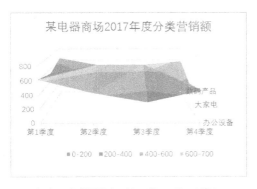

（a）一个曲面图（X 轴 0 度、Y 轴 15 度）　　　　（b）旋转到 X 轴 135 度、Y 轴 55 度的同一个曲面图

图 1-29　同一个曲面图的不同角度

9．气泡图

气泡图是 XY 散点图的扩展，它相当于在 XY 散点图的基础上增加了第三个变量，即气

泡的尺寸。气泡所处的坐标分别标出了在水平轴（X 轴）和垂直轴（Y 轴）的数据值，同时气泡的大小可以表示数据系列中第三个数据的值，数值越大，则气泡越大。所以气泡图可以应用于分析更加复杂的数据关系。除了描述两组数据之间的关系之外，它还可以描述数据本身的另一种指标。但气泡图要求数据按列排。如图 1-30 所示为考虑广告费对某设备销售情况的影响。

例如，要考查不同项目投资，各项目都有风险、收益以及成本等估计值。使用气泡图，将风险和收益数据分别作为水平轴和垂直轴的数据，而将成本作为气泡大小的第三组数据，可以较为清楚地展示不同项目的情况。气泡图有 2 种子图表类型：气泡图和三维气泡图。如图 1-31 所示为气泡图的应用。

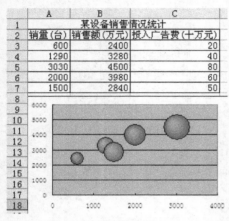

图 1-30　气泡图

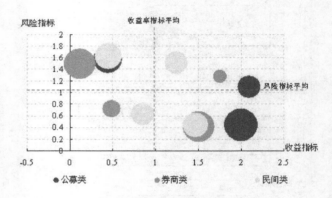

图 1-31　气泡图的应用

10．股价图

股价图是对股票市场进行技术分析的基本工具，它是一类比较复杂的专用图形，通常需要特定的几组数据来描述一段时间内股票或期货的价格变化情况，可以清楚地反映一段时期内股价的升跌、变化以及发展规律，从而可以大致判断未来的股市行情。常用股价图包括 K 线图、移动平均线和 K、D 线等。下面重点介绍 K 线图。

K 线图是研判股市行情的基本图形，它细腻敏感，信息全面，能较好地反映多空双方（多方——持有大量该股，希望股价能上涨；空方——现在还没有或很少持有该股，希望股价能下跌以便买进该股。在同一时期，某人在某股上是多方，在另一股上可能是空方；同一人对于同一股票来说，在不同时期有时是多方，有时是空方）的强弱状态和股价的波动，是股票投资技术分析的基本工具。

K 线图有多种形式，Excel 中提供了 4 种形式，分别是"盘高—盘低—收盘图""成交量—盘高—盘低—收盘图""开盘—盘高—盘低—收盘图"和"成交量—开盘—盘高—盘低—收盘图"。以下以第 4 种形式（参数最多）的 K 线图为例说明创建 K 线图的操作步骤。

① 在工作表中准备好股票的有关行情数据。注意，数据必须完整而且排列顺序应与图形要求的顺序一致，即按成交量、开盘、盘高、盘低和收盘的顺序排列，如图 1-32 所示。

② 选中要分析的数据所在的单元格区域，这里选定 B1:U6 单元格区域。

③ 单击常用工具栏中的图表向导工具按钮。

④ 在弹出的"图表向导—步骤 4 之 1—图表类型"对话框的图表类型中选择股价图，

在子图表类型中选择"成交量—开盘—盘高—盘低—收盘图"。

⑤ 按照图表向导的提示，一步步完成 K 线图的制作。完成的 K 线图如图 1-33 所示。

	A	B	C	D	E	F	G	H	I	J
1	日期	9月4日	9月5日	9月6日	9月7日	9月8日	9月11日	9月12日	9月13日	9月14日
2	成交量	94500	96000	80000	118000	125000	200000	186000	130000	260000
3	开盘价	2.00	2.05	2.05	2.15	2.27	2.42	2.60	2.53	2.60
4	最高价	2.06	2.06	2.15	2.35	2.36	2.79	2.77	2.64	2.78
5	最低价	1.99	2.03	2.04	2.12	2.26	2.16	2.52	2.51	2.58
6	收盘价	2.04	2.06	2.14	2.29	2.33	2.67	2.54	2.61	2.78
7										

图 1-32　制作 K 线图数据准备

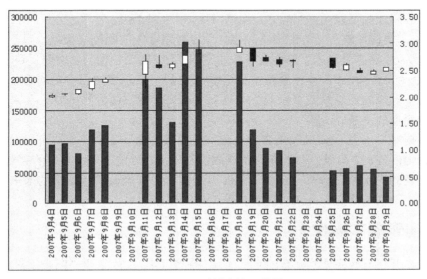

图 1-33　刚创建的 K 线图

从该 K 线图可以看出，由于成交量的数据与股票价格的数据差距较大，所以有两个纵坐标轴，分别标识成交量和股价。由于股价的值为 2～3 元，为了更清晰地反映股价的变动情况，将右侧的纵坐标轴的刻度做一些调整（最大值从 3.5 改成 3.3，最小值从 0 改成 1.5，其他不变）。同时，将图表的颜色也略做调整。修饰后的 K 线图如图 1-34 所示。

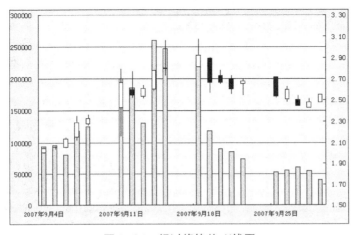

图 1-34　经过修饰的 K 线图

该 K 线图以柱形图表示成交量的大小。用带上、下影线的矩形表示一天的股价变动情况。对于阳线（图上白色的矩形），矩形的底部表示开盘价，顶部表示收盘价，即矩形的长度表示了该日股价的上涨幅度。而对于阴线（图上黑色的矩形），矩形的顶部表示开盘价，底部表示收盘价，即矩形的长度表示了该日股价的下跌幅度。而上影线和下影线则分别表示最高价和最低价。所以 K 线图表示了较为全面的股价变动信息。

K 线图还清楚地反映了多空双方的强弱程度。

① 较长的阳线反映了多方的力量较强，而没有上影线的阳线（收盘价等于最高价），如图 1-34 中 9 月 14 日、9 月 29 日属于超强的涨势，通常表示未来仍然有上涨的空间。而上影线较长的阳线则反映了涨势较虚，如图 1-34 中 9 月 18 日。

② 较长的阴线反映了空方的力量较强，而没有下影线的阴线（收盘价等于最低价）则属于超强的跌势，通常表示未来仍然有下跌的空间。而下影线较长的阴线则反映了跌势较虚。

③ 十字 K 线，如图 1-34 中 9 月 5 日、9 月 15 日，表示多空上方势均力敌，通常可通过上影线和下影线的长度判断多空双方的强弱。在高价圈或低价圈出现十字 K 线时，通常预示着反转变盘的迹象。

只是根据单日 K 线图研判股市走势未免过于简陋。由于主力、大户可以对单日或短期走势实施有力的控制，所以，应在单日 K 线图的基础上，通过 2 日或多日的 K 线图的组合，再配合成交量的大小全面分析，这样才能够更全面、更准确地研判股市的未来走势和多空双方的强弱，特别是避免受到主力、大户作价的干扰影响。

1.3.2　图表基本操作

创建图表并将其选定之后，Excel 会显示"图表工具/设计"和"图表工具/格式"选项卡，可用来对图表进行各种设置和编辑。

1．选定图表项

对图表中的图表项（如 X 轴、标题、图例、数据系列等），可单击选定，有些图表项（如图例、数据系列等）是成组的，只单击一次即选定了这个组，如果想选定其中某一具体项，则应再单击一次。

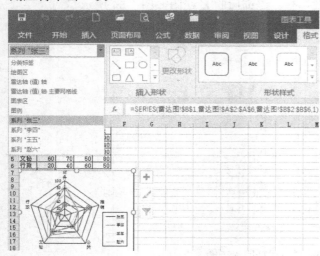

图 1-35　选定图表项

有时会选不中，可采用另一方式：单击图表任意位置将其激活后，选择"图表工具/格式"选项卡，单击"图表元素"列表框右侧的下拉按钮，在弹出的下拉列表中选择要处理的图表项，如图 1-35 所示。

2．调整图表大小和位置

调整大小时，可直接用鼠标拖动句柄调整，也可在"图表工具/格式"选项卡的"大小"组中精确设定，如图 1-36 所示。

移动图表有两种情况，在当前工作表中移动时只需鼠标拖动即可，如果要在工作表之间移动，则应先右击源工作表的图表区，在弹出的快捷菜单中选择"移动图表"选项，如图 1-37 所示。

图 1-36　精确调整图表大小 　　　　　　图 1-37　在工作表之间移动图表方法 1

或者先选中图表区以激活它，然后单击"图表工具/设计"→"位置"→"移动图表"按钮，如图 1-38 所示。

以上两种方法都能弹出"移动图表"对话框。在弹出的"移动图表"对话框中选中"对象位于"单选按钮，以激活右侧的下拉列表，并在该下拉列表中选中目标工作表，单击"确定"按钮即可，如图 1-39 所示。

图 1-38　在工作表之间移动图表方法 2

图 1-39　在工作表之间移动图表时选定
目标工作表

3．更改图表数据源

在图表创建完成后，可在日后根据需要向图表中添加新数据，或者从图表中删除现有数据。

（1）重新添加有效数据

右击图表中的图表区，在弹出的快捷菜单中选择"选择数据"选项，如图 1-40 所示。

弹出"选择数据源"对话框，如图 1-41 所示。

单击"图表数据区域"右侧的下拉按钮，返回到工作表中选择新的单元格区域，如图 1-42 所示。

此时图表区已显示了新的图形，它添加了新的图例、水平轴标签和数据标志，确定即可。

（2）添加部分数据

除了添加有效数据外，还可根据需要只添加某一系列数据：在刚才的"选择数据源"对话框中单击"添加"按钮，如图 1-43 所示。

图 1-40　"选择数据"选项

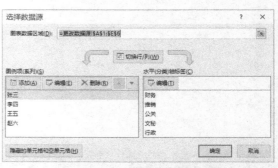

图 1-41　"选择数据源"对话框

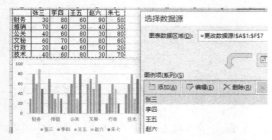

图 1-42　新的数据添加完成

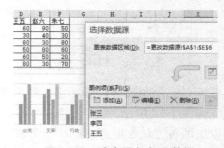

图 1-43　准备添加部分数据

弹出"编辑数据系列"对话框，并在其中选择某一系列，其系列名称就是列字段，系列值就是该列的值区间，如图 1-44 所示。

此时图表就显示了添加部分数据的结果，由图中可见，只有最后一人"朱七"有所有评价值，其他几人都少了"技术"的评价值。

其实，添加部分数据还有一个更简单的办法：直接在数据表中选定要复制的数据区域（本例为 F1:F7，即包含列字段和该列数据），然后在图表区域空白处右击，在弹出的快捷菜单中选择"粘贴"选项即可。

（3）**交换图表的行与列**

创建图表后，如果发现需要交换行列，只需在"选择数据源"对话框中单击"切换行/列"按钮，再单击"确定"按钮即可，如图 1-45 所示。

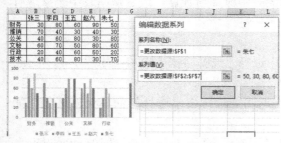

图 1-44　添加了部分数据

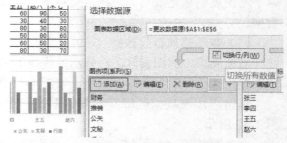

图 1-45　"切换行/列"按钮

也可选中图表后，单击"图表工具/设计"→"数据"→"切换行/列"按钮来实验行列交换，如图 1-46 所示。

图 1-46 "切换行/列"的效果

（4）删除图表中的数据

选定图表，在图表右侧会出现三个按钮，单击"图表筛选器"按钮，如图 1-47 所示。

在弹出的面板中选择"数值"选项卡，在其中取消选中要删除的数据系列所对应的复选框，然后单击"应用"按钮即可，如图 1-48 所示。

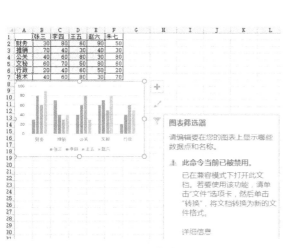

图 1-47 图表筛选器

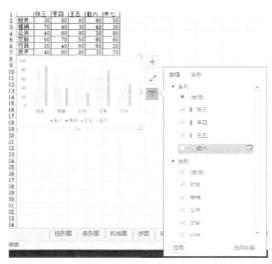

图 1-48 删除数据系列

但是要使用这个功能，所用的 Excel 文档不能是旧版本的。当进行清除复选框的操作时，数据表中的行、列也有相应变化。

4．修改图表内容

一个图表中包括多个组成部分，默认创建的图表只包含其中几项。如果希望图表显示更多的信息，就有必要添加一些图表布局元素。另外，为了使图表更美观，也可以为图表设置样式。

（1）添加并修饰图表标题、坐标轴、图例、数据标签

选中图表，单击右侧三个按钮中的"图表元素"按钮，在弹出的面板中选中"图表标题"，如图 1-49 所示。

或单击图表区后，单击"图表工具/设计"→"图表布局"→"添加图表元素"按钮，在弹出的下拉列表中选择"图表标题"选项，如图 1-50 所示。

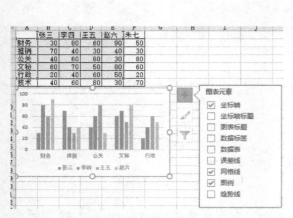

图 1-49　图表元素　　　　　　　　　　　图 1-50　添加图表元素

用上述方法产生了"图表标题"后，可对其进行编辑，然后右击标题，在弹出的快捷菜单中选择"设置图表标题格式"选项，即可进行格式设置。

其他如坐标轴、图例、数据标签等的添加和设置方法与以上所述类似。

（2）显示数据表

数据表是显示在图表下方的网格，其中有每个数据系列的值。如果要在图表中显示数据，可以单击该图表，单击"图表工具/设计"→"添加图表元素"按钮，在弹出的下拉列表中选择"数据表"选项，再选择一种放置数据表的方式。当然，也可以选中图表，单击右侧三个按钮中的"图表元素"按钮，在弹出的面板中选中"数据表"复选框，结果如图 1-51 所示。

（3）更改图表类型

如果对创建的图形不满意，可以更改图表类型，首先单击图表将其选定（如果图表不是嵌入在工作表中的，而是图表工作表，则选中该工作表标签），然后单击"图表工具/设计"→"类型"→"更改图表类型"按钮，如图 1-52 所示。

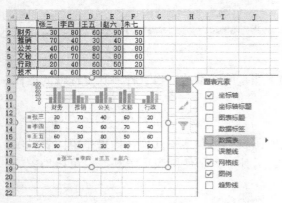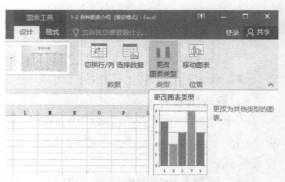

图 1-51　数据表　　　　　　　　　　　图 1-52　更改图表类型

弹出如图 1-53 所示的"更改图表类型"对话框，在其中选择所需图表类型，再从右侧选择所需的子类型。

（4）**设置图表布局和样式**

单击"图表工具/设计"→"图表布局"→"快速布局"按钮，在弹出的下拉列表中选择图表的布局类型，如图 1-54 所示。

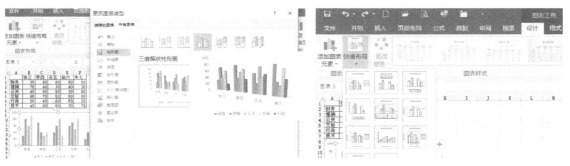

图 1-53 更改图表子类型　　　　　　　　图 1-54 更改图表布局

单击图表中的"图表区"，在"设计"选项卡的"图表样式"组中选择图表的颜色搭配，如图 1-55 所示。

但是此功能不能在兼容模式下应用。

（5）**设置图表区与绘图区的格式**

图表区是放置图表及其他元素（包括标题与图例等）的大背景，当图表最外框出现 8个句柄时，表示图表区被选中；绘图区则是放置图表主体的背景。设置其格式的操作如下。

单击图表，选择"图表工具/格式"选项卡，在"当前所选内容"组的"图表元素"下拉列表中选择"图表区"选项，如图 1-56 所示。

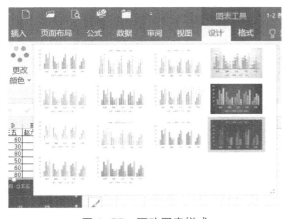
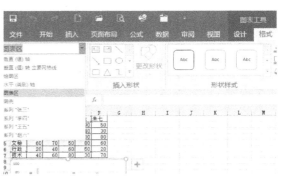

图 1-55 更改图表样式　　　　　　　　图 1-56 选中图表区

单击"设置所选内容格式"按钮，弹出"设置图表区格式"窗格，如图 1-57 所示。在这里可以进行填充、各种边框和三维效果应用等操作。

绘图区的格式也使用同样方法进行。

（6）**添加趋势线**

趋势线应用于预测分析，也称回归分析，可利用它在图表中生成趋势线，根据实际数据向前或向后模拟数据的走势，还可以创建移动平均、平滑处理数据的波动，从而更清晰地显示图案和趋势。Excel 可以在柱形图、条形图、折线图、股价图、气泡图、XY 散点图以及非堆积型二维面积图中为数据添加趋势线，但不可以在雷达图、饼图、圆环图等非平面坐标图中添加趋势线，也不能在三维图中添加趋势线。

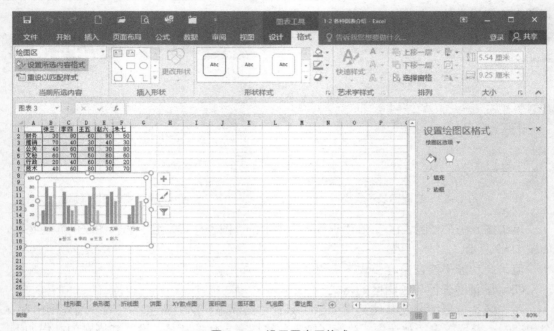

图 1-57　设置图表区格式

选中需要添加趋势线的数据系列并右击，在弹出的快捷菜单中选择"添加趋势线"选项（添加趋势线一般使用的时间线为 X 轴，本例只是假定），如图 1-58 所示。

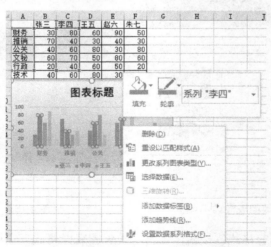

图 1-58　添加趋势线

随后在工作表右侧弹出"设置趋势线格式"窗格，在其中选择趋势线类型，并可以设置趋势线本身的格式，如图 1-59 所示。

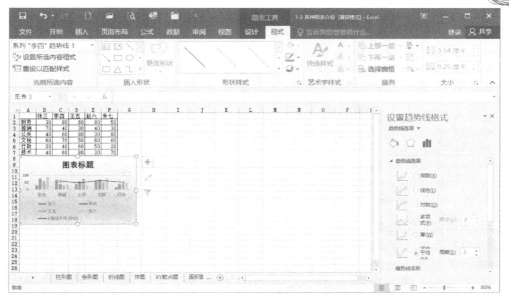

图 1-59　设置趋势线格式

1.3.3　迷你图

迷你图是工作表单元格中的一个微型图表，可以提供数据的直观表示。使用迷你图可以显示数值系列中的趋势（例如，季节性的增减、经济周期等），或者可以突出显示极值。在数据旁边添加迷你图可以达到最佳的对比效果。目前，Excel 2016 提供了三种类型的迷你图，即折线迷你图、柱形迷你图和盈亏迷你图。创建迷你图后也可以根据需要对其进行格式化，如高亮显示极值、调整颜色等。

但是此功能不能在兼容模式下使用。

（1）创建迷你图

选择要创建迷你图的数据范围，然后单击"插入"→"迷你图"组中的一种迷你图按钮，如图 1-60 所示。

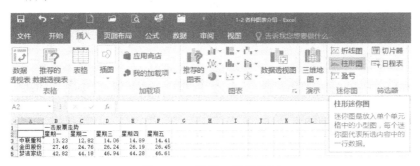

图 1-60　选择一种迷你图

弹出"创建迷你图"对话框，在"选择放置迷你图的位置"框中指定放置迷你图的单元格，如图 1-61 所示。

单击"确定"按钮后，在 G3 单元格中创建出一个图表，它表示"中联重科"这只股票一周的波动情况。

用同样方法为其他两只股票创建迷你图，最终效果如图 1-62 所示。

图 1-61　设置迷你图

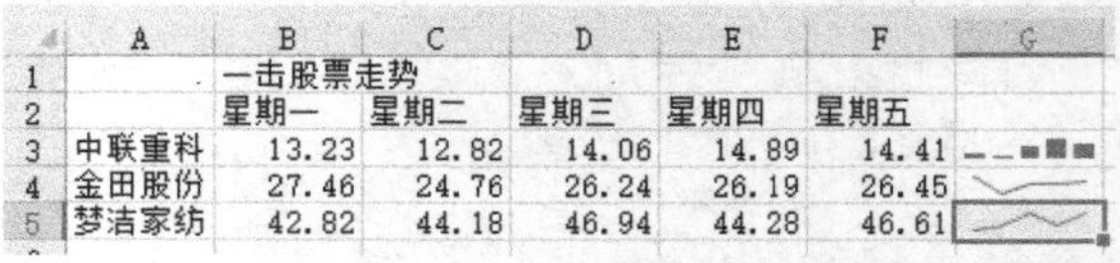

图 1-62　完成的迷你图

（2）更改迷你图类型

选择要更改的迷你图所在单元，在"迷你图工具/设计"选项卡中单击"类型"组中的另一种迷你图类型。此处选择柱形图，如图 1-63 所示，最终效果如图 1-64 所示。

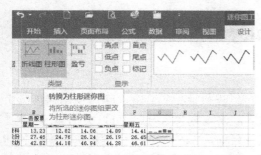

图 1-63　更改迷你图类型

图 1-64　更改迷你图的最终效果

（3）显示迷你图中不同的点

在迷你图中可以显示出数据的高点、低点、首点、尾点、负点和标记等，这样能让用户更容易观察到图中的重要的点。

选择要显示点的迷你图所在单元格，在"迷你图工具/设计"选项卡中，在"显示"组中选择要显示的点，如选中"高点"和"低点"复选框，如图 1-65 所示。

选出的两个点默认都是红色的，可以在"样式"组中的"标记颜色"中将其修改成所需的颜色。

（4）清除迷你图

无法直接用"Delete"键清除迷你图，需选中所在单元格，在"迷你图工具/设计"选项卡中，单击"清除"按钮右侧的下拉按钮，在弹出的下拉列表中选择"清除所选的迷你图"选项，才能清除它，如图 1-66 所示。

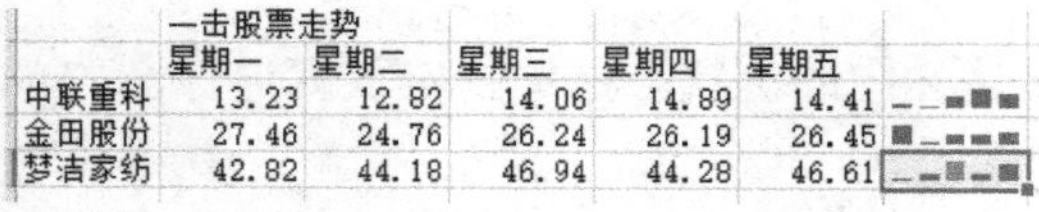

图 1-65　显示迷你图中不同的点

图 1-66　清除迷你图

小技巧

图表快照

使用图表快照功能，可以为图表添加摄影效果，更能体现图表的立体感和视觉效果，并且快照图片可以随原始图表的改变而改变。

首先，在"快速访问工具栏"中单击右侧下拉按钮，选择"其他命令"选项，在弹出的"Excel 选项"对话框中添加"照相机"命令，如图 1-67 所示。

图 1-67 添加照相机

其次，在工作表中选定一个区域（可以只是单元格，也可以包含图表，但不能只选中图表）后，单击"快速访问工具栏"中新增加的"照相机"按钮📷，此时被选中区域周围出现了移动的虚线，表明该区域已被复制，并且光标也变成了十字形，这时在某个单元格中单击，刚才被复制的区域就会以图片的形式出现在单击的位置上。此时，选项卡区也显示了"图片工具/格式"选项卡，可以任意设置图片。

课后习题 ①

1．如题图 1-1 所示的两种图表一般被称为什么？

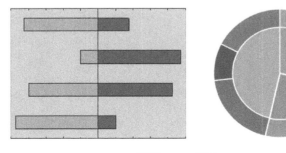

题图 1-1 图表

2．在柱形图、环形图、折线图、饼图、雷达图中，哪些适合描述随时间变化的变量，哪些又适合描述反映百分比的变量？

3．形如"$A$1"这样的单元格引用称为什么，而形如"A$1"这样的单元格引用又称为什么?

4．为了控制产品质量、加强生产现场管理、提高生产能力，生产部门的管理人员应定期进行生产误差的分析。用 Excel 提供的散点图来分析生产误差时，可根据各种因素的数据散点很明显地对比出该因素在生产误差范围内的分布情况。对分布密集的散点造成的生产误差，生产管理人员必须引起重视。

题图 1-2 所示为某企业国庆大假后整个 10 月份的出勤情况，请据此制作生产误差散点图。

	A	B	C
1	日期	生产误差	缺席员工的数量
2	2014-10-8	54	22
3	2014-10-9	43	18
4	2014-10-10	48	20
5	2014-10-13	43	21
6	2014-10-15	44	18
7	2014-10-17	51	24
8	2014-10-18	48	25
9	2014-10-19	48	27
10	2014-10-20	40	16
11	2014-10-21	43	20
12	2014-10-22	48	28
13	2014-10-23	48	21
14	2014-10-24	55	29
15	2014-10-25	48	27
16	2014-10-26	42	26
17	2014-10-27	43	22
18	2014-10-28	42	17
19	2014-10-29	55	28
20	2014-10-30	39	21

题图 1-2　员工出勤情况

第2章

Excel 数据分析入门——透视分析

本章提要

　　透视分析本质上是一种微观的、静态的（因为没有变量）三维数据分析。本章主要通过一些应用实例，介绍了排序与筛选、分类汇总、合并计算和数据透视表的应用，着重说明了 Excel 中数据透视表和数据透视图的使用方法和操作技巧。

　　在报表处理过程中，除了需要对数据进行排序、筛选等最简单的分析处理外，还经常需要对报表中的数据进行各种汇总计算。例如，在销售管理方面，需要定期对销售情况进行分类汇总；有时需要对多个报表进行合并计算；而对于更高层次的管理人员，可能需要从不同的分析角度，对同一张报表根据不同的指标进行分类汇总，这一过程被形象地称为"透视分析"。而这些操作在 Excel 中都可以方便、快捷地实现。

2.1 排序与筛选

　　排序和筛选操作是一般数据库管理软件都具备的功能，Excel 的排序和筛选操作更加方便和直观。排序和筛选操作通过按指定的标准对数据进行组织，使得数据管理更加高效。

2.1.1 排序

1．默认排序

默认排序是 Excel 自带的排序方法，当升序时，默认顺序如下。

文本：按首字拼音的第一个字母排序。

数字：从最小的负数到最大的正数排序。

日期：从最早的日期到最晚的日期排序。

逻辑：在逻辑值中，按 False 在前、True 在后的顺序排序。

空白单元格：无论升序或降序都在最后。

当降序时，正好与上述相反。

2．简单排序

（1）按列简单排序

按列简单排序是指对选的数据按照一列数据作为排序关键字排序的方法。如图 2-1 所示为上证股票某天的股票行情数据清单。

现假设需要按照涨幅对股票数据进行排序，其操作步骤如下。

选定排序字段的标志所在的列的任意一个单元格，这里选定 C1 单元格（其实，不管哪个单元格都可以,只要在 C 列)后,单击"数据"→"排序和筛选"组中的升序(或降序)按钮,或单击"开始"→"编辑"→"排序和筛选"中的升序(或降序)按钮,都可快速排序。注意,不要选定 C 列标,否则将会弹出"排序提醒"对话框,让用户在这里再选择一次,如图 2-2 所示。

图 2-1　上证股票某天的股票行情数据清单　　　　图 2-2　"排序提醒"对话框

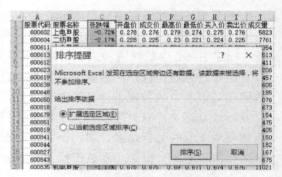

如果选择默认的"扩展选定区域",则选定区域会自动扩展到所有连续的数据区域,就如同只选择 C1 单元格(或其他任何单元格)一样,也就是选中整个数据列表;而如果选中"以当前选定区域排序",则只对 C 列排序,其他列的数据并不随之改变(而在 Excel 2000 以前的版本中这样做将直接只对 C 列排序,而不会弹出提醒)。

如果同时选中两列以上,如同时选中 C、D 两列后执行"排序"操作,会怎么样?此时不会再弹出"排序提醒"对话框,但将会只对 C、D 两列按 C 列排序。

单击常用工具栏中的降序工具按钮↓。因为是按涨幅排序的,即从大到小排序,所以应选择降序排序。如果是按照跌幅排序的,则应该选择按升序↑排序。

排序后工作表如图 2-3 所示。

(2)按行简单排序

按行简单排序是指对选的数据按照其中的一行数据作为排序关键字排序的方法。如果数据本身是按行组织的,则可以选择此方法,如有如图 2-4 所示的学生成绩表原始数据:可以通过转置将其粘贴为以"姓名""计算机""总分"三项为列字段,再进行排序,但如果想保持现有格式的同时进行排序,就要用到按行排序了。

选中数据表中任意单元格,单击"数据"→"排序和筛选"→"排序"按钮,弹出"排序"对话框。

单击其中的"选项"按钮,弹出"排序选项"对话框,在"方向"选项组中选中"按行排序"单选按钮,然后单击"确定"按钮,如图 2-5 所示。

再次返回"排序"对话框,先选择主关键字(此处选择"行 3"),再选择需要的次序(此处选择"降序")后确定,效果如图 2-6 所示(按数学单科成绩排名)。

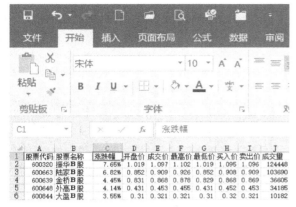

图 2-3　排序后的股票行情数据清单

图 2-4　学生成绩表原始数据

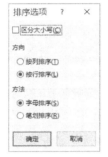

图 2-5　"排序选项"对话框

图 2-6　按行排序的结果

3. 复杂排序

（1）多关键字复杂排序

多关键字复杂排序是指对选定的数据区域按照两个以上的排序关键字按行或按列进行排序的方法。因为简单排序操作虽然简单，但不能满足复杂的排序要求。例如，对于人事数据清单，可能要求按单位排序，同一单位的按性别排序，同一单位且同一性别的按工资排序等。这时排序工具按钮就无法实现效果了。当按单位排完序后，再按性别排序时将打乱原来按单位排好的顺序。这时需要使用"开始"→"编辑"→"排序和筛选"中的"自定义排序"按钮实现。例如，前面给出的例子，如果要求涨幅相同的股票按成交量排序，则具体操作步骤如下。

① 选定数据清单中任意单元格为当前单元格。

② 单击"开始"→"编辑"→"排序和筛选"中的"自定义排序"按钮，将弹出"排序"对话框。

③ 指定主要关键字为跌涨幅，排序方式为递减；次要关键字为成交量，排序方式亦为递减。此时的"排序"对话框如图 2-7 所示。

从"排序"对话框可以看出，和以前版本相比，Excel 2016 能提供远多于 3 个的排序依据。而 Excel 2003 等低版本，每次最多只能按 3 个字段实施复合排序。如果要按 3 个以上字段实施复合排序，则可以连续两次执行排序操作。但是应注意，应将相对主要的关键字放在第 2 次排序过程中。排序后部分结果如图 2-8 所示。

图 2-7　设置了排序参数的"排序"对话框　　　　图 2-8　排序后的股票行情数据清单

又如，同时对总分、语文两个关键字进行降序排序，如图 2-9 所示。

在此对话框中，继续单击"添加条件"按钮可以设置更多的排序条件；单击"删除条件"按钮可以删除选定的条件；单击 ▲ ▼ 按钮可以调整多个条件之间的优先级关系。

（2）中文笔画排序

如果按中文排序，则默认的是按首字母的拼音排序，但也可以按笔画排序，只要在"排序选项"对话框的"方法"选项组中选中"笔画排序"单选按钮即可，如图 2-10 所示。

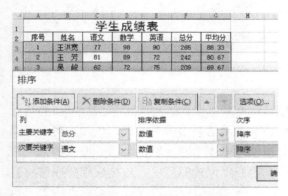

图 2-9　多关键字按行排序　　　　　　　图 2-10　在"排序选项"对话框中设置笔画排序

单击"确定"按钮，返回"排序"对话框，即可在"次序"中通过升序或降序设置来确定首字笔画是从少到多还是从多到少。

（3）自定义序列排序

自定义序列排序是指对选定的数据区域按用户自定义的顺序进行排序，这里以自定义"甲、乙、丙、丁……"排序为例进行操作，原始数据如图 2-11 所示。

① 在"排序"对话框中，在"主要关键字"中选择"等级"，在"次序"下拉列表中选择"自定义序列"选项，如图 2-12 所示。

② 在弹出的"自定义序列"对话框中，在"自定义序列"下拉列表中选择"甲、乙、丙、丁……"后确定，如图 2-13 所示。

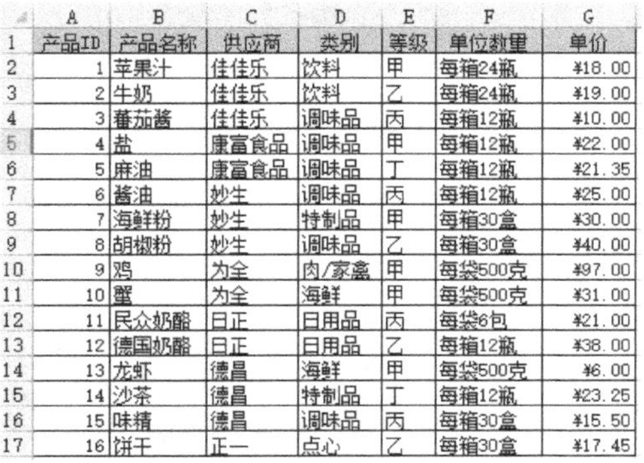

图 2-11 "自定义排序"原始数据

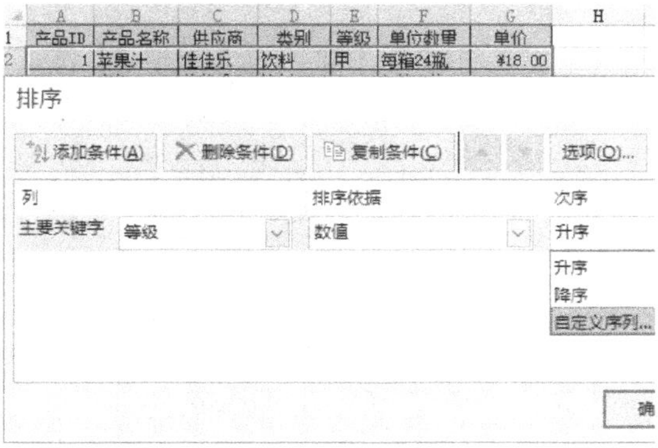

图 2-12 在"排序"对话框中选择"自定义序列"选项

③ 此时已返回到"排序"对话框，在"次序"下拉列表中已显示了"甲、乙、丙、丁……"，表示已根据"等级"所在列为依据对数据按"甲、乙、丙、丁……"的次序进行排序，如图 2-14 所示。

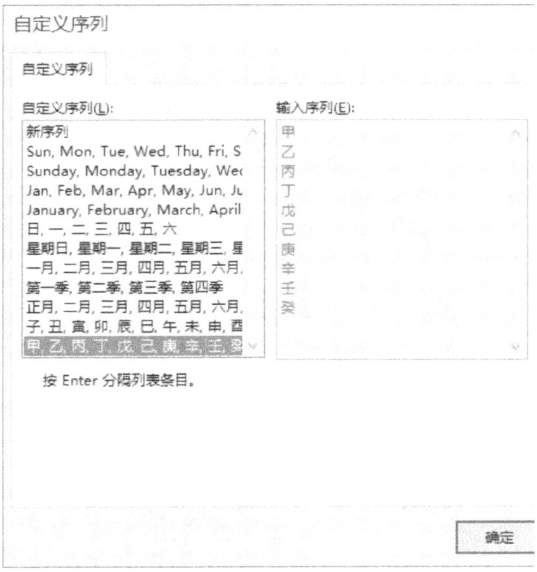

图 2-13 在"自定义序列"对话框中选择
"自定义序列"

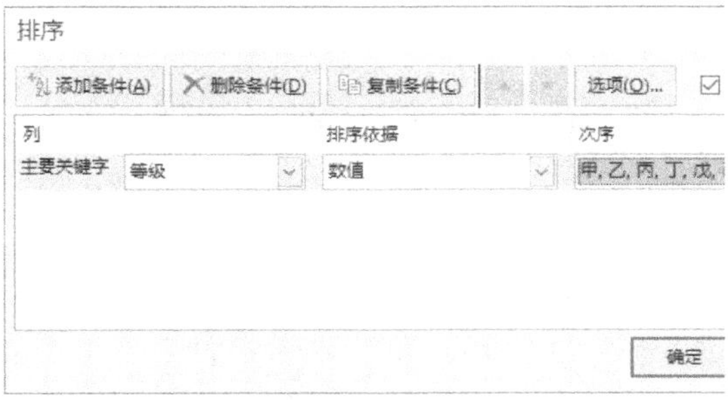

图 2-14 在"排序"对话框中已经选择了所需的
"自定义序列"

最终排序结果如图 2-15 所示。

（4）利用颜色进行排序

用户还可以根据字体的颜色或单元格的（填充）颜色进行排序，当然，前提是用户已设置了不同的颜色。原始文件如图 2-16 所示。

① 单击"口味"列中的任意一个单元格，弹出"排序"对话框，设置"主要关键字"为"口味"，"排序依据"为"字体颜色"，在"次序"下拉列表中选择一种颜色，如图 2-17所示。

	A	B	C	D	E	F	G
1	产品ID	产品名称	供应商	类别	等级	单位数量	单价
2	1	苹果汁	佳佳乐	饮料	甲	每箱24瓶	¥18.00
3	4	盐	康富食品	调味品	甲	每箱12瓶	¥22.00
4	7	海鲜粉	妙生	特制品	甲	每箱30盒	¥30.00
5	9	鸡	为全	肉/家禽	甲	每袋500克	¥97.00
6	10	蟹	为全	海鲜	甲	每袋500克	¥31.00
7	13	龙虾	德昌	海鲜	甲	每袋500克	¥6.00
8	2	牛奶	佳佳乐	饮料	乙	每箱24瓶	¥19.00
9	8	胡椒粉	妙生	调味品	乙	每箱30盒	¥40.00
10	12	德国奶酪	日正	日用品	乙	每箱12瓶	¥38.00
11	16	饼干	正一	点心	乙	每箱30盒	¥17.45
12	3	蕃茄酱	佳佳乐	调味品	丙	每箱12瓶	¥10.00
13	6	酱油	妙生	调味品	丙	每箱12瓶	¥25.00
14	11	民众奶酪	日正	日用品	丙	每袋6包	¥21.00
15	15	味精	德昌	调味品	丙	每箱30盒	¥15.50
16	5	麻油	康富食品	调味品	丁	每箱12瓶	¥21.35
17	14	沙茶	德昌	特制品	丁	每箱12瓶	¥23.25

图 2-15 自定义排序的最终效果

	A	B	C	D	E	F
1	商品名	口味	大杯	中杯	小杯	备注
2	香醇冰咖啡	摩卡、拿铁	35	25	15	外带8折
3	特调咖啡	奶香、香滑	40	30	20	外带买大送小
4	水果冰沙	蓝莓、柠檬	22	16	10	内用送蛋糕
5	养生花茶	玫瑰、薰衣草	45	35	25	内用送饼干

图 2-16 按颜色排序的原始数据

② 单击"添加条件"按钮添加次关键字，设置"排序依据"为"字体颜色"，在"次序"下拉列表中选择另一种颜色，并选择"在底端"选项，如图 2-18 所示。

图 2-17 按颜色排序时选择颜色

图 2-18 按颜色排序时选择次序

③ 单击"确定"按钮后，效果如图 2-19 所示。

4. 利用函数排序

对某些数值列（如工龄、工资、名次等）进行排序时，用户可能不希望打乱表格原有数据的顺序，而只希望得到一个排列名次。这时就可以使用 RANK 函数来实现。该函数常用于求某一个数值在某一区域内的排名，语法形式如下。

	A	B	C	D	E	F
1	商品名	口味	大杯	中杯	小杯	备注
2	特调咖啡	奶香、香滑	40	30	20	外带买大送小
3	养生花茶	玫瑰、薰衣草	45	35	25	内用送饼干
4	香醇冰咖啡	摩卡、拿铁	35	25	15	外带8折
5	水果冰沙	蓝莓、柠檬	22	16	10	内用送蛋糕

图 2-19 按颜色排序的最终效果

RANK (number, ref, [order])

其中，number 为需要求排名的那个数值或者单元格名称（单元格内必须为数字），ref 为排名的参照数值区域，order 为 0 和 1，默认（不用输入）为 0，得到的就是从大到小的降序排列，若是想求倒数第几位，即从小到大的升序排序（如考查客服的被投诉次数，应该是被投诉越少的排名越靠前），order 参数的值为 1。

例如，在前述的学生成绩表中，在不更改已经按总分排名的前提下，增加一列作为英语单科名次，如图 2-20 所示。

选定 H3 单元格，单击"公式"→"插入函数"按钮，在"搜索函数"框中输入 RANK，在搜索结果中选择 RANK 函数，弹出"函数参数"对话框，如图 2-21 所示。

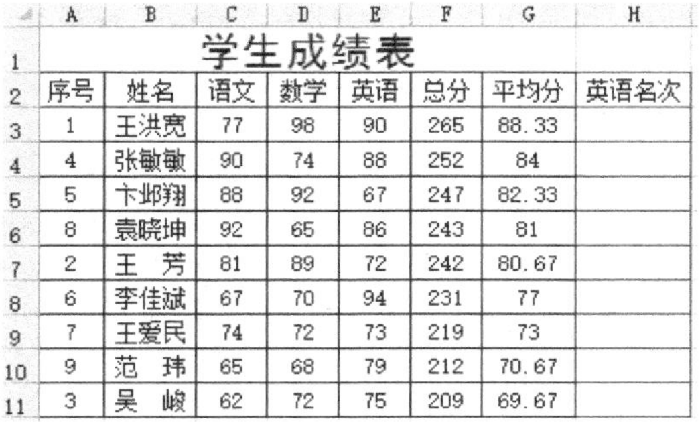

图 2-20　准备利用函数排序

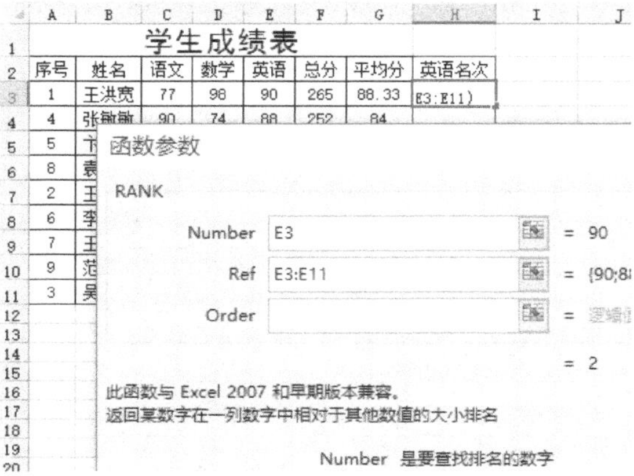

图 2-21　设置函数参数

先对表中的第一位同学，即"王洪宽"同学的英语成绩进行排名，看这个成绩在全部的成绩中排在从大到小的第几位，因此 number 参数选择王洪宽的英语成绩所在的 E3 单元格，而 ref 参数则是所有英语成绩所在的单元格区域 E3:E11，由于是降序，所以 order 参数省略。最终得到的结果已经在"函数参数"对话框中实时显示了，是第 2 名。

现在将 H3 单元格的函数直接拖动复制到 H4:H11 单元格区域中，求其他同学的英语成绩排名，结果如图 2-22 所示。

结果明显错误，原因何在？选中最后一位同学的"英语名次"所在单元格 H11 中的公式，查看错在哪里，如图 2-23 所示。

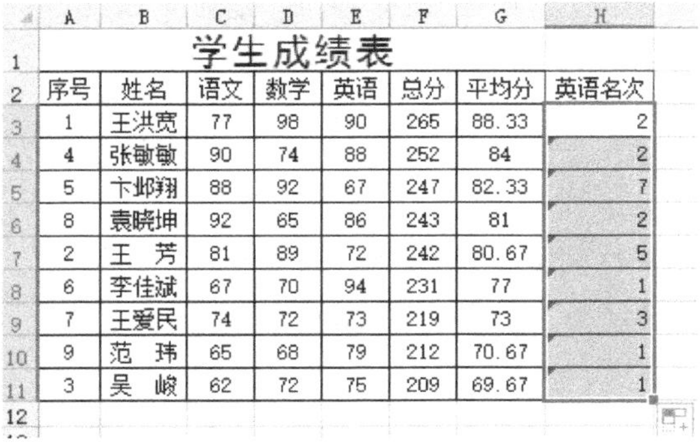

图 2-22　利用函数排序的结果

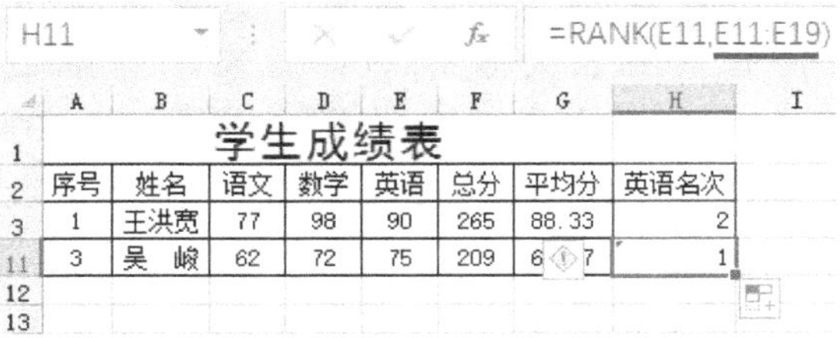

图 2-23　选择计算结果单元格

原因很快找到，是因为 ref 参数引用了无效的单元格，因为使用了相对引用，所以向下复制公式时，后面的结果单元格里引用了没有数据的单元格。因此，H3 单元格里的 ref 参数应该使用绝对引用，如图 2-24 所示。

现在重新向下复制公式，即可得到正确的名次，如图 2-25 所示。

更有用的是，RANK 函数可以指定排名的范围，

图 2-24　更改公式中的单元格引用方式

如本例中，不是在所有学生中都进行按英语成绩的单科排名，而仅仅只是在几个人（但必须是在相邻单元格区域）中进行排名，就能得到正确的结果，如图 2-26 所示。

| H6 | | | | fx | =RANK(E6,$E$3:$E$11) |

	A	B	C	D	E	F	G	H	I
1			学生成绩表						
2	序号	姓名	语文	数学	英语	总分	平均分	英语名次	
3	1	王洪宽	77	98	90	265	88.33	2	
4	4	张敏敏	90	74	88	252	84	3	
5	5	卞邺翔	88	92	67	247	82.33	9	
6	8	袁晓坤	92	65	86	243	81	4	
7	2	王 芳	81	89	72	242	80.67	8	
8	6	李佳斌	67	70	94	231	77	1	
9	7	王爱民	74	72	73	219	73	7	
10	9	范 玮	65	68	79	212	70.67	5	
11	3	吴 峻	62	72	75	209	69.67	6	

图 2-25　利用函数排序的最终结果

| H4 | | | | fx | =RANK(E4,$E$4:$E$9) |

	A	B	C	D	E	F	G	H	I
1			学生成绩表						
2	序号	姓名	语文	数学	英语	总分	平均分	英语名次	
3	1	王洪宽	77	98	90	265	88.33		
4	4	张敏敏	90	74	88	252	84	2	
5	5	卞邺翔	88	92	67	247	82.33	6	
6	8	袁晓坤	92	65	86	243	81	3	
7	2	王 芳	81	89	72	242	80.67	5	
8	6	李佳斌	67	70	94	231	77	1	
9	7	王爱民	74	72	73	219	73	4	
10	9	范 玮	65	68	79	212	70.67		
11	3	吴 峻	62	72	75	209	69.67		

图 2-26　利用函数在指定范围内排序

因此，RANK 函数更应被理解为排名函数，而不是排序函数。

2.1.2　筛选

筛选用于在海量数据中找出符合条件的数据，如在股票买卖操作前，通常需要按照一定的条件从几百个股票中找出感兴趣或者有潜力的股票。Excel 的自动筛选功能使得挑选股票的操作变得非常简单。

1．自动筛选

股市行情中经常需要显示成交量前 5 名、涨幅前 5 名以及跌幅前 5 名的股票。利用 Excel 的自动筛选操作即可实现，其基本步骤如下。

①　选定数据清单中的某个单元格为当前单元格。

②　单击"开始"→"编辑"→"排序和筛选"中的"筛选"按钮。

③　该按钮是一个选项开关，默认为关闭状态▼，当处于打开状态▼时，数据清单每列的标志旁边都会出现一个下拉按钮，如图 2-27 所示。

这里要说明一点，如果只选择了部分列（如上述的 C、D 两列）来执行"自动筛选"操作，则将只在 C、D 两列的字段名旁边出现下拉箭头，如图 2-28 所示。

图 2-27　添加了"筛选"后的股票行情数据清单

图 2-28　选择了部分列进行"筛选"的效果

①　单击成交量字段的下拉箭头，此时将显示该字段值的列表，以及其他筛选选项，如图 2-29 所示。

②　可以从中选择一个值作为筛选数据清单的条件，也可以在"搜索"框中输入搜索词。这里选择前"数字筛选"→"前 10 项"选项，将弹出"自动筛选前 10 个"对话框，如图 2-30 所示。

图 2-29　使用了"筛选"的字段值的列表

图 2-30　"自动筛选前 10 个"对话框

③ 根据需要可以设置是筛选最大还是最小，筛选前几个等。这里设置筛选最大的前 5 个。筛选结果如图 2-31 所示。

	A	B	C	D	E	F	G	H	I	J
1	股票代	股票名称	涨跌幅	开盘	成交	最高	最低	买入	卖出	成交量
9	600639	金桥B股	4.45%	0.831	0.868	0.878	0.829	0.868	0.869	36605
10	600648	外高B股	4.14%	0.431	0.453	0.455	0.431	0.452	0.453	34185
24	600663	陆家B股	6.82%	0.852	0.909	0.926	0.852	0.908	0.909	103690
29	600776	东信B股	-1.07%	0.28	0.277	0.282	0.273	0.276	0.277	26676
33	600320	振华B股	7.65%	1.019	1.097	1.102	1.019	1.095	1.096	124448
36										

图 2-31　使用了"自动筛选"后的股票行情数据清单

此时工作表中满足条件的记录所在的行号是蓝色的，设置了筛选条件的筛选箭头则变为筛选图标，以提醒操作者注意当前显示的是筛选的结果以及对哪些字段进行了筛选。

类似的，还可以对跌涨幅字段按最大和最小选项设置筛选条件，筛选出涨幅和跌幅前 5 名的股票。注意，如果是对同一个工作表 1 个以上字段设置筛选条件，则将筛选出同时满足所设置的所有筛选条件的记录。因此，当要筛选出涨幅前 5 名时，应先将成交量字段的筛选条件设置为全部，即取消成交量字段的筛选条件。

2. 自定义条件筛选

对于较为复杂的筛选条件，可以使用自动筛选中的自定义选项。例如，要筛选上海的上证公司的股票，即股票名称中以"上"或"沪"字开头的股票，其操作步骤如下。

① 单击股票名称字段的筛选箭头，在弹出的下拉列表中指向"文本筛选"选项（因为 Excel 已自动识别当前列的数据类型为文本），会在右侧展开快捷菜单，这里已有几个选项可用，如图 2-32 所示。

② 选择"开头是"选项，会自动弹出如图 2-33 所示的"自定义自动筛选方式"对话框，并且已经在第一个条件框中填好了"开头是"几个字，用户只需直接在后面的依据文本框中选择（或填写）筛选依据即可，如图 2-33 所示。

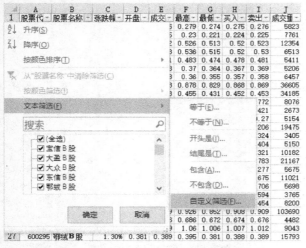

图 2-32　自动筛选下拉箭头展开后的效果　　图 2-33　"自定义自动筛选方式"对话框

如果这几个快捷命令还不满足用户的要求，可以直接选择最后的"自定义筛选"选项，在弹出的如图 2-33 所示的"自定义自动筛选方式"对话框中进行设置。

最终筛选结果如图 2-34 所示。

又如，要筛选成交量大于 20 000，且涨幅为 2%～5%的股票，其操作步骤如下。

图 2-34　自定义自动筛选方式的筛选文本的结果

① 单击成交量字段的筛选箭头，指向"数字筛选"选项（因为 Excel 已自动识别当前列的数据类型为数字），在右侧展开快捷菜单中选择"大于"选项，会弹出"自定义自动筛选方式"对话框，并且已经在第一个条件框里填好了"大于"几个字，用户只需直接在后面的依据文本框中选择（或填写）筛选依据"20 000"即可。

② 单击跌涨幅字段的筛选箭头，用同样方式选择"介于"选项，在随后的"自定义自动筛选方式"对话框中输入筛选依据，注意，两个条件之间的关系选择"与"，如图 2-35 所示。

最终筛选结果如图 2-36 所示。

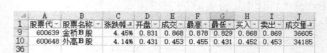

图 2-36　自定义自动筛选方式的筛选数值的结果

图 2-35　在"自定义自动筛选方式"对
　　　　话框中设置数值参数

3. 高级筛选

对于更为复杂的筛选，自动筛选就无能为力了。例如，自动筛选可以对多个字段同时设置筛选条件，但是各字段筛选条件之间的关系只能是"与"的关系。例如，在上例中，涨跌幅字段中的两个条件也可以是"或"的关系，但"涨跌幅"的条件和"成交量"的条件之间只能是"与"的关系。又如，自定义选项虽然功能较强，但是最多只能应用两个运算符，也就是说，同一个字段最多只能设两个限制条件。所以对于更为复杂的筛选，如多个需要设定条件的字段之间需要设定"或"的关系，或同一字段需要设置 3 个以上限制条件的，就必须使用高级筛选实现。高级筛选操作的关键是条件区域的设置。

例如，要筛选跌涨幅 2%～5%且成交量大于 20 000，或跌涨幅－5%～－1%且成交量大于 10 000 的股票，则条件区域应选择工作表的某个区域（通常位于数据清单下方），按图 2-37 进行设置。

涨跌幅	涨跌幅	成交量
>=0.02	<=0.05	>=20000
>=-0.05	<=-0.01	>=10000

图 2-37　设置条件区域

条件区域的第一行是要设置条件的字段名，可以有重复，可以是多个，这样可以打破"同一个字段最多只能设两个限制条件"的限制。下面则是有关的条件。每个条件由关系运算符和相应的参数构成。同一行的条件相互间是"与"的关系，不同行的条件之间是"或"的关系，这样可以打破"各字段筛选条件之间的关系只能是'与'的关系"的限制。所以该条件实际上是

（跌涨幅 >= 2% 与 跌涨幅 <= 5% 与 成交量 >= 20 000）

或

（跌涨幅 >= －5% 与 跌涨幅 <= －1 %与 成交量 >= 10 000）

这正是所需的筛选条件。设置好条件区域以后，高级筛选的操作步骤如下。

① 将光标放在工作表中任意位置（不在数据区或不在条件区都没关系），单击"数据"→"排序和筛选"→"高级"按钮，如图 2-38 所示。

② 将弹出"高级筛选"对话框，Excel 已正确选定了数据清单和条件区域所在的单元格区域（如不正确可在此修改），如图 2-39 所示。

图 2-38　选择高级筛选

图 2-39　"高级筛选"对话框

最后的筛选结果如图 2-40 所示。

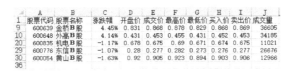

图 2-40　"高级筛选"结果

由高级筛选的启动位置可以了解，在"开始"选项卡中集成了很多常用功能，但有些细致的功能只能在专门的选项卡中才能找到。

2.2 分类汇总

各种报表处理中最常用的就是分类汇总。所谓分类汇总，是指根据指定的类别，将数据以指定的方式进行统计，这样可以快速对大型表格中的数据进行汇总与分析，以获得想要的统计数据。例如，会计核算，需按照科目将明细账分类汇总；仓库管理，需按照库存产品类别将库存产品分类汇总；医院管理，需按照疾病进行病源病谱的分类汇总，等等。

2.2.1 分类汇总的操作

在进行分类汇总操作之前，首先要确定分类的依据。在确定了分类依据以后，还不能直接进行分类汇总，必须按照选定的分类依据将数据清单按预定的分类依据排序，从而使相同关键字的行排列在相邻行中，以利于分类汇总的操作，否则可能会造成分类汇总的错误。

1．创建和使用分类汇总

例如，有如图 2-41 所示的源数据，现对其进行分类汇总操作。

图 2-41　"分类汇总"的数据源

（1）创建分类汇总

①　确定分类依据并排序。此处按"销售地区"进行排序。

②　选中清单内任一单元格，单击"数据"→"分级显示"→"分类汇总"按钮后，弹出"分类汇总"对话框。

③　在"分类汇总"对话框中，选择"分类字段"为"销售地区"，在"汇总方式"中选择"求和"，在"选定汇总项"中选择想要计算的项，如选择"销售额"，如图 2-42 所示。

④　单击"确定"按钮，得到分类汇总，如图 2-43 所示。

图 2-42　"分类汇总"对话框

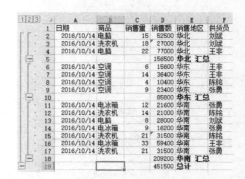

图 2-43　"分类汇总"结果

（2）分级显示汇总

对数据清单分类汇总后，在行标题左侧出现了一些新的标志，称为分级显示符号，它主要用于显示/隐藏某些明细数据，明细数据就是进行了分类汇总的数据清单或者工作表中分级显示的分类汇总行或列。

在分级显示视图中，单击行级符号①，仅显示总和与列标志；单击行级符号②，仅显示分类汇总与总和；单击行级符号③，会显示所有的明细数据。

单击"隐藏明细数据"按钮 ▬，表示将当前级的下一级明细数据隐藏起来；单击"显示明细数据"按钮 ➕，表示将当前级的下一级明细数据显示出来。

（3）嵌套分类汇总

嵌套分类汇总是指对一个模拟运算表格进行多次分类汇总，其每次分类汇总的关键字（即分类依据）各不相同。在创建嵌套分类汇总前，需要对多次汇总的分类字段进行排序，由于排序字段不止一个，因此属于多列排序。下面以"销售地区"和"商品"两列为例进行操作。

① 在"数据"→"排序和筛选"组中进行排序操作，如图 2-44 所示。

② 在"数据"→"分级显示"组中打开"分类汇总"对话框，选择按"求和"方式、按"销售地区"对"销售量"和"销售额"两列数据进行汇总，单击"确定"按钮，完成第一次汇总，如图 2-45 所示。

图 2-44 "嵌套分类汇总"前先进行排序   图 2-45 "嵌套分类汇总"中第一次汇总的操作及结果

③ 再次打开"分类汇总"对话框，在"分类字段"中选择"商品"，在"汇总方式"中选择"计数"，在"选定汇总项"中选择"供货员"，同时取消选中"替换当前分类汇总"复选框，完成第二次分类汇总，如图 2-46 所示。

这样就形成了两次嵌套的分类汇总，如图 2-47 所示。

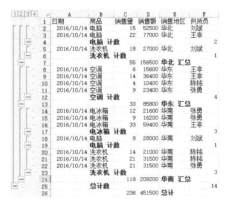

图 2-46 "嵌套分类汇总"中第二次汇总的参数设置   图 2-47 "嵌套分类汇总"的最终结果

（4）删除分类汇总

在"分类汇总"对话框中单击"全部删除"按钮即可删除分类汇总。

2. 组合与分级显示

Excel 自动创建的分类汇总，在显示格式和汇总用词上都是固定的，有时用户并不喜欢这种风格。为了更方便地查看和研究数据，用户可以对数据进行组合和分级显示。分级显示是将工作表的数据分成多个层级，以便于各级的数据管理。例如，以一个学校来说，其可以分成各个专业，各个专业又分成各个年级，年级之下又分各班，班之下再分出许多学生，这样，学校、专业、年级、班、学生就形成一个分级结构。

（1）创建组

前面在执行"分类汇总"后，数据就会自动添加分级显示，Excel 按照公式的参照地址方向来创建组，所有的小计公式都是合计其上方单元格的数据，所以 Excel 可以创建垂直的组层次。每个小计都属于同一层（第 2 层），而总计属于比较高的一层（第 1 层）。

除了可以创建垂直的组层次之外，Excel 还可以创建水平的组层次，只要公式参照其左方或右方的单元格即可，但所有公式的方向必须一致（要么都参照左边，要么都参照右边）。此时执行"分类汇总"功能可以"自动创建组"，它仍然是按照工作表的公式及参照地址来创建组的。

① 整理原始数据。把数据整理成如图 2-48 所示样式。

把数据表做成这样显然是给用户看的，但计算机识别不了，如图 2-49 所示。所以，无法在此表的基础上使用"分类汇总"功能。

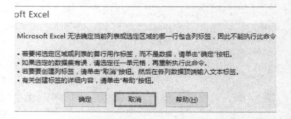

图 2-48　创建"组"之前整理原始数据　　图 2-49　Excel 弹出无法执行分类汇总命令的消息框

另外，用户虽然可以识别这个表，但因为其中没有计算结果，所有的数据都是输入的原始数据，并没有哪个单元格里有统计结果，也就是说，Excel 未从表中检测到计算公式，所以也不能直接从这个表中创建分级显示，如图 2-50 所示。

因此，还必须手动地对数据表进行统计汇总计算。

② 计算。为表增加几个行、列，用于存放统计结果，如图 2-51 所示。

图 2-50　Excel 弹出不能建立分级显示的消息框　　　　图 2-51　整理数据源

进行汇总计算，为简便起见，这里假定使用求和的方式进行操作。

首先，计算 E 列和 I 列的“Q1 统计”和“Q2 统计”，它们都是用于统计本行中左侧三个单元格的数据的；

其次，计算第 7 行和第 12 行的“北京小计”和“上海小计”，它们都是用于统计本列中上方三个单元格的数据的，包括对“Q1 统计”和“Q2 统计”的小计；

再次，计算 J 列的“上半年总计”，它是“Q1 统计”和“Q2 统计”之和，也包括对“北京小计”和“上海小计”行中的“Q1 统计”和“Q2 统计”进行半年汇总；

最后，计算第 13 行的“总计”，它是第 7 行和第 12 行的“北京小计”和“上海小计”之和，也包括对“Q1 统计”、“Q2 统计”、“上半年总计”这 3 列中的“北京小计”和“上海小计”进行总计。

对不同计算步骤填充不同底色后，结果如图 2-52 所示。

③ 创建组。单击数据表中任意一个单元格，在“数据”→“分级显示”组中单击“创建组”右侧的下拉按钮，在弹出的下拉列表中选择“自动建立分级显示”选项，如图 2-53 所示。

	A	B	C	D	E	F	G	H	I	J
1	2015年度销售额统计									
2		一月	二月	三月	Q1统计	四月	五月	六月	Q2统计	上半年总计
3	北京									
4	黄庄店	55320	34420	41230	130970	44334	94303	56939	195576	326546
5	清河店	34290	83479	53208	170977	56674	84300	43500	184474	355451
6	昌平店	17940	45990	62204	126134	74239	48390	84390	207019	333153
7	北京小计	107550	163889	156642	428081	175247	226993	184829	587069	1015150
8	上海									
9	丰原店	82040	45330	83230	210600	74030	53939	43405	171374	381974
10	黄浦店	91304	73340	65408	230052	43213	73936	64398	181547	411599
11	新街店	43209	63204	43230	149643	46636	83934	83291	213861	363504
12	上海小计	216553	181874	191868	590295	163879	211809	191094	566782	1157077
13	总计	324103	345763	348510	1018376	339126	438802	375923	1153851	2172227

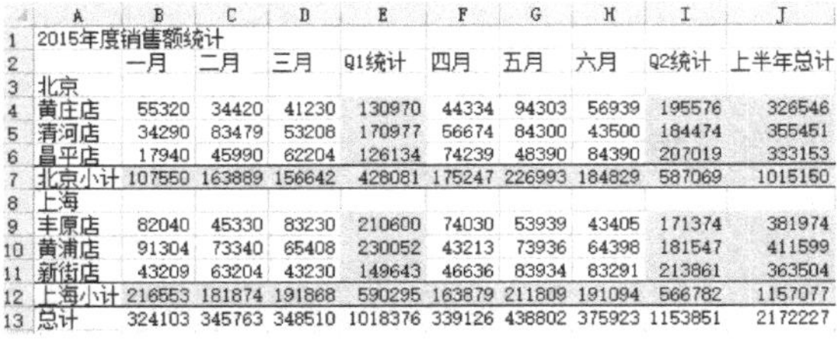

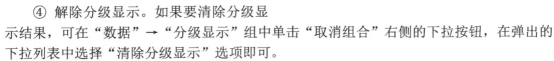

图 2-52 计算源数据

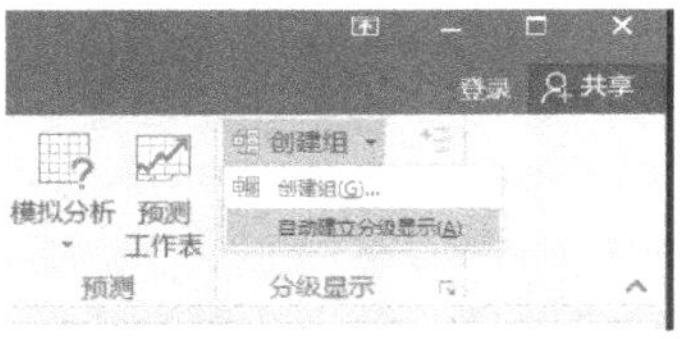

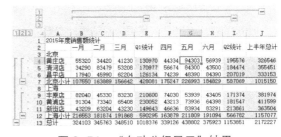

图 2-53 选择“自动建立分级显示”选项

已建立的“自动分级显示”如图 2-54 所示。

	A	B	C	D	E	F	G	H	I	J
1	2015年度销售额统计									
2		一月	二月	三月	Q1统计	四月	五月	六月	Q2统计	上半年总计
3	北京									
4	黄庄店	55320	34420	41230	130970	44334	94303	56939	195576	326546
5	清河店	34290	83479	53208	170977	56674	84300	43500	184474	355451
6	昌平店	17940	45990	62204	126134	74239	48390	84390	207019	333153
7	北京小计	107550	163889	156642	428081	175247	226993	184829	587069	1015150
8	上海									
9	丰原店	82040	45330	83230	210600	74030	53939	43405	171374	381974
10	黄浦店	91304	73340	65408	230052	43213	73936	64398	181547	411599
11	新街店	43209	63204	43230	149643	46636	83934	83291	213861	363504
12	上海小计	216553	181874	191868	590295	163879	211809	191094	566782	1157077
13	总计	324103	345763	348510	1018376	339126	438802	375923	1153851	2172227

图 2-54 “自动分级显示”结果

显然，组或自动分级显示就是要按用户安排数据的方式来分类汇总数据，既要体现用户自己的意思（如是用“小计”、“总计”还是“统计”来描述汇总，“小计”或“总计”这个词放在哪个单元格，等等），又要使用到 Excel 提供的分级显示按钮。

④ 解除分级显示。如果要清除分级显示结果，可在“数据”→“分级显示”组中单击“取消组合”右侧的下拉按钮，在弹出的下拉列表中选择“清除分级显示”选项即可。

（2）自定义分级显示区域

Excel 自动建立的分级显示涵盖了整个数据表，用户还可以自己选择表中的部分数据源建立分级显示。假定只将一季度北京的数据组成一个分组，只需选中 A2:E7 单元格区域后单击“创建组”中的“自动建立分级显示”按钮即可，如图 2-55 所示。

这样，分析区域就局限在用户所感兴趣的数据范围内了。

还可以进一步自定义，如用户虽然选定了全部数据，但只关心列总计而不关心行总计，或者再进一步，只想对部分数据关心列总计，例如，只想显示北京地区前三个月（而不关心是北京地区的哪个店），可按下列步骤操作。

① 仍然选中 A2:E7 单元格区域，选择"创建组"中的"创建组"选项，如图 2-56 所示。

图 2-55 "自定义分级显示区域"结果

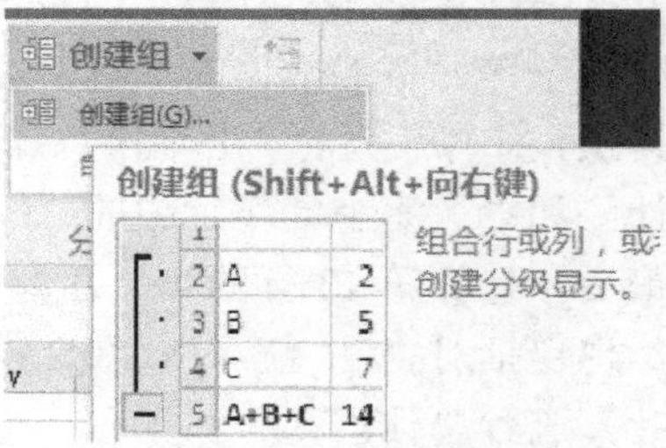

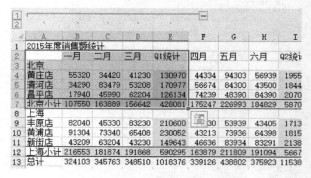

图 2-56 选择"创建组"选项

② 在弹出的"创建组"对话框中将默认选中的"行"单选按钮改成"列"即可，如图 2-57 所示。

最终结果如图 2-58 所示。

图 2-57 设置"创建组"对话框的参数

图 2-58 "创建组"的效果

③ 取消组合，选择"分级显示"→"取消组合"中的"取消组合"选项，在弹出的"取消组合"对话框中选中"列"单选按钮后确定，如图 2-59 所示。

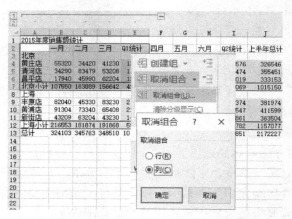

图 2-59 "取消组合"的操作

这样即可消除刚才建立的自定义分级显示。

2.2.2　分类汇总实例

例如，某企业记录的 1999 年 1 月份销售明细账的工作表如图 2-60 所示。

	A	B	C	D	E	F	G
1	日期	销售员	产品编号	产品类别	单价	数量	金额
2	1999-01-03	方一心	330BK	影碟机	￥1,220	48	￥58,560
3	1999-01-03	杨东方	C2919PK	彩电	￥5,300	17	￥90,100
4	1999-01-04	张建生	330BK	影碟机	￥1,220	80	￥97,600
5	1999-01-04	邓云洁	820BK	影碟机	￥980	80	￥78,400
6	1999-01-05	杨韬	830BK	影碟机	￥930	40	￥37,200
7	1999-01-05	王霞	C2919PV	彩电	￥5,259	20	￥105,180
8	1999-01-06	杨韬	C2919PK	彩电	￥5,300	12	￥63,600
9	1999-01-07	方一心	C2919PV	彩电	￥5,259	44	￥231,396
10	1999-01-07	邓云洁	C2991E	彩电	￥4,099	30	￥122,970
11	1999-01-08	张建生	810BK	影碟机	￥1,130	80	￥90,400
12	1999-01-08	方一心	830BK	影碟机	￥930	21	￥19,530
13	1999-01-08	刘恒飞	C2919PK	彩电	￥5,300	17	￥90,100
14	1999-01-08	杨东方	C2919PK	彩电	￥5,300	18	￥95,400
15	1999-01-08	陈明华	C2919PV	彩电	￥5,259	12	￥63,108
16	1999-01-09	杨韬	820BK	影碟机	￥980	80	￥78,400

图 2-60　销售明细账分类汇总原始数据

现需要汇总各种商品的销售额。虽然可以利用 Excel 的公式和函数完成有关的计算，但是使用分类汇总工具更为有效。

（1）设定分类依据

对上面的数据，如果要考查不同销售人员的销售业绩，可以按销售员分类汇总；如果要分析不同产品的销售情况，则可以按产品编号分类汇总；还可以按销售日期、产品类别等其他指标分类汇总。这里假设需要按照产品编号分类汇总，即要统计不同产品的销售情况。

在确定了分类依据以后，还不能直接进行分类汇总，必须按照选定的分类依据对数据清单进行排序，否则可能会造成分类汇总的错误。排序操作的基本步骤如下。

① 选定分类依据所在列的标志单元格，即 C1 单元格。注意，一定不要选定整个 C 列。读者可以试验一下，选定 F1 和选定 F 列后，执行排序操作的结果有何不同（单击撤销按钮可撤销最近执行的若干操作）。

② 单击常用工具栏中的排序按钮，或单击"数据"→"排序"按钮，然后在弹出的"排序"对话框中指定主要关键字为产品编号。

此时整个数据清单都按照产品类别排好顺序，即可进行分类汇总操作了。

（2）建立分类汇总

分类汇总操作的基本步骤如下。

① 如果当前单元格不在数据清单中，则可选定数据清单中的任一单元格。

② 单击"数据"→"分类汇总"按钮，此时将弹出"分类汇总"对话框，如图 2-61 所示。

③ 在"分类字段"下拉列表中选定产品编号；在"汇总方式"中选定求和；在"选定汇总项"中选定数量和金额两项；根据需要决定是否选定汇总结果显示在数据下方选项，如果不选中该项，则汇总结果显示在数据上方，最后单击"确定"按钮。

分类汇总的结果如图 2-62 所示。

图 2-61 "分类汇总"对话框

图 2-62 分类汇总的结果

（3）观察分类汇总数据

从图中可以看到，Excel 除了在每一类明细数据的下面添加了汇总数据以外，还自动在数据清单的左侧建立了分级显示符号。该区域的顶部为横向排列的级别按钮，其数目的多少取决于分类汇总时的汇总个数。区域的下面是对应不同级别数据的显示明细数据按钮 **+** 和隐藏明细数据按钮 **−**。利用分级显示符号，可以根据需要灵活地观察所选级别的数据，也可以方便地创建显示汇总数据、隐藏细节数据的汇总报告。

要显示指定级别的汇总数据，可单击分级显示符号上部相应的级别按钮。如图 2-63 所示为单击级别 2 按钮 **2**，显示 2 级汇总数据的结果。

要显示某一个分组数据的明细数据，可单击相应汇总数据所对应的显示明细数据按钮 **+**。此时相应的按钮变为隐藏明细数据按钮 **−**。如图 2-64 所示为显示产品编号为"C2919PK"的明细数据的结果。

图 2-63 按级别 2 显示的汇总数据结果

图 2-64 在分类汇总中显示某产品的明细数据的结果

要隐藏某一个分组数据的明细数据，可单击相应汇总数据所对应的隐藏明细数据按钮 **−**，或相应明细数据所对应的概要线。此时相应的按钮再次变为显示明细数据按钮 **+**。如果要隐藏某一级别的汇总或明细数据，可单击其上一级级别按钮。

（4）保存分类汇总结果

要将分类汇总的结果单独存放在一张工作表中，可将汇总的结果复制后，利用"编辑"菜单中的"选择性粘贴"选项粘贴到新工作表中。在选择性粘贴对话框的粘贴选项中，应选择数值选项，（或者选择"全部"→"粘贴链接"选项，这样可以使数据自动更新）。利用筛选操作或直接删除明细数据即可。这里有个技巧：选中 2 级视图下的整个数据区域，按[Alt+;]快捷键，将只选中当前显示出来的单元格，然后使用[Ctrl+C]快捷键复制，使用[Ctrl+V]快捷键粘贴到目标区域（或工作表）。

（5）其他操作

如果需要，在分类汇总的基础上还可以再创建二级乃至多级分类汇总。如果要删除分类汇总，可单击"数据"→"分类汇总"按钮，然后在"分类汇总"对话框中单击"全部删除"按钮。

2.3　合并计算

一个公司可能有很多的分公司，每个分公司具有各自的销售报表和会计报表，又或者每个分公司的年度报表是由 12 个月报表组成的，这就使得数据很分散。为了对整个公司的情况进行全面了解，就需要将这些分散的数据整合到一起，这就是 Excel 的合并计算。Excel 提供了两种合并计算方法。

2.3.1　按位置合并

1．在新工作表中存放合并后的数据

假设已有 1 月和 2 月的销售汇总数据，分别存放在工作表"1 汇总"、"2 汇总"中，图 2-65 即为"1 汇总"工作表。

该表中的数据来自于"1 分类"工作表中的汇总项。需要存放合并数据的工作表为"1-2 月汇总"。假设这 3 个工作表的格式相同，则可通过按位置合并操作，将前两个工作表的数据合并到"1-2 月汇总"工作表中。

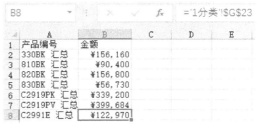

图 2-65　粘贴链接得到的汇总值

按位置合并操作的基本步骤如下。

① 选定要存放合并数据的"1-2 月汇总"工作表为当前工作表，并选定存放合并数据的单元格区域，如图 2-66 所示。

② 单击"数据"→"数据工具"→"合并计算"按钮，如图 2-67 所示。

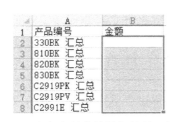

图 2-66　选定存放合并数据的单元格区域

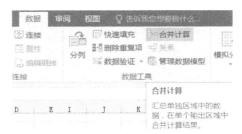

图 2-67　单击"合并计算"按钮

③ 弹出"合并计算"对话框，在其中选择合并方式和引用位置，如图 2-68 所示。

④ 单击"确定"按钮，完成合并计算。合并计算的结果如图 2-69 所示。

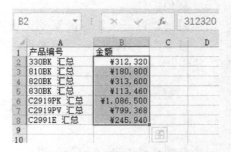

图 2-68　"合并计算"对话框　　　　　　　　　图 2-69　合并计算的结果

如果在合并计算对话框中选中了"创建指向源数据的链接"复选框，则存放合并数据的工作表中存放的不是单纯的合并数据，而是计算合并数据的公式。此时在工作表的左侧将出现分级显示符号。可以根据需要显示或隐藏源数据，如图 2-70 所示。

此时的合并数据与源数据建立了链接关系，也就是说，当源数据变动时，合并数据会自动更新，保持一致。

2．在同一界面中进行按位置合并

如果所有的数据按同样的顺序和位置排列，则可在同一界面中进行按位置合并计算。例如，如果用户的数据来自同一模板创建的一系列工作表，就可通过位置在同一屏中合并计算。本例中，三个分公司的数据分别放在三个工作表中，如图 2-71 所示。

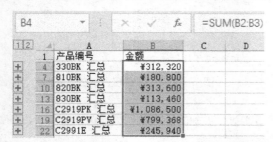

图 2-70　创建至数据源的链接后的合并计算结果　　图 2-71　在同一屏中合并计算的原始数据

现在要把三个分公司的相关数据统一到"合并计算"空白工作表中，操作如下。

① 选中"合并计算"工作表，单击"视图"→"窗口"→"新建窗口"按钮，新建一个工作簿窗口，如图 2-72 所示。

② 再单击 2 次"新建窗口"按钮，新建 2 个工作簿窗口，这样共有 4 个工作簿窗口，如图 2-73 所示。

③ 单击"视图"→"窗口"→"全部重排"按钮，弹出"重排窗口"对话框，在其中选择排列方式为"平铺"，并选中"当前活动工作簿的窗口"复选框，如图 2-74 所示。

④ 单击"确定"按钮后，所有窗口被平铺显示，调整为每个窗口显示一张不同的工作表，如图 2-75 所示。

图 2-72　新建工作簿窗口

图 2-73　新建多个工作簿窗口

图 2-74　设置重排窗口

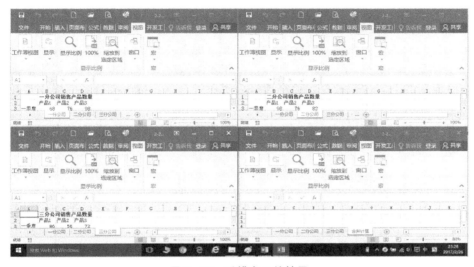

图 2-75　重排窗口的效果

⑤　单击"合并计算"工作表标签，选定其中的 A1 单元格后，单击"数据"→"数据工具"→"合并计算"按钮，如图 2-76 所示。

⑥　在弹出的"合并计算"对话框中设置数据引用位置分别为其他三个工作表的 A2:D6 单元格，并在"标签位置"选项组中选中"首行"和"最左列"两个复选框，如图 2-77 所示。

图 2-76　在同一屏幕中使用合并计算

图 2-77　在同一屏幕中使用合并计算的参数设置

⑦ 单击"确定"按钮后，三个公司的数据被合并计算到一个工作表中，如图 2-78 所示。

图 2-78 在同一屏幕中使用合并计算的效果

2.3.2 按分类合并

1. 标准意义上的按分类合并

如果待合并的工作表格式不完全相同，如有可能各月份销售的产品不完全相同，这里假定 3 月的销售产品有变化，用"3 汇总"工作表来保存 3 月的汇总，此时不能简单地采用上述按位置合并的方法来操作，而需要按分类进行合并。按分类合并的操作与按位置合并大致相同，其基本步骤如下。

选定要存放合并数据的"1 季度汇总"工作表为当前工作表，并选定存放合并数据的单元格区域。与按位置合并不同的是，此时应同时选定分类依据所在的单元格区域。如果不能确切知道有多少类，则可以只选定单元格区域的第一行，如图 2-79 所示。

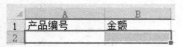

图 2-79 选择存放按分类合并计算结果的单元格区域

单击"合并计算"按钮，弹出"合并计算"对话框，在这里指定需要使用的函数，添加各工作表需要合并的源数据区域。与按位置合并操作不同的是，除了要选定待合并的数据区域外，还需要选定合并分类的依据所对应的单元格区域，而且各工作表中待合并的数据区域可能不完全相同，需要逐个选定。与按位置合并不同的是，其需要指定标志位置，即分类合并的依据所在的单元格，如果不指定，则将出现空列，这里选定最左列。如图 2-80 所示。

根据需要决定是否选定创建连至与源数据的链接选项。为了与按位置合并对照，这里不选中该复选框，单击"确定"按钮。

按分类合并计算的结果如图 2-81 所示。

图 2-80 选择按分类合并的依据所在的单元格位置　　图 2-81 按分类合并计算的结果

注意，由于没有选定创建连至与源数据的链接选项，所以工作表的左侧没有出现分级显示符号，而且合并数据的单元格中存放的是合并计算的结果，而不是有关的公式。

2．更为简单地按分类合并

标准的按分类合并需要先在目标工作表里设置好字段，合并计算时只考虑标签位置。更为快捷的方法则事先不需要在目标工作表中做任何准备，只要有一张空的工作表即可。

例如，有以下四个分公司的数据，如图 2-82 所示。

先选中"总表"中的 A1 单元格，然后单击"合并计算"按钮，在弹出的"合并计算"对话框中，将光标定位在"引用位置"文本框中，然后选择"北京"工作表中的 A1:C6 区域，单击"添加"按钮。

继续重复此操作，将另外三张工作表中的 A1:C5 区域都添加到"所有引用的位置"列表框中，并同时选中"首行""最左列"两个复选框，如图 2-83 所示。

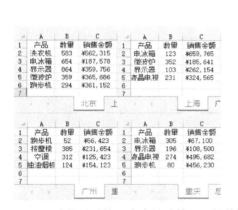

图 2-82　更为简单地按分类合并计算的原始数据 　　图 2-83　更为简单地按分类合并计算的参数设置

计算结果如图 2-84 所示。

很明显，此图少了一个列字段，最终还要手工添加。所以，这种方法虽快速但不严谨。

3．同一张工作表内的合并计算

有时，同一工作表内不同区域也可以直接合并计算。当两处以上源区域包含类似的数据，却以不同方式排列（主要是行记录的数量、顺序不同）时，若想求汇总值，也可以使用分类合并。例如，有以下数据，如图 2-85 所示。

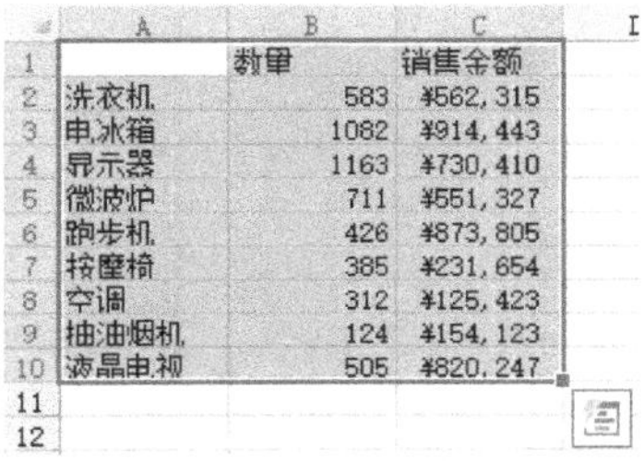

图 2-84　更为简单地按分类合并计算的计算结果 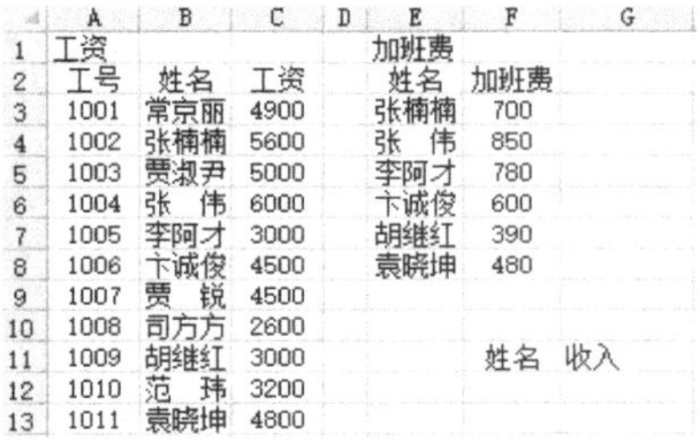　　图 2-85　同一工作表内合并计算的原始数据

现在要在同一张表的中间区域建立员工总收入数据表，可按照分类合并的方法在此处进行合并计算，如图 2-86 所示。

最终计算结果如图 2-87 所示。

图 2-86　同一工作表内合并计算的参数设置　　　　图 2-87　同一工作表内合并计算的计算结果

2.4　数据透视表

使用 Excel 处理数据通常有两个目的：一是计算数据，二是使数据以一定的格式显示便于用户分析。当需要对明细数据做全面分析时，数据透视表是最佳工具。数据透视表是一种对大量数据快速汇总和创建交叉列表的交互式工具，可以转换行列来查看源数据的不同汇总结果，而且可以显示感兴趣的明细数据，它本质上是一种动态工作表，提供了一种以不同角度审视数据的简便方法。它有机地结合了分类汇总和合并计算的优点，可以方便地调整分类汇总的分类。Excel 的数据透视图报告功能，使得数据透视表的分析结果可用图表方式提交，这样更为方便。

2.4.1　数据准备

1．制作数据列表

为了分析方便，首先将 1～3 月的数据复制到一个新工作表"1 季度数据"中。为此，需创建一个新的工作表"1 季度数据"，并选定 A1 单元格为当前单元格。单击剪贴板对话框中的"全部粘贴"按钮，复制的 12 个月的数据依次粘贴到新工作表中。如果次序不对，则可将该工作表按日期项排序，如图 2-88 所示。

2．在准备数据时应注意的问题

（1）遇到第一行不是标题行的情况

使用数据透视表创建表格时，Excel 会自动将数据

	A	B	C	D	E	F	G
1	日期	销售员	产品编号	产品类别	单价	数量	金额
2	1999-01-03	方一心	330BK	影碟机	￥1,220	48	￥58,560
3	1999-01-03	杨东方	C2919PK	彩电	￥5,300	17	￥90,100
4	1999-01-04	张建生	330BK	影碟机	￥1,220	80	￥97,600
5	1999-01-04	邓云洁	820BK	影碟机	￥980	80	￥78,400
6	1999-01-05	杨韬	830BK	影碟机	￥930	40	￥37,200
7	1999-01-05	王政	C2919PV	彩电	￥5,259	20	￥105,180
8	1999-01-06	杨韬	C2919PK	彩电	￥5,300	12	￥63,600
9	1999-01-07	方一心	C2919PV	彩电	￥5,259	44	￥231,396
10	1999-01-07	邓云洁	C2991E	彩电	￥4,099	30	￥122,970
11	1999-01-08	张建生	810BK	影碟机	￥1,130	80	￥90,400
12	1999-01-08	方一心	830BK	影碟机	￥930	21	￥19,530
13	1999-01-08	刘恒飞	C2919PK	彩电	￥5,300	17	￥90,100
14	1999-01-08	杨东方	C2919PV	彩电	￥5,259	18	￥95,400
15	1999-01-08	陈明华	C2919PV	彩电	￥5,259	12	￥63,108
16	1999-01-09	杨韬	820BK	影碟机	￥980	80	￥78,400
17	1999-02-03	方一心	330BK	影碟机	￥1,220	48	￥58,560
18	1999-02-03	杨东方	C2919PK	彩电	￥5,300	17	￥90,100
19	1999-02-04	张建生	330BK	影碟机	￥1,220	80	￥97,600
20	1999-02-04	邓云洁	820BK	影碟机	￥980	80	￥78,400
21	1999-02-05	杨韬	830BK	影碟机	￥930	40	￥37,200
22	1999-02-05	王政	C2919PV	彩电	￥5,259	20	￥105,180
23	1999-02-06	杨韬	C2919PK	彩电	￥5,300	12	￥63,600
24	1999-02-07	方一心	C2919PV	彩电	￥5,259	44	￥231,396
25	1999-02-07	邓云洁	C2991E	彩电	￥4,099	30	￥122,970
26	1999-02-08	张建生	810BK	影碟机	￥1,130	80	￥90,400
27	1999-02-08	方一心	830BK	影碟机	￥930	21	￥19,530
28	1999-02-08	刘恒飞	C2919PK	彩电	￥5,300	17	￥90,100
29	1999-02-08	杨东方	C2919PV	彩电	￥5,300	18	￥95,400
30	1999-02-08	陈明华	C2919PV	彩电	￥5,259	12	￥63,108
31	1999-02-09	杨韬	820BK	影碟机	￥980	80	￥78,400
32	1999-02-10	谢三峰	C2919PK	彩电	￥5,300	77	￥408,100
33	1999-03-03	方一心	330BK	影碟机	￥1,220	48	￥58,560
34	1999-03-03	杨东方	C2919PK	彩电	￥5,300	17	￥90,100
35	1999-03-04	张建生	330BK	影碟机	￥1,220	80	￥97,600
36	1999-03-04	邓云洁	820BK	影碟机	￥980	80	￥78,400
37	1999-03-05	杨韬	830BK	影碟机	￥930	40	￥37,200
38	1999-03-05	王政	C2919PV	彩电	￥5,259	20	￥105,180
39	1999-03-06	杨韬	C2919PK	彩电	￥5,300	12	￥63,600
40	1999-03-07	方一心	C2919PV	彩电	￥5,259	44	￥231,396
41	1999-03-07	邓云洁	C2991E	彩电	￥4,099	30	￥122,970
42	1999-03-08	张建生	450BK	影碟机	￥1,530	67	￥102,510
43	1999-03-08	方一心	830BK	影碟机	￥930	21	￥19,530
44	1999-03-08	刘恒飞	C2919PK	彩电	￥5,300	17	￥90,100
45	1999-03-08	杨东方	C3418PK	彩电	￥10,330	21	￥216,930
46	1999-03-08	陈明华	C2919PV	彩电	￥5,259	12	￥63,108
47	1999-03-09	杨韬	820BK	影碟机	￥980	80	￥78,400
48	1999-03-10	谢三峰	C2919PK	彩电	￥5,300	77	￥408,100

图 2-88　数据透视表原始数据

源的第一行作为标题，将这一行的值放到"字段列表区"中。如果用户用一个没有标题的数据表作为数据透视表的数据源，则 Excel 仍能创建数据透视表，但它会将第一行的值作为字段，并且不参与计算，这显然会造成结果错误。因此，在创建之前必须先检查数据源的第一行是否是列标题，如果不是，则应添加一行并补上标题。

（2）**遇到第一列是标题行的情况**

也有些用户习惯将标题放在数据的第一列，但 Excel 在创建数据透视表时是无法指定第一列为字段的，因此只能在用户创建之前的数据准备阶段中，通过"复制源表→选择性粘贴→转置"的方式将源表的行列转换后，作为创建数据透视表的数据源。

（3）**遇到标题字段中包含空白单元格的情况**

Excel 在创建数据透视表时，是不允许标题列含有空白字段的，如果有，则创建时会弹出出错对话框，如图 2-89 所示。

图 2-89　数据透视表原始数据表字段中出现空格时的提示消息

只有在用户修改之后才能继续。

（4）**遇到数据源中包含空行、空列和空格的情况**

创建数据透视表时，Excel 将连续的单元格区域的数据自动判断为数据源的范围，若其中有空行，则将导致 Excel 误判数据源的范围，因此需要将空行删除。空列的情况也是一样的。而如果有空格，Excel 会自动将空格所在的整个列都作为文本格式，在计算时将空格所在的单元格作为文本计算。为避免这种情况，如果数据源中确实有空格，则可以在空格中输入 0，以免将其他无辜的数据变成文本格式，造成无法计算或计算出错。

（5）**遇到数据源中包含合计单元格的情况**

如果选择的数据源中夹杂着合计的单元格，创建数据透视表时将计算数据源中的所有单元格，包含合计的数据也会显示在数据透视表中。因此，当用户获取到这样的数据源时，可以删除其中合计的数据行。

（6）**遇到数据源是二维数据表的情况**

创建数据透视表的数据应该是数据列表，即一维的，只有列没有行标题。如果获取的数据源是既有列标题又有行标题的二维表格，则应该将二维表格整理成一维的数据列表。

2.4.2　创建数据透视表

（1）**新建数据透视表**

① 单击"插入"→"表格"→"数据透视表"按钮。

② 在弹出的"创建数据透视表"对话框中，选定数据源和准备放置透视表的位置，如图 2-90 所示。

若采用本工作表的数据，则直接指定本工作簿中的某个表，以及该表中的区域；如果要另外选择数据源，则还应单击"使用外部数据源"按钮，此时将弹出"现有连接"对话框，用户可在现有连接中选择，如未有现成的现有连接，可单击左下方的"浏览更多"按钮，将会弹出标准的 Windows 打开文件对话框，从中选择需要的文件，如图 2-91 所示。

图 2-90 "创建数据透视表"对话框

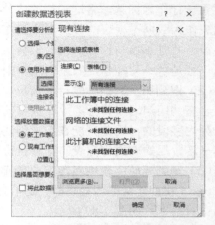

图 2-91 创建数据透视表时选择外部数据源

③ 单击"确定"按钮，在当前工作表中创建了数据透视表，如图 2-92 所示。不过，有些 Excel 2016 创建的数据透视表是旧版本的外观，如图 2-93 所示。

图 2-92 新建的数据透视表

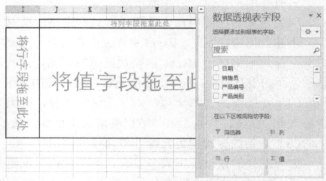

图 2-93 新建的数据透视表的另一种形式

④ 根据分析要求，设置数据透视表的版式。该步骤也是创建数据透视表的最关键的一步。假设要分析各销售员不同时期的销售业绩，可以日期作为行字段，销售员作为列字段，而将金额作为数据项。从数据透视表字段列表中，将相应的字段拖放到行字段、列字段和数据项位置。

此时创建的数据透视图如图 2-94 所示。其中最右一列有每天的销售合计，最下一行有每个销售员的销售合计。

同时，右侧的窗格也自动变换成

求和项:金额	销售员								
日期	陈明华	邓云洁	方一心	刘恒飞	王霞	谢捃俞	杨东方	杨韬	张建生	总计
1月3日			59560				90100			148660
1月4日		78400							97600	176000
1月5日				105180			37200			142380
1月6日							63600			63600
1月7日		122970	231396							354366
1月8日	63108		19530	90100			95400		90400	358538
1月9日								78400		78400
2月3日			59560				90100			148660
2月4日		78400							97600	176000
2月5日				105180			37200			142380
2月6日							63600			63600
2月7日		122970	231396							354366
2月8日	63108		19530	90100			95400		90400	358538
2月9日								78400		78400
2月10日					408100					408100
3月3日			59560				90100			148660
3月4日		78400							97600	176000
3月5日				105180			37200			142380
3月6日							63600			63600
3月7日		122970	231396							354366
3月8日	63108		19530	90100			216930		102510	492178
3月9日								78400		78400
3月10日					408100					408100
总计	189324	604110	928458	270300	315540	816200	678030	537600	576110	4915672

图 2-94 初始化的数据透视表

数据透视表的设置选项，如图 2-95 所示。

（2）**重设数据透视表**

若要从数据透视表中删除所有报表筛选、标签、值和格式等，以便重新设计布局，则应单击"数据透视表工具/分析"→"操作"→"清除"→"全部清除"按钮，如图 2-96 所示。

图 2-95 "数据透视表字段"窗格

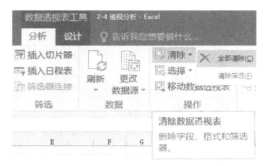

图 2-96 清除数据透视表

这样可有效清除表中各元素，将透视表改回初始样式。在这里，清除的仅仅是数据表中的数据，但不会将整个数据透视表删除，数据透视表的数据连接、位置和缓存都保持不变。

2.4.3 应用数据透视表

数据透视表的突出优点是可以利用它对数据进行透视分析，可以根据不同的分析要求，对数据透视表进行各种操作。例如，进行不同级别的概括汇总，添加或删除分析指标，显示或隐藏细节数据，改变数据透视表的版式等。

1. 数据透视表的编辑

用户在创建了数据透视表之后，可以使用"数据透视表字段"窗格来编辑数据透视表，即添加、删除和重新排列字段。

（1）**添加 / 删除字段**

当需要分析不同的指标时，不需要重新制作报表，只需在原数据透视表的基础上，根据需要简单地添加或删除字段即可。例如，对于以上所示的按月和季度显示的数据透视表，需要进一步分析不同产品类别的销售情况，即可以将产品类别字段添加到数据透视表的行字段或列字段中。将产品类别字段添加到行字段的具体操作步骤如下。

选中数据透视表中的任意单元格，此时"数据透视表字段"窗格自动弹出，选择其中的"产品类别"，然后选择"添加到报表筛选""添加到行标签""添加到列标签""添加到值"四个选项中的一个即可，如图 2-97 所示。

图 2-97 选择"添加到行标签"选项

添加了"产品类别"字段的数据透视表如图 2-98 所示。

添加到行和列的字段，会自动在一行或一列上展开该字段的各个值，而添加到"报表筛选"部分的字段，会将该字段的值显示在一个下拉列表中，用户可根据一项或多项来筛选所需要显示的数据，如图 2-99 所示。

求和项:金额			销售员		
季度	日期	产品类别	陈明华	邓云洁	方一心
第一季	1月	彩电	63108	122970	231396
		影碟机		78400	78090
	1月 汇总		63108	201370	309486
	2月	彩电	63108	122970	231396
		影碟机		78400	78090
	2月 汇总		63108	201370	309486
	3月	彩电	63108	122970	231396
		影碟机		78400	78090
	3月 汇总		63108	201370	309486
总计			189324	604110	928458

图 2-98　添加了"产品类别"字段的数据透视表

图 2-99　数据透视表中的筛选字段

（2）重新排列字段

更直接的操作方式是按住鼠标左键拖动需要的字段，在"在以下区域间拖动字段"中的"筛选器""行""列""Σ值"这四个数据区域间拖动时，被选中的字段会变成按钮状，当被拖动的字段进入到数据列表区域后，会自动选择如图 2-100 所示的前四种图标中的一种。

如果要从数据透视表中删除某个字段，则将其拖离数据透视表即可，此时鼠标指针会变成如图 2-100 所示的最后一种。

行字段　　列字段　　页字段　　数据字段　　删除

图 2-100　在数据透视表中用鼠标拖动数据字段

（3）设置字段格式

如果用户需要设置数据透视表中各字段的显示格式、汇总方式等，可以通过单击"数据透视表工具/分析"→"活动字段"→"字段设置"按钮来实现，如图 2-101 所示。

图 2-101　在数据透视表中设置字段格式

2．数据显示格式的设置

在 Excel 2016 中，用户可以通过筛选排序两种方式对数据透视表的数据显示进行设置。

（1）数据排序

在数据透视表中右击需要排序的字段标签，指向"排序"，将可选择排序方式为"升序"或"降序"；如果不是右击字段，而是右击某个具体的值，则在指向"排序"后还可以选择"其他排序选项"，或者选中这个值后，转向"数据"→"排序和筛选"选项，单击"排序"按钮，一样可以弹出如图 2-102 所示的"按值排序"对话框。

（2）数据筛选

用户可以通过筛选数据，筛选出符合指定条件的数据，同时通过数据筛选也能够实现数据查找。Excel 2016 的数据筛选又分为标签筛选和值筛选两种。

① 标签筛选：在透视表中，单击"行标签"或"列标签"的下拉按钮，在下拉列表中选择"标签筛选"命令，将看到大家已经熟悉的"筛选"菜单，如图 2-103 所示。

图 2-102　在数据透视表中设置排序　　　　图 2-103　在数据透视表中设置标签筛选

② 值筛选：如果仅需根据已有的某一值进行筛选，则在上述菜单中选择"值筛选"选项即可，这就是前面学过的自动筛选而已。

（3）分类显示数据

在 Excel 2016 的数据透视表中，对所有的行字段、列字段都增加了分类选项下拉列表。如果只是希望了解数据透视表中某个分类的数据，则可以单击相应字段的下拉列表，然后选择需要显示的分类数据。例如，如果要只显示影碟机产品类别的数据，可以单击产品类别字段的下拉按钮，清除彩电选项，然后单击"确定"按钮，如图 2-104 所示。

有关影碟机产品类别的销售数据，如图 2-105 所示。

图 2-104　设置要分类显示的数据　　　　图 2-105　设置了分类显示的数据透视表

（4）显示或隐藏汇总数据

从图 2-105 中可以看到，这时的产品类别只有一类，所以相应的汇总行已无意义。数据透视表中的行、列汇总数据，实际上都是可选项。用户可以根据需要决定显示还是隐藏某个字段的汇总数据。要显示或隐藏某个字段的汇总数据时，首先右击该字段，在弹出的快捷菜单中可以看到当前的分类汇总项"日期"已被选中，表示已选中了显示分类汇总，只要取消选中该复选框就可以关闭显示分类汇总。反之，如果已经关闭了分类汇总，则可在这里再选中该复选框，再次打开分类汇总显示，如图 2-106 所示。

也可以这样操作：选中该字段，此时光标变成向右的实心箭头，并且该字段的所有汇总项都被选中，如图 2-107 所示。

求和项:金额			销售员			
季度	日期	产品类别	邓云洁	方一心	杨韬	张
第一季	1月	影碟机	78400	78090	115600	
	1月 汇总		78400	78090	115600	
	2月 1月 汇总		78400	78090	115600	
	2月		78400	78090	115600	
	3月	影碟机	78400	78090	115600	
	3月 汇总		78400	78090	115600	
总计			235200	234270	346800	

图 2-106　在数据透视表中显示或隐藏汇总　图 2-107　在数据透视表中显示或隐藏汇总数据的方法之
数据的方法之一　　　　　　　　　　　　　二：选中汇总项

右击，选择"字段设置"选项，在弹出的"字段设置"对话框中选中"无"单选按钮，如图 2-108 所示。

选中"分类汇总和筛选"选项卡中的"无"，单击"确定"按钮。

还可以在"数据透视表工具/设计"→"布局"组中单击"分类汇总"右侧的下拉按钮进行设置，如图 2-109 所示。

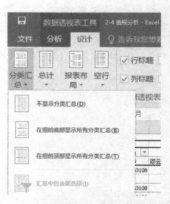

图 2-108　在数据透视表中显示或隐藏汇总数据　图 2-109　在数据透视表中显示或隐藏汇总数据的
的方法之二：设置字段　　　　　　　　　　方法之三

上述方式均能实现对汇总项的显示或隐藏操作。隐藏了分类汇总数据的数据透视表如图 2-110 所示。

求和项:金额			销售员				
季度	日期	产品类别	邓云洁	方一心	杨韬	张建生	总计
第一季	1月	影碟机	78400	78090	115600	188000	460090
	2月	影碟机	78400	78090	115600	188000	460090
	3月	影碟机	78400	78090	115600	200110	472200
总计			235200	234270	346800	576110	1392380

图 2-110　隐藏了分类汇总数据的数据透视表

如果要显示或隐藏总计数据，可右击数据透视表，在弹出的快捷菜单中选择"数据透视表选项"选项。这时将弹出如图 2-111 所示的"数据透视表选项"窗格。

在其中的"汇总和筛选"选项卡中，选中或取消选中其中的"显示列总计"或"显示行总计"复选框即可。

也可以在"数据透视表工具/设计"→"布局"组中单击"总计"下拉箭头进行设置，如图 2-112 所示。

图 2-111　在"数据透视表选项"窗格中设置总计
数据的方法之一

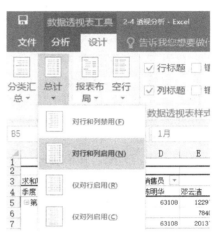

图 2-112　设置总计数据的方法之二

其效果如图 2-113 所示。

（5）显示明细数据

数据透视表中的数据一般是由多项数据汇总得来的，如果需要，可以方便地查看明细数据。例如，从如图 2-113 所示的数据透视表可以看到，销售员"张建生"3 月份的销售金额较高，如果希望查看其明细数据，可以双击该数据。这时，Excel 将自动创建一个新的工作表，显示该数据所对应的明细数据，如图 2-114 所示。

日期	销售员	产品编号	产品类别	单价	数量	金额
1999/3/8	张建生	450BK	影碟机	1530	67	102510
1999/3/4	张建生	330BK	影碟机	1220	80	97600

图 2-113　在数据透视表中隐藏了总计数据的效果　　图 2-114　Excel 自动新建的明细数据工作表

（6）调整显示方向

在刚才所建的数据透视表中，日期和产品类别是作为行字段，其数据分别显示在不同的行，这称为行方向显示；而销售员是列字段，其数据显示在不同的列，称为列方向显示，如图 2-115 所示。

此时，行方向字段过多，可以考虑设置页字段，让指定的数据按页方向显示。例如，要详尽地分析每个销售员的业绩，可以设置销售员字段以页方向显示。其操作方法是直接用鼠标将销售员字段从列字段处拖放到页字段处即可，如图 2-116 所示。

求和项:金额			销售员		
季度	日期	产品类别	陈明华	邓云洁	方一心
⊟ 第一季	⊟ 1月	彩电	63108	122970	231396
		影碟机		78400	78090
	1月 汇总		63108	201370	309486
	⊟ 2月	彩电	63108	122970	231396
		影碟机		78400	78090
	2月 汇总		63108	201370	309486
	⊟ 3月	彩电	63108	122970	231396
		影碟机		78400	78090
	3月 汇总		63108	201370	309486
总计			189324	604110	928458

图 2-115　调整行列显示

销售员	杨韬		
求和项:金额			
季度	日期	产品类别	汇总
⊟ 第一季	⊟ 1月	彩电	63600
		影碟机	115600
	1月 汇总		179200
	⊟ 2月	彩电	63600
		影碟机	115600
	2月 汇总		179200
	⊟ 3月	彩电	63600
		影碟机	115600
	3月 汇总		179200
总计			537600

图 2-116　添加了页字段的数据透视表

目前显示的是销售员"杨韬"的销售业绩。单击销售员字段右边的下拉按钮，可以选择显示其他销售员，或选择全部，可以显示其他销售员或全体销售员的销售业绩。

此图的数据透视表由于将销售员字段从原来的列方向改变为页方向，所以没有字段按列方向显示，但有两个字段是按行方向显示的，因而可读性不佳。为此，按照类似的方法，将日期字段改为按列方向显示。将日期字段拖放到列字段后相应的数据透视表中，如图 2-117 所示。

销售员	杨韬				
求和项:金额		日期			
季度	产品类别	1月	2月	3月	总计
⊟ 第一季	彩电	63600	63600	63600	190800
	影碟机	115600	115600	115600	346800
总计		179200	179200	179200	537600

图 2-117　调整了显示方向的数据透视表

（7）改变数据显示方式

一般情况下，数据透视表中显示的都是实际的汇总数据。为了更清晰地分析数据间的关系，如比例或构成关系、差异关系等，可以指定数据透视表以特殊的显示方式来显示数据。Excel 2016 提供了差异、百分比、差异百分比、按列递加、指数等不同的数据显示方式。用户可以根据分析的要求选择最为合适的数据显示方式。

例如，要在如图 2-118 所示的图表中分析不同时期的销售增长情况，可以选择按差异来显示汇总数据。其具体操作如下。

① 右击数值区的任意一个数值，在弹出的快捷菜单中选择"值显示方式"选项，如图 2-119 所示。

销售员	(全部)				
求和项:金额		日期			
季度	产品类别	1月	2月	3月	总计
⊟ 第一季	彩电	861854	1269954	1391484	3523292
	影碟机	460090	460090	472200	1392380
总计		1321944	1730044	1863684	4915672

图 2-118　准备进行差异化显示的数据透视表

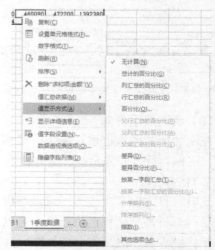

图 2-119　数据透视表中数据字段的值显示方式

② 选择"差异"显示方式，弹出值显示方式对话框，在"基本字段"下拉列表中选定日期，在"基本项"下拉列表中选定"（上一个）"，如图 2-120 所示。

③ 单击"确定"按钮，按差异显示的数据透视表如图 2-121 所示。

图 2-120　值显示方式对话框

图 2-121　按差异显示的数据透视表

从该数据透视表中清晰地反映出 2 月彩电销售金额较 1 月有较大幅度的上升，而影碟机的销售金额没有增长；而 3 月彩电销售金额较 2 月上升幅度减小，影碟机销售金额较 2 月有了一定的增长。

（8）利用颜色增加数据透视表的信息量

用户可以通过 Excel 中的"条件格式"选项，对报表的颜色和图形标识作突出显示，以显示报告的重点，使之更具可读性。

将透视表调整为如图 2-122 所示，并选中 B5 单元格。

单击"开始"→"样式"→"条件格式"右侧的下拉按钮，指向"突出显示单元格规则"，如图 2-123 所示。

图 2-122　准备应用条件格式的数据透视表

图 2-123　选择"突出显示单元格规则"选项

此时，如果直接选择"大于""小于"等选项，将弹出如图 2-124 所示的对话框，可快速设定格式。

图 2-124　设置"突出显示单元格规则"参数

此时，在 B5 单元格旁边将出现应用范围选项，默认只应用于本单元格，选择"所有显示'求各项：金额'值的单元格"选项，如图 2-125 所示。

某效果如图 2-126 所示。

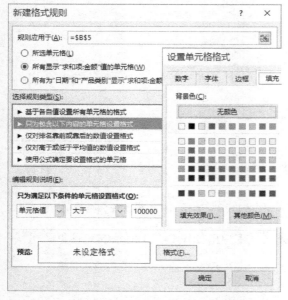

图 2-125　设置"突出显示单元格规则"应用范围

	A	B	C	D	E
1	销售员	(全部) ▼			
2					
3	求和项:金额	产品类别 ▼			
4	日期 ▼	彩电	影碟机	总计	
5	1月3日	90100	58560	149660	
6	1月4日		176000	176000	
7	1月5日	105180	37200	142380	
8	1月6日	63600		63600	
9	1月7日	354366		354366	
10	1月8日	248608	109930	358538	
11	1月9日		78400	78400	
12	2月3日	90100	58560	149660	
13	2月4日		176000	176000	
14	2月5日	105180	37200	142380	
15	2月6日	63600		63600	

图 2-126　设置"突出显示单元格规则"后的效果

如果这种快速设置条件格式的方式不能满足用户的要求，可以在快速设置的最下面选择"其他规则"选项，将弹出"新建格式规则"对话框（其实在"条件格式"下拉列表中就有"新建格式规则"选项），在这里可以设置更为详细的条件格式，如图 2-127 所示。

这里提供的显示样式，可以对数字、字体、边框、填充等进行设置，如果还不满足，"条件格式"下拉列表中还给出了"数据条""色阶""图标集"三个选项，如选择"图标集"选项，如图 2-128 所示。

图 2-127　设置"新建格式规则"对话框的参数　　图 2-128　选择"新建格式规则"中的图标集

选择其中一种图标，再选择"其他规则"选项，如图 2-129 所示。

这样即可设置用选定的图标来标注数据，如图 2-130 所示。

新建格式规则		? ×

规则应用于(A): =$B$5

○ 所选单元格(L)
● 所有显示"求和项:金额"值的单元格(W)
○ 所有为"日期"和"产品类别"显示"求和项:金额"值的单元格(N)

选择规则类型(S):
▶ 基于各自值设置所有单元格的格式
▶ 只为包含以下内容的单元格设置格式
▶ 仅对排名靠前或靠后的数值设置格式
▶ 仅对高于或低于平均值的数值设置格式
▶ 使用公式确定要设置格式的单元格

编辑规则说明(E):
基于各自值设置所有单元格的格式:

格式样式(O):	图标集		反转图标次序(D)
图标样式(C):	⊗ⓘ✓		☐ 仅显示图标(I)

根据以下规则显示各个图标:

图标(N)		值(V)		类型(T)
✓	当值是 >=	200000		数字
ⓘ	当 < 200000 且 >=	100000		数字
⊗	当 < 100000			

确定　取消

图 2-129　设置"新建格式规则"中的图标应用的参数

	A	B	C	D
1	销售员	(全部) ▼		
2				
3	求和项:金额	产品类别 ▼		
4	日期	彩电	影碟机	总计
5	1月3日	⊗ 90100	⊗ 58560	ⓘ 148660
6	1月4日		ⓘ 176000	ⓘ 176000
7	1月5日	ⓘ 105180	⊗ 37200	ⓘ 142380
8	1月6日	⊗ 63600		⊗ 63600
9	1月7日	✓ 354366		✓ 354366
10	1月8日	✓ 248608	ⓘ 109930	✓ 358538
11	1月9日		⊗ 78400	⊗ 78400
12	2月3日	⊗ 90100	⊗ 58560	ⓘ 148660
13	2月4日		ⓘ 176000	ⓘ 176000
14	2月5日	ⓘ 105180	⊗ 37200	ⓘ 142380
15	2月6日	⊗ 63600		⊗ 63600
16	2月7日	✓ 354366		✓ 354366
17	2月8日	✓ 248608	ⓘ 109930	✓ 358538
18	2月9日		⊗ 78400	⊗ 78400
19	2月10日	✓ 408100		✓ 408100
20	3月3日	✓ 90100	⊗ 58560	ⓘ 148660
21	3月4日		ⓘ 176000	ⓘ 176000
22	3月5日	ⓘ 105180	⊗ 37200	ⓘ 142380
23	3月6日	⊗ 63600		⊗ 63600
24	3月7日	✓ 354366		✓ 354366
25	3月8日	✓ 370138	ⓘ 122040	✓ 492178
26	3月9日		⊗ 78400	⊗ 78400
27	3月10日	✓ 408100		✓ 408100
28	总计	✓ 3523292	✓ 1392380	✓ 5E+06

图 2-130　应用了图标集的效果

（9）设置报告格式

Excel 2016 为数据透视表提供了几十种自动套用格式，利用它们可以快捷方便地修饰数据透视表，使其更具可读性。其具体操作如下。

选定数据透视表中任意单元格，再单击"开始"→"套用表格格式"下拉按钮，从中选择需要的表格格式后，单击"确定"按钮，如图 2-131 所示。

也可单击"数据透视表工具/设计"→"数据透视表样式"组中的相关按钮进行选择。如果对系统给定的数据透视表样式都不满意，用户可以自己设计一种样式。单击"数据透视表工具/设计"→"数据透视表样式"组右侧的下拉按钮，在样式表底部选择"新建数据透视表样式"选项，如图 2-132 所示。

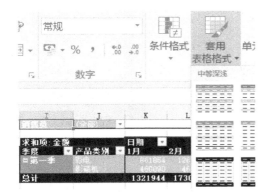

图 2-131　设置了报告格式的数据透视表

图 2-132　"新建数据透视表样式"选项

单击"数据透视表工具/设计"→"数据透视表样式"→"其他"按钮，在弹出的下拉列表下方选择"新建数据透视表样式"选项，弹出如图 2-133 所示的"新建数据透视表样式"窗格。

在其中用户可以根据自己的意愿和需求，对数据透视表的名称、表元素与格式等进行自定义设置，如要对"报表筛选标签"进行设置，应先选中它，然后单击"格式"按钮，弹出如图 2-134 所示的"设置单元格格式"对话框。

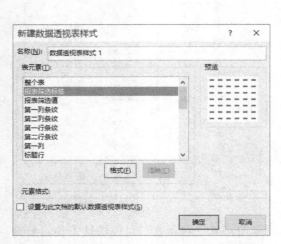

图 2-133　"新建数据透视表样式"窗格　　图 2-134　"设置单元格格式"对话框

在其中进行所需的设置，完成后单击"确定"按钮即可。

3．数据分析

数据透视表不仅是能方便用户布局数据字段和设置显示方式，更重要的是通过数据透视表可分析已经获得的数据。数据透视表提供了多种汇总函数来进行数据的计算，除此之外，用户还可以根据需要在计算字段和计算项中创建公式。

（1）调整分析步长

对于日期型字段可以根据需要调整分析的步长，可以指定其按月、季度或年重新进行分组。例如，对于完成前面操作后得到的数据透视表，为了更清楚地比较企业的月度销售数据，指定其按月进行分类汇总。其具体操作步骤如下。

① 右击日期字段中的任一日期数据单元格，在弹出的快捷菜单中选择"创建组"选项，弹出"组合"对话框，如图 2-135 所示。

② 在"依据"列表框中指定月，单击"确定"按钮。按月分类汇总的数据透视表如图 2-136 所示。

如果需要分析更宏观的情况，可以在"组合"对话框中的

图 2-135　"组合"对话框

"依据"列表框中，清除月选项，选中季度选项。如果希望同时查看月度和季度的数据，也可以同时选中月和季度选项。图 2-137 是同时按季度和月分类汇总的数据透视表。

求和项: 金额	销售员				
日期	陈明华	邓云洁	方一心	刘恒飞	王霞
1月	63108	201370	309486	90100	105180
2月	63108	201370	309486	90100	105180
3月	63108	201370	309486	90100	105180
总计	189324	604110	928458	270300	315540

图 2-136　按月分类汇总的数据透视表

求和项: 金额		销售员			
季度	日期	陈明华	邓云洁	方一心	刘恒飞
第一季	1月	63108	201370	309486	90100
	2月	63108	201370	309486	90100
	3月	63108	201370	309486	90100
总计		189324	604110	928458	270300

图 2-137　同时按季度和月分类汇总的数据透视表

（2）改变计算函数

默认情况下，在数据透视表中的数值型字段的计算函数是求和函数，非数值型字段的计算函数是计数函数。实际应用中可以根据需要，选择其他函数进行多种计算。Excel 2016 对数据透视表提供的计算函数有计数、平均值、最大值、最小值以及乘积等。例如，需要统计如图 2-137 所示数据透视表中的合同数目，而不是金额合计，可以使用计数函数。其具体操作步骤如下。

选定某个数据字段（注意：不是行字段、列字段或页字段），此时会在光标后显示该数据项的详细情况，如图 2-138 所示。

在此处右击，在弹出的快捷菜单中选择"值汇总依据"→"计数"选项，如图 2-139 所示。

图 2-138　在光标后显示数据项的详细情况

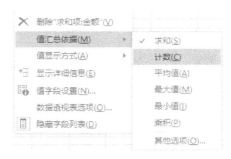

图 2-139　汇总依据

按计数函数计算的数据透视表如图 2-140 所示。

（3）添加、修改、删除计算字段

有时候用户觉得系统提供的计算函数还不能满足自己分析数据的需要，则可以自己添加计算字段。

① 添加计算字段。

用户可以通过添加计算字段来使用自己创建的公式，并且可以使用数据透视表中其他字段数据来进行计算。例如，在

销售员	(全部)				
计数项: 金额		日期			
季度	产品类别	1月	2月	3月	总计
第一季	彩电	8	9	9	26
	影碟机	7	7	7	21
总计		15	16	16	47

图 2-140　改变了计算函数的数据透视表

前面已经做好的如图 2-141 所示的数据透视表中，想要计算每月产品平均销售价格，可选中数据透视表，单击"数据透视表工具/分析"→"计算"→"字段、项目和集"中的"计算字段"按钮，如图 2-142 所示。

	A	B	C	D
1	销售员	(全部)		
2				
3	求和项:金额	产品类别		
4	日期	彩电	影碟机	总计
5	1月	861854	460090	1321944
6	2月	1269954	460090	1730044
7	3月	1391484	472200	1863684
8	总计	3523292	1392380	4915672

图 2-141　准备添加计算字段的数据透视表

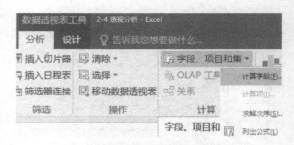

图 2-142　计算字段

弹出如图 2-143 所示的"插入计算字段"对话框，在其中进行如图 2-144 所示的设置。

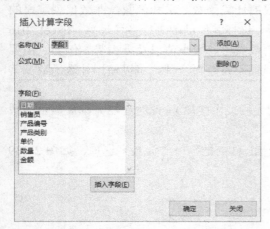

图 2-143　"插入计算字段"对话框

图 2-144　在"插入计算字段"对话框中进行参数设置

为了避免手工输入公式错误，或者字段名称太长，不想自己手动输入，可以在该对话框的最下面的"字段"列表框中，选中需要的字段，然后单击"插入字段"按钮将其输入到"公式"文本框中，如图 2-145 所示。

完成后单击"确定"按钮，则数据透视表如图 2-146 所示。

图 2-145　在"插入计算字段"对话框中插入字段

	A	B	C	D	E
1	销售员	(全部)			
2					
3			产品类别		
4	日期	数据	彩电	影碟机	总计
5	1月	求和项:金额	861854	460090	1321944
6		求和项:平均售价	¥5,070	¥1,072	¥2,207
7	2月	求和项:金额	1269954	460090	1730044
8		求和项:平均售价	¥5,142	¥1,072	¥2,559
9	3月	求和项:金额	1391484	472200	1863684
10		求和项:平均售价	¥5,566	¥1,135	¥2,798
11	求和项:金额汇总		3523292	1392380	4915672
12	求和项:平均售价汇总		¥5,282	¥1,093	¥2,533

图 2-146　插入计算字段后的效果

答案是否正确呢，或者说答案是不是我们想要的计算呢？随便验证一下，假定要验证"1月所卖所有设备的均价是不是 2 207"，可在一张单独的表上手工汇总 1 月的销售总数量、总金额，计算答案如图 2-147 所示。

答案是吻合的，说明添加的计算字段是准确的。而且新添加的计算字段也出现在了数据透视表的字段列表中，如图 2-148 所示。

1月销售总金额	1月销售总量	1月每台销售均价
1321944	599	2206.918197

图 2-147　对插入计算字段后的计算结果进行验算　　　图 2-148　查看插入的计算字段

② 修改及删除计算字段。

如果需要修改该计算字段，在如下地方修改后"确定"即可，如图 2-149 所示：

如果不再需要该计算字段，在这里删除后"确定"即可。

③ 显示公式列表。

在添加了计算字段后，有时用户需要了解当前数据透视表中使用了哪些公式。选中数据透视表，单击"数据透视表工具/分析"→"计算"→"字段、项目和集"中的"列出公式"按钮，Excel 会自动生成一张新的工作表，列出用户已经创建的公式，如图 2-150 所示。

图 2-149　修改或删除计算字段

图 2-150　查看用户添加的公式列表

④ 注意事项。

整个操作中，需要注意的就是选择"计算字段"，如在上例中，如果把"彩电""影碟机"这样的文字输入到公式中，就会出错，如图 2-151 所示。

其原因就在于，"彩电""影碟机"不是本例中合法的字段名称，而只是字段值。

（4）更新数据

数据透视表中的数据都是汇总计算的结果，所以当数据透视表中的数据有误时，不能直接在其上进行修改，而需要修改数据来源工作表，然后通过更新数据，使数据透视表更新为修改后的数据计算的结果。其具体操作如下。

① 单击存放源数据的工作表标签，切换到该工作表。

② 修改工作表中有误的单元格数据。

③ 单击数据透视表的工作表标签，切换到数据透视表。

④ 右击数据透视表，在弹出的快捷菜单中选择"刷新"选项。

这时，数据透视表中的数据将根据修改的源数据自动更新。

通过以上介绍可以看出，从形式上看数据透视表与一般的工作表没有明显的差别，但是实际上它有两个重要特性。

① "透视"性：虽然数据透视表也是一个二维表，但是由于其每个数据都是汇总计

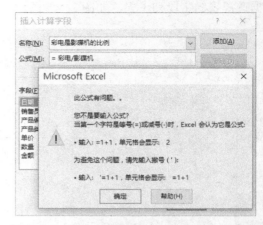

图 2-151　插入错误的计算字段后 Excel 弹出的提示消息

算的结果，实际上可以说是一个三维表格。此外，可以根据用户的需要，对数据透视表的汇总方式、显示方式进行调整，从而为用户从多角度分析数据提供了极大的方便。

② "只读"性：数据透视表可以像一般工作表一样进行修饰或制作图表，但是不能直接修改，而必须通过修改源数据和更新数据的方法进行编辑。

2.4.4　应用数据透视图

使用数据透视表可以准确计算和分析数据，但有时候很难从字面上把握数据的全部含义。Excel 的数据透视图功能，可以方便地将数据透视表的分析结果以更直观的图表方式提交。比起数据透视表，数据透视图可以一种更加可视化和易于理解的方式展示数据和数据之间的关系。

1．创建数据透视图

（1）数据透视图的创建

在现有数据透视表的基础上创建数据透视图十分方便。假定原始数据透视表如图 2-152所示。

销售员	(全部)	▼			
求和项:金额		日期	▼		
季度	▼ 产品类别	▼ 1月	2月	3月	总计
⊟第一季	彩电	861854	1269954	1391484	3523292
	影碟机	460090	460090	472200	1392380
总计		1321944	1730044	1863684	4915672

图 2-152　创建数据透视图的原始数据

用拖动字段的方式，先关闭行字段中的"季度"显示，再将"行""列"字段交换，即将日期改为行字段（此时只显示月）、产品类别改为列字段，透视表将如图 2-153 所示。

选定该数据透视表中的任意一个单元格，单击"数据透视表工具/分析"→"工具"→"数据透视图"按钮，如图 2-154 所示。

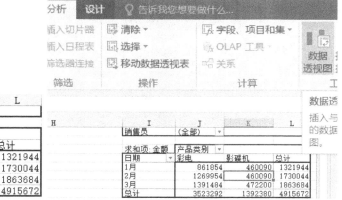

图 2-153　创建数据透视图的原始数据整理后　　　　图 2-154　"数据透视图"按钮

在随后弹出的"插入图表"对话框中选择图表类型和子类型即可，如图 2-155 所示。

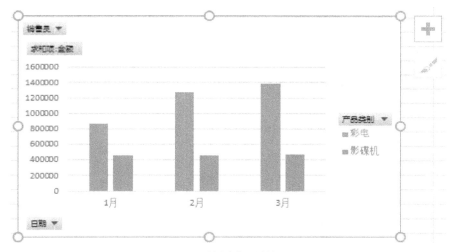

图 2-155　刚创建好的数据透视图

（2）数据透视图的清除

与数据透视表的清除类似，若要从数据透视图中删除所有报表筛选、标签、值和格式等，以便重新设计布局，单击"数据透视图工具/分析"→"操作"→"清除"→"全部清除"按钮，如图 2-156 所示。

这样可有效清除图中各元素，将透视图改回初始样式，在这里，清除的仅仅是数据图中的数据，但不会将整个数据透视图删除，数据透视图的数据连接、位置和缓存都保持不变。

2．调整数据透视图

完成数据透视图的创建之后，用户可以按照自己的需要对数据透视图进行编辑与设置。

（1）更改数据透视图的类型

若用户对创建的图表类型不满意，可通过"数据透视图工具/设计"选项卡的"图表样式"组进行更改，如图 2-157 所示。

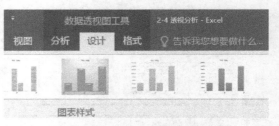

图 2-156　清除数据透视图　　　　　　　　　图 2-157　更改数据透视图类型

（2）设置数据透视图的布局与格式

单击"数据透视图工具/设计"→"图表布局"→"快速布局"下拉按钮，在其中进行更改，如图 2-158 所示。

如果快速布局不能满足用户要求，可以单击"数据透视图工具/设计"→"图表布局"→"添加图表元素"按钮来优化图表布局，在该选项卡中可设置图表标签等各种图表元素，还可以添加趋势线，如图 2-159 所示。

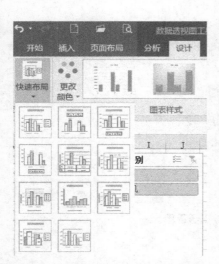

图 2-158　更改数据透视图布局与格式　　　　　图 2-159　添加趋势线

3．分析数据透视图

数据透视图创建以后，可以像数据透视表一样方便地进行分析。

（1）显示筛选的数据

从图中可以看到，行字段、列字段和页字段都有相应的下拉按钮。如果要分类显示某种产品类别的数据，某个季度的数据，或某个销售员的数据，都可以单击相应字段的下拉按钮，然后去除不需显示的选项即可。

（2）更改计算函数

图上数据字段还有函数按钮，如果要改变计算函数，可右击该按钮，在弹出的快捷菜单中选择"值字段设置"选项，如图 2-160 所示。

在随后弹出的"值字段设置"对话框中更改计算函数即可，如图 2-161 所示。

图2-160　在数据透视图中选择"值字段设置"　图2-161　在数据透视图的"值字段设置"对话框中
　　　　　　选项　　　　　　　　　　　　　　　　　　　更改计算函数

（3）更新数据透视图

因为数据透视图与包含其源数据的数据透视表是相链接的，当数据透视表中的数据改变后，数据透视图也会自动随之改变。也就是说，数据透视图具有自动更新功能。例如，当将数据透视表中的日期字段分组由月改为日（右击"日期"字段，选择"组及显示明细数据"→"分组"选项，在弹出的"分组"对话框中取消选中"月"和"季度"，选中"日"）时，相应的数据透视图会自动更新。由此可以得知，数据源、数据透视表和数据透视图之间的更新关系是如图2-162所示的关系。

图2-162　数据源、数据透视表和数据透视图的关系

如图2-163所示为变更数据透视表的日期字段分组后，数据透视图的更新结果。

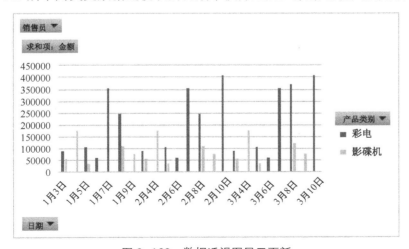

图2-163　数据透视图显示更新

（4）趋势线分析

Excel 为图表提供了添加趋势线功能。在数据透视图中添加趋势线可以使得图形化的数据更为有用。例如，可以用现有 16 日的彩电销售数据，来预测未来 1 日彩电的销售额。其具体操作步骤如下。

右击彩电数据系列中的任意柱形标志，在弹出的快捷菜单中选择"添加趋势线"选项，如图 2-164 所示。

将弹出"设置趋势线格式"窗格，该窗格与原有窗格并列，根据数据的特点选择预测趋势或回归分析的类型。这里在预测趋势/回归分析类型选项中选择多项式类型，在阶数中选择 2，设置前推预测的周期数为 1，如图 2-165 所示。

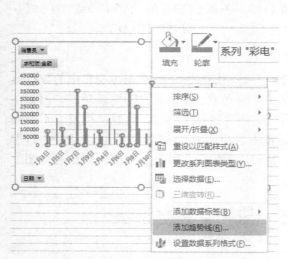

图 2-164　在数据透视图中添加趋势线

图 2-165　设置趋势线的参数

单击"确定"按钮后，添加了外推周期为 1 的趋势线的数据透视图，如图 2-166 所示。

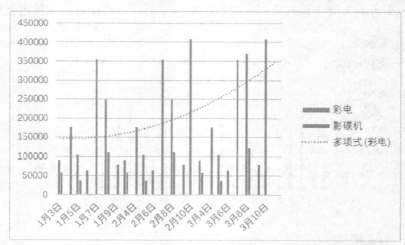

图 2-166　添加了外推周期为 1 的趋势线的数据透视图

2.4.5　切片器的使用

切片器提供了一种可视性极强的筛选方法来筛选数据透视表中的数据。一旦插入切片器，即可使用按钮对数据进行快速分段和筛选，达到仅显示所需数据的效果。插入切片器的主要目的是筛选数据中的数据，切片器是易于使用的筛选组件，它包含一组按钮，使用户能够快速地筛选数据透视表中的数据，而无须打开下拉列表以查找要筛选的项目。但此功能不能在兼容模式下使用。

（1）在数据透视表中插入切片器

选择已经创建的数据透视表，单击"数据透视表/分析"→"筛选"→"切片器"下拉按钮，在弹出的下拉列表中选择"插入切片器"选项，弹出"插入切片器"对话框，选中要进行筛选的字段，如图 2-167 所示。

单击"确定"按钮后，即可在数据透视表中插入切片器，如图 2-168 所示。

图 2-167　数据透视表中插入切片器的操作　　图 2-168　数据透视表中的切片器

（2）通过切片器查看数据透视表中的数据

在切片器中选择要查看的项目，如单击"销售员"中的"方一心"按钮，即可筛选出销售员"方一心"的业绩，如图 2-169 所示。

如果用户使用切片器筛选出所需数据后，想再次显示全部数据，则只需单击"切片器"右上角的"清除筛选器" 按钮即可。

（3）美化切片器

当用户在现有的数据透视表中创建切片器时，数据透视表的样式会影响切片器的样式，从而形成统一的外观。

打开包含切片器的工作簿，单击选中要进行美化的切片器。

单击"选项"→"切片器"→"其他"按钮，将展开更多的切片器样式，在其中选择所需的样式即可。也可以自定义切片器的样式，如图 2-170 所示。

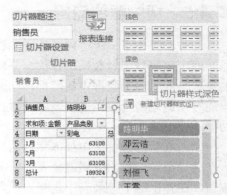

图 2-169　在数据透视表中使用切片器　　　　图 2-170　在数据透视表中美化切片器

小技巧

成组填充多张表格的固定单元格

我们知道每次打开 Excel 时，软件总是默认打开多张工作表，由此就可看出 Excel 除了拥有强大的单张表格的处理能力之外，更适合在多张相互关联的表格中协调工作。要协调关联，首先就需要同步输入。因此，在很多情况下，都会需要同时在多张表格的相同单元格中输入同样的内容。

那么如何对表格进行成组编辑呢？首先，单击第一个工作表的标签名 "Sheet1"，然后按住 Shift 键，单击最后一张表格的标签名 "Sheet3"（如果想关联的表格不在一起，可以按住 Ctrl 键进行选择）。此时，看到 Excel 的标题栏上的名称出现了 "工作组" 字样，即可以进行对工作组的编辑工作了，如图 2-171 所示。

在需要一次输入多张表格内容的单元格中随便写些什么，可以发现，"工作组" 中所有表格的同一位置都显示了相应内容。

但是，仅仅同步输入是远远不够的。比如，我们需要将多张表格中相同位置的数据统一改变格式该怎么办呢？首先，改变第一张表格的数据格式，然后选中改变了格式的单元格（否则格式不会同步），再选择同组的工作表标签（否则 "填充" 中的 "到同组工作表" 选项将不可用），再单击 "开始" → "编辑" → "填充" 按钮，选择 "成组工作表" 选项，如图 2-172 所示。

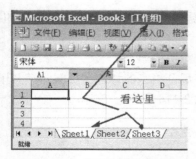

图 2-171　将工作表组织成组　　　　图 2-172　同步同组工作表的数据和格式

　　此时，Excel 会弹出"填充成组工作表"对话框，在这里选择"格式"选项，单击"确定"按钮后，同组中所有表格该位置的数据格式都改变了。

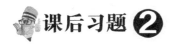 **课后习题 ②**

　　1．在 Excel 中，排序能不能按行标题进行？

　　2．在自定义筛选时，如果要筛选"川"开头的字符串，可使用的方法有哪些？如果要筛选包含"川"的字符串，又该怎么做？

　　3．在高级筛选的条件区域中，同一行的条件相互间的关系、不同行的条件之间的关系分别是什么？

　　4．合并计算包括哪些类型？

　　5．在进行分类汇总操作之前，除了要确定分类的依据之外，还必须按什么依据排序？

　　6．在分类汇总结果中查看明细数据，可使用的方法有哪些？

　　7．数据透视表的"透视性"和"只读性"指的是什么？

　　8．制作数据透视表的数据源可以是二维数据列表吗？

　　9．现有原始数据如题图 2-1 所示。

	A	B	C	D	E	F
1	职工姓名	性别	部门	职务	工龄	工资
2	王晓光	男	开发部	部门经理	10	7800
3	张明亮	男	财务部	高级职员	12	6500
4	李爱琳	女	测试部	高级职员	8	4300
5	刘庆民	男	开发部	高级职员	9	4300
6	王小冬	男	测试部	普通职员	2	3600
7	刘丹	女	财务部	部门经理	3	3600
8	陈斌	男	开发部	普通职员	6	4300
9	陈芳	女	测试部	普通职员	6	5000
10	任立新	男	开发部	高级职员	7	5200
11	张双寿	男	开发部	普通职员	8	5000
12	刘东海	男	测试部	部门经理	9	6500
13	杨放明	男	开发部	普通职员	1	2800
14	王苹	女	财务部	普通职员	10	7000

题图 2-1　原始数据

请统计分析员工的工资，涉及以下内容。

① 按照"工资"降序排列。

② 按照"部门"升序排列，按照"工资"降序排列。

③ 筛选出"高级职员"的相应数据。

④ 筛选出"部门"为"开发部"、工资低于 5 000 的数据。

⑤ 以"性别"为分类依据，统计男女的人数。

⑥ 以"部门"为分类依据，统计各部门的工资总和。

第3章

Excel 数据分析初步——使用简单分析工具

┌─**本章提要**─┐

　　本章主要通过投资分析等问题，介绍了 Excel 的模拟运算表、方案和单变量求解的应用，着重说明了单变量模拟运算表和双变量模拟运算表的操作步骤，在模拟运算表的基础上进行敏感分析的方法，以及应用方案和单变量求解工具辅助决策的方法。

　　敏感分析也称"What-If 分析"，是在财务、会计、管理、统计等应用领域不可缺少的工具。例如，在财务分析中，许多指标的计算都要涉及若干个参数。像长期投资项目，其偿还额与利率、付款期数、每期付款额度等参数密切相关。又如，固定资产的折旧，与固定资产原值、估计残值、固定资产的生命周期、折旧计算的期次以及余额递减速率等密切相关。而作为决策者往往需要定量地了解当这些参数变动时对有关指标的影响。这些分析可以利用 Excel 的模拟运算表工具实现。

　　敏感分析在方法上表现为模拟分析，模拟分析是指模型中某一变量的值、某一语句组发生变化后，所求得的模型解与原模型的比较分析，也就是说，系统允许用户提问"如果……"，系统回答"怎么样……"。这是手动操作无法做到的，它不仅解决了复杂性的问题，还可以通过反复询问在多种方案之间进行权衡，从而降低风险。

　　例如，一辆汽车由许多零部件构成，钢材的涨价会影响材料成本，要求将使用涨价钢材的成本和采购替代品的成本进行比较；再如，火车票涨价一倍，那么本年度的差旅费会怎样变动，对全年利润有怎样的影响；等等，这些都属于模拟分析。Excel 提供的单变量求解、模拟运算表和方案管理器等功能，都适用于解决模拟的问题。

（3.1） 模拟运算表

　　所谓模拟运算表，实际上是工作表中的一个单元格区域，它可以显示一个计算公式中某些参数的值的变化对计算结果的影响。它提供了一种快捷手段，可以通过一步运算就计算出多种情况下的值，并将所有不同的计算结果以列表方式同时显示出来，因而便于查看、比较和分析。

　　具体来说，模拟运算表是假设公式中的变量有一组替代值，代入公式取得一组结果值时使用的，该组结果值就构成一个模拟运算表。但是，Excel 对模拟运算表有一些限制，如一个模拟运算表一次只能处理 1 或 2 个输入单元格，不能创建含有 3 个以上输入单元格的模拟运算表。因此，根据分析计算公式中的参数的个数，模拟运算表又分为单变量模拟运算表和双变量模拟运算表。

单变量模拟运算表：输入一个变量的不同替代值，并显示此变量对一个或多个公式的影响。

双变量模拟运算表：输入两个变量的不同替代值，并显示这两个变量对一个公式的影响。

3.1.1　单变量模拟运算表

单变量求解是解决假定一个公式想获取某一结果值，其中变量的引用单元格应取值为多少的问题，变量的引用单元格只能是一个，公式对单元格的引用可以是直接的，也可以是间接的。Excel 2016 根据所提供的目标值，将引用单元格的值不断调整，直至达到所要求的公式的目标值时，变量的值才会被确定。

单变量模拟运算主要用来分析当其他因素不变时，一个参数的变化对目标值的影响。从数学上说，就是对公式中的一个变量用不同的值替换时，该过程将产生一个显示其结果的系列值，如果把这一系列值排列在一个表格中，就构成了单变量模拟运算表，该表既可以是面向列的模拟运算表，也可以是面向行的模拟运算表。

表 3-1 所示为单变量模拟运算表的一般形式。

表 3-1　单变量模拟运算表的一般形式

变　量	公式 1	公式 2	公式 3	……	公式 n
变量值 1					
变量值 2					
……					
变量值 n					

例 3-1　计算一元方程式。

例如，一个简单的数学方程式 $f(x) = 2x^3 + 5x - 7$ 中含有变量 x，只要代入 x 的值后，即可算出该方程式的答案。也就是说，如果 x 代入 0，则答案为-7，如果 x 代入 1，则答案为 0。当有大量的数字要代入此方程式中并分别计算出不同的结果时，就可以使用模拟运算表。

首先，建立如图 3-1 所示的表格，并在 B3 单元格中输入如编辑栏中所示的公式。

选中 A3:B13 区域，单击"数据"→"预测"→"模拟分析"下拉按钮，如图 3-2 所示。

图 3-1　在 Excel 中输入一元方程式　　　图 3-2　选择"模拟分析"选项

在下拉列表中选择"模拟运算表"选项，在弹出的"模拟运算表"对话框中，在"输入引用列的单元格"后面的文本框中选择 B1,如图 3-3 所示。

模拟运算表算出了答案,如图 3-4 所示。

图 3-3 设置"模拟运算表"对话框的参数 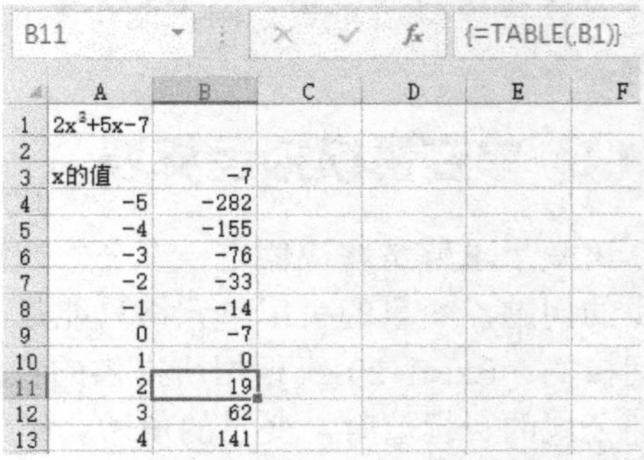　　　　图 3-4 "模拟运算表"得出运算结果

例 3-2 购房贷款。

例如,用户贷款 10 万购房,需要了解不同利率情况下每月的还贷金额,就需要使用模拟运算表,但要先熟悉一下 PMT 函数,该函数主要是根据固定利率、定期付款和贷款金额,求出每期应偿还的贷款金额。PMT 函数格式如下。

$$=PMT (Rate, Nper, Pv, Fv, Type)$$

其中:

Rate——每期的利息;

Nper——付款期数;

Pv——贷款金额;

Fv——未来终值,默认值为 0,一般银行贷款中此值为 0;

Type——默认为 0,表明期末付款,如为 1,则表明期初付款。

操作如下。

在工作表中建立原始数据,特别是将要替换工作表上某个值的数值排成一行或一列,本例中将要替换工作表中的利率,因此将准备替换的利率排成一列,并在第一个准备替代的利率值的右上方相邻单元格中输入将要使用的公式(如果原来准备替换的数值是排成一行的,则在第一个准备替代的利率值的左下方相邻单元格中输入将要使用的公式),如图 3-5 所示。

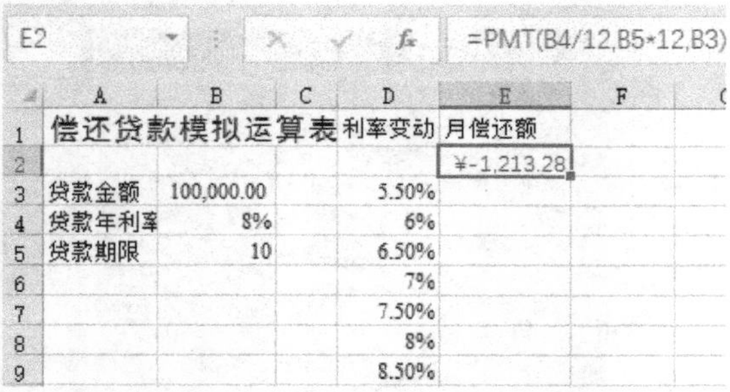

图 3-5 PMT 函数得出运算结果

这样就计算出了在还未替代的情况下,用现有的利率(8%)计算出的月偿还额。现在,选定包含了输入数值和公式的单元格区域 D2:E9,单击"数据"→"预测"→"模拟分析"下拉按钮,选择"模拟运算表"选项,如图 3-6 所示。

在弹出的"模拟运算表"对话框中选中"输入引用列的单元格"单选按钮(如果当初数据是按行排列的,则要选中"输入引用行的单元格"单选按钮),然后在后面的文本框中选中 B4 单元格(因为这些数据是要替代 B4 中的值的),确定以后,就得到了一系列结果值，如图 3-7 所示。

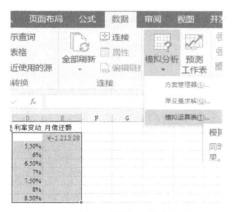

图 3-6　选择"模拟运算表"选项

图 3-7　设置"模拟运算表"对话框的参数

例 3-3　公司贷款。

再用一个示例来看一下 PMT 函数结合单变量模拟运算表的使用。假设某公司要贷款 1 000 万元，年限为 10 年，目前的年利率为 5%，分月偿还，则利用 PMT 函数可以计算出每月的偿还额。其具体操作步骤如下。

在工作表中输入有关参数，如图 3-8 所示。

	A	B	C
1	贷款分析		
2	贷款额	10,000,000	
3	年利率	5%	
4	年限	10	
5	月偿还额		

图 3-8　单变量模拟运算表原始数据

在 B5 单元格中输入计算月偿还额的公式："= PMT(B3/12,B4*12,B2)"。

在上述公式中，PMT 函数有三个参数。第一个参数是利率，因为要计算的偿还额是按月计算的，所以要将年利率除以 12，将其转换成月利率。第二个参数是还款期数，需要乘以 12。第三个参数为贷款额。该函数的计算结果为"－106 065.52"，即在年利率为 5%，年限为 10 年的条件下，需每月偿还 106 065.52 元。

选择某个单元格区域作为模拟运算表存放区域，在该区域的最左列输入假设的利率变化范围数据。因为该数据系列通常是等差或等比数列，所以可利用 Excel 的自动填充功能快速建立。

在模拟运算表区域的第 2 列第 1 行输入计算月偿还额的计算公式。

选定整个模拟运算表区域，如图 3-9 所示。

单击"数据"→"模拟运算表"按钮，将弹出"模拟运算表"对话框，如图 3-10 所示。

在"模拟运算表"对话框的"输入引用列的单元格"框中输入"$B$3"。单击"确定"按钮，此处要特别注意的是，如果模拟的数据放在一列中，如本例中模拟的"利率"是放在 A8:A15 列区域中的，那么，在"模拟运算表"中要在"输入引用列的单元格"框中输入选定单元格；反之，如果模拟的数据是放在一个行区域中的，如在 A8:H8 行区域中，那么，在"模拟运算表"中要在"输入引用行的单元格"框中输入选定单元格。

	A	B
1	贷款分析	
2	贷款额	10,000,000
3	年利率	5%
4	年限	10
5	月偿还额	−¥106,065.52
6		
7		−¥106,065.52
8	2.50%	
9	3.00%	
10	3.50%	
11	4.00%	
12	4.50%	
13	5.00%	
14	5.50%	
15	6.00%	

图 3-9 选定整个模拟运算表区域

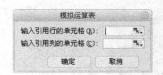

图 3-10 "模拟运算表"对话框

所谓引用列的单元格，即模拟运算表的模拟数据（最左列数据）要代替公式中的单元格地址。本例的模拟运算表是关于利率的模拟数据，所以指定 $B$3，即年利率所在的单元格为引用列的单元格。为了方便，通常称其为模拟运算表的列变量。

模拟运算表的计算结果如图 3-11 所示。

B15		fx	{=表(,B3)}
	A	B	C
1	贷款分析		
2	贷款额	10,000,000	
3	年利率	5%	
4	年限	10	
5	月偿还额	−¥106,065.52	
6			
7		−¥106,065.52	
8	2.50%	−¥94,269.90	
9	3.00%	−¥96,560.74	
10	3.50%	−¥98,885.87	
11	4.00%	−¥101,245.14	
12	4.50%	−¥103,638.41	
13	5.00%	−¥106,065.52	
14	5.50%	−¥108,526.28	
15	6.00%	−¥111,020.50	

图 3-11 模拟运算表的计算结果

请注意，这时单元格区域 B8:B16 中的公式为"{=表(,B3)}"（高版本的 Excel 中显示的是"{=TABLE(,B3)}"），表示其是一个以 B3 为列变量的模拟运算表。反之，如果公式形如"{=表(B3,)}"，则表示其是一个以 B3 为行变量的模拟运算表。从这个公式的表述方式上，还可以进一步看出一个问题：在 Excel 工作表中，如果一个函数有多个参数，如果前面或中间某个参数被忽略，一定要多写一个逗号；如果中间有连续两个参数被忽略（当然，前提是该函数允许这些忽略），则要给出两个逗号，以此类推；而如果一个函数最后有一个或多个参数被忽略，则可以不写出多余的逗号，因此该函数最后多一个逗号，值也不会变，但如果多两个逗号，就要出错了。

与一般的计算公式相似，当改变模拟数据时，模拟运算表的数据会自动重新计算。

PMT 函数除了用于贷款分析之外，函数 PMT 还可以计算出其他以年金方式付款的支付额。例如，如果需要以按月定额存款方式在 20 年中存款 100 000，假设存款年利率为 4%，则函数 PMT 可以用来计算月存款额："=PMT(4%/12,20*12,0,100 000)"，公式计算结果为"272.65"，即向年利率 4%的存款账户每月存入 272.65 元，20 年后连本带利可获得 100 000 元。

3.1.2 双变量模拟运算表

双变量模拟运算表的排列方式见表 3-2。

表 3-2　双变量模拟运算表的排列方式

列输入单元格	计算公式	变量 1	变量 2	变量 3	……	公式 n
行输入单元格	变量 1					
	变量 2					
	变量 3					
	……					
	变量 n					

当需要其他因素不变，两个参数的变化对目标值的影响时，需要使用双变量模拟运算表。

例 3-4　二元方程。

例如，利用双变量模拟运算求解数学方程式。设有二元函数如下：

$$f(x) = 2x^3 + 3y^2 - 2xy + 3x - 2y + 7$$

可以分别对 x 和 y 代入一些数值，使之得出正确答案。这就要用到双变量模拟运算表，在行和列上都输入准备代入的数据，并在行列交叉处输入公式，如图 3-12 所示。

使用"模拟运算表"选项，分别指定行和列所引用的单元格，即可得到答案，如图 3-13 所示。

图 3-12　在 Excel 中输入二元方程式的表达式

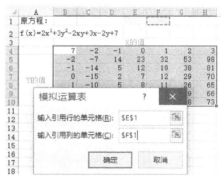

图 3-13　双变量模拟运算表解二元方程的结果

例 3-5　公司贷款——利率加年限。

又如，如果例 3-4 不仅要考虑利率的变化，还可以选择贷款年限，则需要分析不同的利率和不同的贷款期限对贷款的偿还额的影响，这时需要使用双变量模拟运算表。双变量模拟运算表的操作步骤与单变量模拟运算表类似。

选择某个单元格区域作为模拟运算表存放区域，在该区域的最左列输入假设的利率变化范围数据；在该区域的第一行输入可能的贷款年限数据。

在模拟运算表区域的左上角单元格中输入计算月偿还额的计算公式。

选定整个模拟运算表区域，如图 3-14 所示。

单击"数据"→"模拟运算表"按钮。

在"模拟运算表"对话框的输入引用行的单元格框中输入"$B$4"；在输入引用列的单元格框中输入"$B$3"，单击"确定"按钮。

双变量模拟运算表的计算结果如图 3-15 所示。

	A	B	C	D
1	贷款分析			
2	贷款额	10,000,000		
3	年利率	5%		
4	年限	10		
5	月偿还额	-¥106,065.52		
6				
7	-¥106,065.52	8	10	12
8		2.50%		
9		3.00%		
10		3.50%		
11		4.00%		
12		4.50%		
13		5.00%		
14		5.50%		
15		6.00%		

图 3-14　双变量模拟运算表区域的选定

D15　fx {=表(B4,B3)}

	A	B	C	D
1	贷款分析			
2	贷款额	10,000,000		
3	年利率	5%		
4	年限	10		
5	月偿还额	-¥106,065.52		
6				
7	-¥106,065.52	8	10	12
8	2.50%	-¥115,038.43	-¥94,269.90	-¥80,452.94
9	3.00%	-¥117,295.72	-¥96,560.74	-¥82,778.67
10	3.50%	-¥119,589.87	-¥98,885.87	-¥85,145.31
11	4.00%	-¥121,892.75	-¥101,245.14	-¥87,552.84
12	4.50%	-¥124,232.34	-¥103,638.41	-¥90,000.82
13	5.00%	-¥126,599.20	-¥106,065.52	-¥92,489.04
14	5.50%	-¥128,993.22	-¥108,525.37	-¥95,017.22
15	6.00%	-¥131,414.30	-¥111,020.50	-¥97,585.02

图 3-15　双变量模拟运算表的计算结果

其中 B8:F16 单元格区域的计算公式为"{=表(B4,B3)}"，表示其是一个以 B4 为行变量，B3 为列变量的模拟运算表。

例 3-6　购房贷款——利率加额度。

例如，利用双变量模拟运算表求解不同贷款与利率的偿还额。如果要同时考虑利率变化情况和贷款额度的不同对月偿还额的影响，则可使用双变量模拟运算表求解。输入了替代值和计算公式的原始数据如图 3-16 所示。

选定 A8:E15 单元格，在"模拟运算表"对话框中分别指定行和列的引用单元格，即可得到正确答案，如图 3-17 所示。

A8　fx =PMT(B4/12,B5*12,B3)

	A	B	C	D	E
1	偿还贷款模拟运算表				
2					
3	贷款金额	100,000.00			
4	贷款年利率	8%			
5	贷款期限	10			
6					
7					
8	¥-1,213.28	¥80,000.00	¥100,000.00	¥120,000.00	¥140,000.00
9	5.50%				
10	6%				
11	6.50%				
12	7%				
13	7.50%				
14	8%				
15	8.50%				

图 3-16　在 PMT 函数中使用双变量模拟运算表

图 3-17　在 PMT 函数中使用双变量模拟运算表的结果

3.1.3　从模拟运算表中清除结果

对于不再需要的运算结果，可以将它们从工作表中清除。由于运算结果在数组中，所以不能清除单个值，否则将弹出如图 3-18 所示的警告框。

只能选中整个表，包括输入替代值的行、列和计算公式所在的单元格，然后单击"开始"→"编辑"→"清除"下拉按钮，选择"全部清除"选项。

图 3-18　在模拟运算表中试图直接清除结果的提示消息

当然，也可以只选择结果区域并执行此操作，但必须选中所有结果区域，因为模块运算的结果是存放在数组中的。当然，如果只想要结果并需要进一步修改个别结果值，可以用复制数值的方式复制到另一区域后再执行相关操作。

3.2　方案分析

模拟运算表主要用来考查一个或两个决策变量的变动对于分析结果的影响，但对于一些更复杂的问题，常常需要考查更多的因素。例如，为了达到公司的预算目标，可以从多种途径入手，如可以增加广告促销，可以提高价格增收，可以降低包装费、材料费，可以减少非生产开支，等等。这就要用到方案了。

公司在运营过程中，经常会根据需要设计多种方案，根据不同的方案来规划公司的运营或发展。方案是一组称为可变单元格的输入值，并按照用户指定的名称保存起来。每个可变单元格的集合代表一组模拟分析的前提，我们可以将其用于一个工作簿模型，以便观察它对模型其他部分的影响。方案是用于预测工作表模型结果的一组数值，用户可以在工作表中创建并保存多组不同的数值，并在这些方案之间任意切换，从而查看不同的方案结果。

在 Excel 中，对于假设分析的更高级应用是使用方案。所谓方案是指：可以建立产生不同结果的输入值集合，并作为方案保存起来。方案是一组称为可变单元格的输入值，并按用户指定的名称保存起来。每个可变单元格的集合代表一组假设分析的前提，可以将其用于一个工作簿模型，以便观察它对模型其他部分的影响。可以为每个方案定义多达 32 个可变单元格，也就是说对一个模型可以使用多达 32 个变量来进行模拟分析。例如，不同的市场状况、不同的定价策略等，所可能产生的结果，即利润会怎样变化。

3.2.1　各方案使用不同变量时的操作

利用 Excel 提供的方案管理器，可以模拟为达到目标而选择的不同方式。对于每个变量改变的结果都被称之为一个方案，根据多个方案的对比分析，可以考查不同方案的优劣，从中选择最合适公司目标的方案。

例 3-7　公司损益方案。

如图 3-19 所示的是绿梦公司 2006 年 11 月的损益表，其中包括了各项指标的计算公式。管理人员希望分析，通过增加销售收入、减少生产费用、降低销售成本等措施对公司利润总额的影响。这可以利用 Excel 的方案工具进行分析，主要包括下述操作。

1．创建方案

创建方案是方案分析的关键，应根据实际问题的需要和可行性来创建一组方案。在创建方案之前，为了使创建的方案能够明确地显示有关变量，以及为了将来进行方案总结时便于阅读方案

图 3-19　方案分析的原始数据

总结报告，需要先给有关变量所在的单元格命名。其具体操作步骤如下。

在存放有关变量数据的单元格右侧单元格中输入相应指标的名称。

选定要命名的单元格区域和单元格名称区域，如图 3-20 所示。

	A	B	C	D
1	编制单位：绿梦公司	2006年11月份		
2	项目	行次	本月数	
3	一、产品销售收入	1	1402700.00	销售收入
4	减：产品销售成本	2	624201.50	销售成本
5	产品销售费用	3	70135.00	销售费用
6	产品销售税金及附加	4	561080.00	销售税金
7	二、产品销售利润	7	147283.50	销售利润
8	加：其他业务利润	9	28054.00	其他利润
9	减：管理费用	10	14728.35	管理费用
10	财务费用	11	2805.40	财务费用
11	三、营业利润	14	157803.75	营业利润
12	加：投资收益	15	18700.00	投资收益
13	营业外收入	16	10938.80	营业外收入
14	减：营业外支出	17	45987.20	营业外支出
15	四、利润总额	20	141455.35	利润总额

图 3-20　准备给单元格区域命名

单击"公式"→"定义的名称"→"根据所选内容创建"按钮，弹出"以选定区域创建名称"对话框，在其中取消选中"首行"复选框，只选中"最右列"复选框，如图 3-21 所示。

单击"确定"按钮以后，将右边单元格中的文本作为左边单元格的名称。此时方案分析中需要用到的 C3:C15 单元格全部被以 D3:D15 单元格的内容命名。这时可按下述步骤逐个创建所需的方案。

单击"数据"→"预测"→"模拟分析"→"方案管理器"按钮，将弹出"方案管理器"对话框。由于现在还没有任何方案，所以"方案管理器"对话框中间显示"未定义方案"信息，如图 3-22 所示。

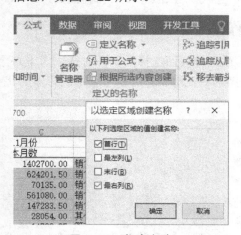

图 3-21　指定名称

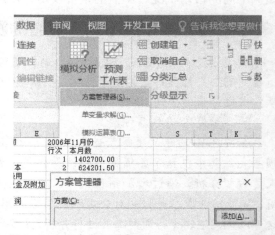

图 3-22　尚未定义方案的"方案管理器"对话框

根据提示，单击"添加"按钮，弹出"添加方案"对话框，如图 3-23 所示。

在"方案名"文本框中键入方案的名称，这里键入"增加收入"。单击 按钮，用按住 Ctrl 键的方式选中 C3 单元格和 C13 单元格，即指定销售收入和营业外收入所在的单元格为可变单元格，单击"确定"按钮，弹出"方案变量值"对话框，如图 3-24 所示。

该对话框中显示原来的数据。在相应的框中键入模拟数值，单击"确定"按钮。

"增加收入"方案创建完毕,相应的方案自动添加到方案管理器的方案列表中。

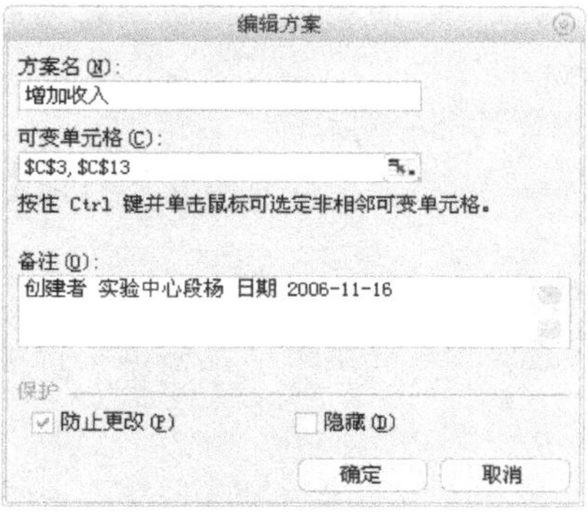

图 3-23 "编辑方案"对话框 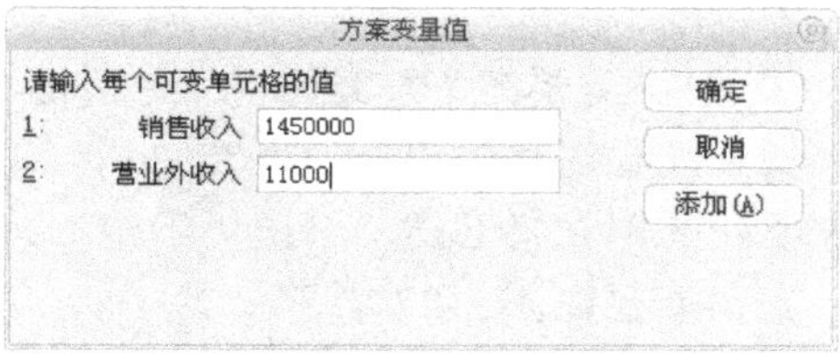　　　　　　　图 3-24 "方案变量值"对话框

按照上述步骤再依次建立"减少费用"和"降低成本"两个方案。其中,"减少费用"选择 C5"销售费用"(从 70 135.00 改为 65 000.00)和 C9"管理费用"(从 14 728.35 改为 12 000.00);"降低成本"选择 C4"销售成本"(从 624 201.50 改为 614 000.00)和 C14"营业外支出"(从 45 987.20 改为 42 000.00)。这时的"方案管理器"对话框如图 3-25 所示。

2．浏览、编辑方案

方案创建好以后,可以根据需要查看每个方案对利润总额数据的影响。其具体操作步骤如下。

① 在"方案管理器"对话框的方案列表中,选定要查看的方案。

② 单击"方案管理器"对话框中的"显示"按钮,再单击"确定"按钮。

图 3-25 已经建立了方案的"方案管理器"对话框

③ 这时工作表中将显示该模拟方案的计算结果。从中可以看出,此时结果中有多项值都发生了改变,例如,显示"增加收入"这一个方案,除了"销售收入"和"营销处收入"这两项已经变为方案中指定的值以外,与这两个变量相关的"销售利润"、"营业利润"的值都改变了,并最终导致目标值"利润总额"的变化。

注意:由于各方案变量不同,利用"方案管理器"查看此方案时,一次只能看一个方案,看完后要关闭"方案管理器"对话框并返回到原来的状态。如果查看了一个方案后直接查看第二个方案,将会在第一个方案的值(而不是在原始值)的基础上进行变动。

如果需要修改某个方案,则其具体操作步骤如下。

① 在"方案管理器"对话框的方案列表中,选定要修改的方案。

② 单击"方案管理器"对话框中的"编辑"按钮,弹出与添加方案一样的编辑方案对话框。可以根据需要修改方案名称,改变可变单元格以及重新输入可变单元格的变量值。

3．方案摘要

上述浏览方式只能一个方案一个方案地查看,如果将所有方案汇总到一个工作表中,再对不同方案的影响进行比较分析，则对于帮助决策人员综合考查各种方案效果更好。Excel 的方案工具可以根据需要对多个方案创建方案摘要，以便决策人员做出更明智的决策。具体操作步骤如下。

① 单击"工具"→"方案"按钮，将弹出"方案管理器"对话框。

② 单击"方案管理器"对话框中的"摘要"按钮，将弹出"方案摘要"对话框，如图 3-26 所示。

③ 根据需要在"方案摘要"对话框中选择适当的结果类型，一般情况下可选择方案摘要，如果需要对报告进行进一步分析，可选方案数据透视表。在结果单元格框中指定利润总额所在的单元格 C15，单击"确定"按钮。

方案摘要如图 3-27 所示。

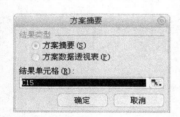

图 3-26 "方案摘要"对话框

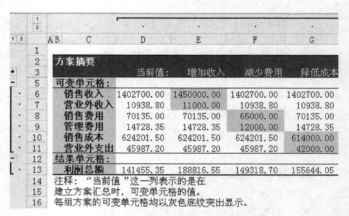

图 3-27 显示方案摘要

在方案摘要中，"当前值"列显示的是在建立方案汇总时，可变单元格原来的数值。每组方案的可变单元格均以灰色底纹突出显示。根据各方案的模拟数据计算出的目标值也同时显示在摘要中（单元格区域 D13:G13），便于管理人员比较分析。比较三个方案的结果中单元格"利润总额"的数值，可以看出"增加收入"方案效果最好，"降低成本"方案次之，"减少费用"方案对目标值的影响最小。

3.2.2 各方案使用相同变量时的操作

例 3-8 购房贷款时多家银行的选择。

例如，用户需要购房，现有多家银行愿意提供贷款。

银行 1：允许贷款 20 万，年利率 7.5%，贷款年限最长 15 年。

银行 2：允许贷款 25 万，年利率 8%，贷款年限最长 18 年。

银行 3：允许贷款 30 万，年利率 8.5%，贷款年限最长 20 年。

现在，要求出各自的结果，然后根据自己目前的工资收入来决定选择哪家银行。

根据上述条件，创建原始数据文件并先以第一家银行的数据计算月偿还额，如图 3-28 所示。

为了利于在以后创建方案摘要报告时，能够指出可变单元格及目标单元格各位置代表的意义，可以为单元格命名。选定 B1 单元格，单击"公式"→"定义的名称"→"定义名称"→"定义名称"命令，如图 3-29 所示。

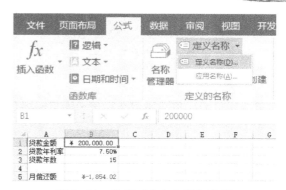

图 3-28　创建公式　　　　　　　图 3-29　选择"定义名称"选项

在弹出的"新建名称"对话框中，会发现"名称"文本框中已经默认以左侧单元格中的文本做了命名，如图 3-30 所示。

也可以使用其他名称，但最好用当前名称。确定以后，会发现名称框中该单元格的名称不再是"B1"，而变成"贷款金额"。以同样方式对下面三个使用数据的单元格进行命名。随后，可以开始创建方案。

① 选定 B5 单元格，单击"数据"→"预测"→"模拟分析"→"方案管理器"按钮，在弹出的"方案管理器"对话框中单击"添加"按钮，如图 3-31 所示。

在随后弹出的"添加方案"对话框中进行如图 3-32 所示输入。

图 3-30　"新建名称"对话框

图 3-31　初始状态的"方案管理器"对话框　　图 3-32　在"添加方案"对话框中设置参数

单击"确定"按钮后，又弹出"方案变量值"对话框，默认已经填入了当前这三个变量的值，继续单击"添加"按钮（最后一次方案创建完成后才单击"确定"按钮），如图 3-33 所示。

再次来到前述的"添加方案"对话框，继续添加第二个方案"银行 2"，可变单元格不变，并在随后再次弹出的"方案变量值"中输入已知的第二家银行的贷款条件。这样，一直重复，直到把所有方案都建立完毕后，最后一次在"方案变量值"中输入变量值后，不再单击"添加"按钮，而单击"确定"按钮，返回到"方案管理器"对话框，如图 3-34 所示。

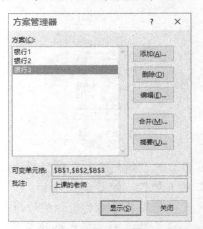

图 3-33　在"方案变量值"对话框中设置值　　　图 3-34　设置完成的"方案管理器"对话框

此时，单击"方案管理器"对话框中任意一个方案后，单击该对话框下面的"显示"按钮，都可以在工作表的相应单元格看到应用新方案后的结果，如图 3-35 所示。

查看完毕后，单击"关闭"按钮可退出方案查看界面。

但用这种方案查看各种方案时，每次只能查看一种方案，缺乏把几种方案放在一起比较的即视感，因此可以创建方案摘要。在前述的"方案管理器"对话框中，单击"摘要"按钮，在弹出的"方案摘要"对话框中做如下设置（一般直接选择默认项），如图 3-36 所示。

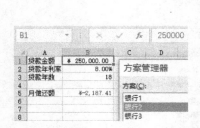

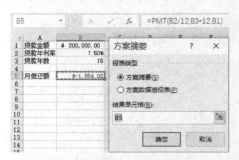

图 3-35　在"方案管理器"对话框中查看方案　　　图 3-36　在"方案摘要"对话框中设置参数

单击"确定"按钮后，就在一张新工作表上创建了方案摘要，如图 3-37 所示。

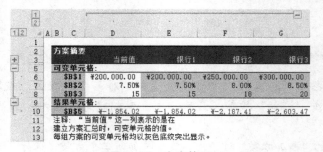

图 3-37　方案摘要

例 3-9 求解最佳的销售方案。

"新奇蛋糕专卖店"打算推出新的糕点"青豆派"，请根据以下 3 种方案的说明，输入分析数据，并求解最佳的销售方案。

方案 A：一个月预计销售 900 个，单价 80 元，需要两位糕点师，月支付工资共 4 800 元。

方案 B：一个月预计销售 700 个，单价 60 元，需要一位糕点师，月支付工资共 2 600 元。

方案 C：一个月预计销售 800 个，单价 55 元，需要一位糕点师，月支付工资共 3 000 元。

根据题意，首先创建模型：最佳销售方案在这里简化成求利润，而已知的条件就是销售量、单价和工资，因此利润模型为"（销售量×单价）-工资"。在工作表上体现这一模型，如图 3-38 所示。

为了以后方便地阅读摘要，先将 B3:B6 单元格命名为其左侧 A3:A6 单元格的名称，单击"公式"→"定义的名称"→"定义名称"→"定义名称"按钮，弹出"新建名称"对话框。但在执行过程中会发现，凡是单元格有默认名称的，说明在本工作簿中该名称是唯一的，是可使用的，如果没有默认名称，则在名称框中输入左侧单元格内的文本，会弹出提示，拒绝使用这一名称，如图 3-39 所示。

图 3-38　最佳的销售方案的原始数据

图 3-39　输入同一名称时的提示消息

此时，可在"公式"→"定义的名称"组中的"名称管理器"中删除已存在的同名名称，如图 3-40 所示。

但这样有可能会把前面某个工作表中某个单元格的名称删除，所以，遇到这种情况，最好是新建一个工作簿。

准备好名称后，选中 B3:B5 单元格区域（这样是把将来的可变单元格自动填入到"添加方案"对话框的相应位置），依次进入"方案管理器"→"添加方案"→"方案变量值"对话框，进行相应的输入和设置，如图 3-41 所示。

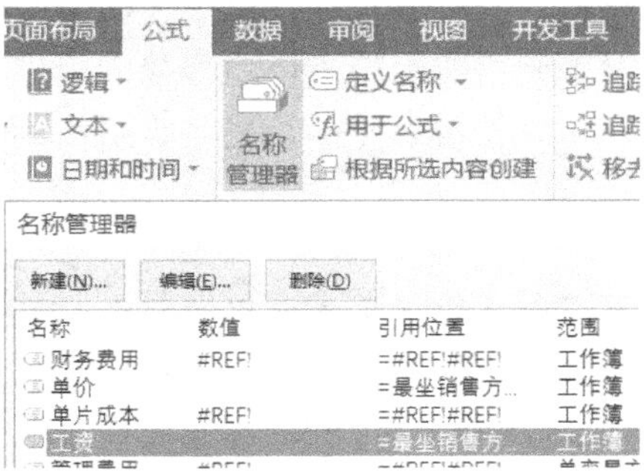

图 3-40　在"名称管理器"中管理同名名称

图 3-41　创建方案

重复，直到建立起方案 B 和方案 C 后，单击"确定"按钮完成创建方案，并可以在"方案管理器"对话框中浏览方案，查看有没有错误。

随后，在创建方案摘要时选择"方案数据透视表"，结果如图 3-42 所示。

图 3-42　方案数据透视表

3.3 目标搜索

"What-If"分析方法主要采用模拟计算的方法解决不同因素或不同方案对目标的影响。这对于计划人员、决策人员都是常用的工具。但是对于生产的组织和实施人员来说，经常遇到的是相反的问题。例如，根据上级有关部门制定的某个目标，分析要实现该目标，需要实现的具体指标，再逐一落实。当然，也可以根据每个具体指标，进一步分析要达到的更详细的指标。在进行这样的分析时，往往由于计算方法较为复杂或许多因素交织在一起而很难进行。这可以利用 Excel 的目标搜索技术实现。目标搜索就是寻求达到预定目标所需要的最佳途径。

目标搜索包括单变量求解和图上求解。

3.3.1 单变量求解

单变量求解是解决假定一个公式想获取某一结果值，其中变量的引用单元格应取值为多少的问题，变量的引用单元格只能是一个，公式对单元格的引用可以是直接的，也可以是间接的。Excel 2016 根据所提供的目标值，将引用单元格的值不断调整，直至达到所要求的公式的目标值时，变量的值才确定。

例 3-10　绿梦公司单变量求解。

仍以上一节的绿梦公司损益表为例。假设该公司下个月的利润总额指标定为 145 000，要考查当其他条件基本保持不变的情况下，销售收入需要增加到多少。由于利润总额与销售收入的关系不是简单的同量增加关系（即不是销售收入增加 1 元，利润总额也增加 1 元），也不是简单的同比例增长关系（即不是销售收入增加 1 元，利润总额按 70%比例增加 0.7 元），而可能要涉及多方面因素。例如，销售收入增加，可能需要增加销售人员的奖金、差旅费、运输费和装卸费等开支。所以手工计算是比较复杂的，需要根据工作表中的计算公式一项一项的倒推计算。而 Excel 2016 提供的目标搜索技术，即单变量求解功能可以方便地计算出来。

首先，将有关数据和公式输入到工作表中。请注意，使用单变量求解功能的关键是在工作表上建立正确的数学模型，即通过有关的公式和函数描述清楚相应数据之间的关系。例如，该表中产品销售利润、营业利润和利润总额分别是按下述公式计算的：

产品销售利润 = 产品销售收入 − 产品销售成本 − 产品销售费用 − 产品销售税金

营业利润 = 产品销售利润 + 其他业务利润 − 管理费用 − 财务费用

利润总额 = 营业利润 + 投资收益 + 营业外收入 − 营业外支出

而产品销售成本、产品销售费用等数据也是根据产品销售收入按一定公式计算的。这是保证分析结果有效和正确的前提。应用单变量求解功能的具体操作步骤如下。

选定目标单元格 C15，单击"数据" → "预测" → "模拟分析" → "单变量求解"按钮，弹出"单变量求解"对话框，如图 3-43 所示。

Excel 自动将当前单元格的地址"C15"填入到目标单元格框中；在目标值框中输入预定的目标"145 000"；在可变单元格框中输入产品销售收入所在的单元格地址"C3"，也可指定可变单元格后，直接选中 C3 单元格，单击"确定"按钮。

这时弹出"单变量求解"状态对话框，说明已找到一个解，并与所要求的解一致。

单击"确定"按钮，可以看到求解的结果，如图 3-44 所示。

	A	B	C	D
1	编制单位：绿梦公司	2006年11月份		
2	项目	行次	本月数	
3	一、产品销售收入	1	1406244.65	销售收入
4	减：产品销售成本	2	624201.50	销售成本
5	产品销售费用	3	70135.00	销售费用
6	产品销售税金及附加	4	561080.00	销售税金
7	二、产品销售利润	7	150828.15	销售利润
8	加：其他业务利润	9	28054.00	其他利润
9	减：管理费用	10	14728.35	管理费用
10	财务费用	11	2805.40	财务费用
11	三、营业利润	14	161348.40	营业利润
12	加：投资收益	15	18700.00	投资收益
13	营业外收入	16	10938.80	营业外收入
14	减：营业外支出	17	45987.20	营业外支出
15	四、利润总额	20	145000.00	利润总额

图 3-43　"单变量求解"对话框　　　　　图 3-44　单变量求解的结果

从图中可以看出，在其他条件基本保持不变的情况下，要使利润总额增加到 145 000 元，即增加 3 544.65 元，其产品销售收入需增加到 1 406 244.65 元，即同样增加 3 544.65 元。显然，这种同比增加与此例中各项之间只有简单的算术加减运算有关。

例 3-11　学期成绩分布。

下面是一个实际应用。某学校为了全面考核学生的学期成绩，需要结合学生的平时成绩、期中考试成绩和期末考试成绩，具体为 3 : 3 : 4。

现在，某生已知平时成绩 92 分、期中成绩 84 分，而家长希望其总成绩是 90 分，那么，该生需要在期末考多少分才能达成目标？（其实，大学也有类似情况，只不过是考多少分能拿到足够的学分或绩点。）

计算过程如图 3-45 所示，输入公式后，因为期末考试还未进行，故 B5 单元格的值为

0，在这种情况下，B7 的值为 52.8。现在就以 B7 为目标单元格，来计算目标值为 1 时，可变单元格 B5 中应为何值。

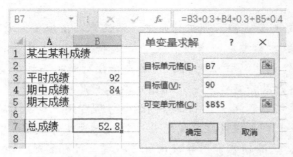

图 3-45　单变量求解学期成绩分布的结果

操作后，发现期末应考 93 分才能使总成绩为 90 分。

例 3-12　商品理想售价的制订。

公司花了一大笔钱（固定成本 50 000，销售费用 45 000），欲将某个产品投入市场，已知产品单片成本为 7.2 元、产量能达到 5 000，计算产品售价是多少时，才能盈利 170 000 元？

首先，按题意在工作表中输入数据并进行前期计算（蓝色字体部分为计算值），如图 3-46 所示。其中：

销售金额＝单价×数量

生产成本＝数量×单片成本

利润＝销售金额－销售费用－生产成本－固定成本

其次，以利润为目标单元格，以单价为可变单元格，以 170 000 为目标值进行单变量求解，如图 3-47 所示。

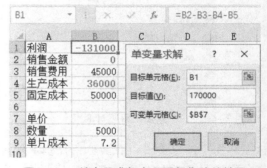

图 3-46　单变量求解商品理想售价的公式创建　　图 3-47　单变量求解商品理想售价的结果

最后，最终值是 60.2 元。

3.3.2　图上求解

目标搜索技术还可以利用图形直观地进行。但是，该方法在 Office 2007 以后被取消了，据说是会影响到原始数据。这里还是介绍一下，以防以后用到。

例 3-13　图上求解。

例如，例 3-12 中，如果要分析使利润总额增加到 146 000 元，相应的销售收入需增加到多少元，可按下述步骤操作。

选定销售收入和利润总额等数据所在的单元格，这里选定销售收入、销售利润、营业利润和利润总额等数据。单击图表向导按钮，制作一个柱形图。为了便于查看，在图中空白区域右击，在快捷菜单中选择"选择数据"选项，在弹出的"选择数据源"对话框中单击右下方"水平轴标签"下的"编辑"按钮，在弹出的"轴标签"对话框中，选择所有名称所在的单元格区域，如图 3-48 所示。

注意，要选定旁边有文字内容的单元格，即 D 列中的对应单元格（当然，也可选择 A 列中的对应单元格），而不是 C 列中的对应单元格，如图 3-49 所示。

图 3-48　图上求解之添加坐标轴标签

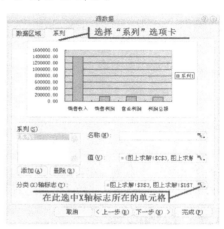

图 3-49　图上求解之设置坐标轴标签

在"网格线"选项卡的"数值（Y）轴"选项组中选中"次要网格线"复选框，然后单击"完成"按钮，在生成的图表中两次单击（不是双击）利润总额数据系列，如图 3-50 所示。

将光标指向利润总额数据系列的上沿，并向上拖动，直到其显示数据为所需的 146 000 为止，注意，此时在 Y 坐标轴相应的数据位置会出现一个横线，指示当前数据的大小，如图 3-51 所示。

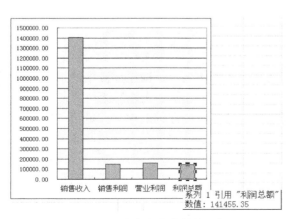

图 3-50　选定图上求解的目标

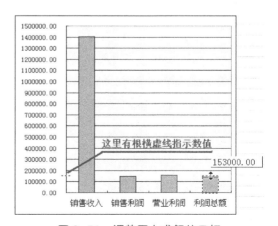

图 3-51　调整图上求解的目标

用鼠标拖动无法获取所要的值时也没关系，因为松开鼠标就将弹出单变量求解对话框，

Excel 2016 自动将利润总额单元格的地址 "C15" 填入到目标单元格框中，将 "146 000" 填入到目标值框中，如果不是 "146 000"，则可以在此手工更正，如图 3-52 所示。

在可变单元格框中输入销售收入所在的单元格地址 "C3"，也可指定可变单元格后，直接单击 C3 单元格，单击 "确定" 按钮。计算结果如图 3-53 所示。

图 3-52　精细调整图上求解的目标

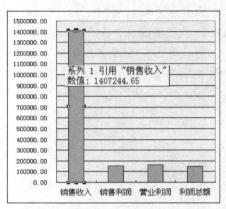

图 3-53　图上求解的计算结果

从图中可以看到销售收入需增加到 1 407 244.65 元，即增加 4 544.65 元，才能使利润总额也增加 4 544.65 元，达到利润总额增加到 146 000 元的目标。

3.3.3　其他应用

利用目标搜索技术可以求解许多类似的问题。例如，利用 PMT 函数，可以根据贷款额、利率和周期方便地计算出每期的付款额。但是反过来，已知某企业近 5 年每月偿还贷款的能力为 100 000 元，要计算其可以承受的贷款额度，就需要掌握更多的函数和计算方法。但是使用目标搜索技术可以直接求解。再如，在宏观经济分析中要求控制投资规模，在固定资产投资总额降低 5% 的目标下，相应的自筹投资应控制在多少？这可能需要涉及诸多因素，如预算内投资、贷款投资、利用外资投资、国民生产总值、物价指数等，而且这些因素之间还存在着相互制约的关系，用手工计算是相当复杂的。利用目标搜索技术，只要在工作表中建立了上述方程就可以直接求解。

上述这些问题归纳起来都是数学上的求解反函数问题，即对已有的函数 $y=f(x)$，给定 y 的值，反过来求解 x。一般情况下，可以按照 y 与 x 的依赖关系，构造一个反函数 $x=f(y)$。但是当变量之间的依赖关系较为复杂时，特别是对于非线性函数，构造反函数的工作也是较为复杂繁琐的。而利用目标搜索技术，可以直接利用函数方便地完成反函数的计算。

利用目标搜索技术还可以直接求各种方程，特别是非线性方程的根。在数值分析中解任意方程通常有迭代法、割线法、半间距法等多种算法，但大多较为复杂。而利用 Excel 的单变量求解命令是求解方程的方便工具。

Excel 给大家的直观感觉是一张大的表格，可以输入文字、数字、公式和函数，其实 Excel 并非只是在工作表的制作上可以创建公式、函数，进行数据管理（例如，排序、筛选和分类汇总等）与统计图表制作而已，在数据求解与规划分析等项目上，其运算功能也是不容忽视的。例如，Excel 也可以用来进行如下方程式的运算：

$$4x - 16 = 0$$

$$2x^3 + 3 = 1$$
$$2x^3 + 5x - 7 = 0$$

诸如一元一次方程式，也就是含有一个未知数（一元），并且未知数的次方是 1（一次）的等式，对于这些方程式，固然可以用数学方法来求解，但利用 Excel 的单变量求解功能也能轻松解答。

基本上，在创建数学公式时，必须先将公式中的变量 x 视为工作表上的某个单元格，称为变量单元格，然后在另一个单元格中输入含有此变量单元格的公式，也就是说，只要改变变量单元格的内容，该公式将自动重新计算出新的结果，

例 3-14 求解方程。

例如，要计算方程式：

$$2x^3 + 3 = 1$$

需要在如图 3-54 所示的工作表中输入公式 "=2*B1^3 + 3"，如图 3-54 所示。

该表表明在目标的数学方程式里有一个变量 x，目标 x 的值为 0，因此方程式的运算结果为 3。我们都知道，只要改 B1 单元格（也就是变量 x）的值，公式计算出来的结果就会不同。现在想知道，当 x 的值为多少时，方程式的运算结果为 1。如果由用户一个值、一个值地去试，也许能试出结果，但如果利用 Excel 的单变量求解功能，却能立即找到这个合适的 x 值。

① 单击 "数据" → "预测" → "模拟分析" 中的 "单变量求解" 按钮，如图 3-55 所示。

图 3-54　单变量求解方程之输入表达式　　图 3-55　单变量求解方程之选择 "单变量求解" 选项

② 在弹出的 "单变量求解" 对话框中，设置目标单元格为 F1，目标值为 1，可变单元格为 B1，如图 3-56 所示。

③ 单击 "确定" 按钮，经过约 1 秒钟后，系统找到了结果，如图 3-57 所示。

图 3-56　单变量求解方程之设置 "单变量求解" 对话框中　　图 3-57　单变量求解方程之运算结果
　　　　　　　　的参数

从最终结果来看，这是一个近似解，当 B1 单元格内的值（即变量 x）的值为-1 时，方程式的计算结果最接近 1。

例 3-15　一元一次方程的实例。

下面再举一个带应用题性质的实例：有一个两位数，其十位数与个位数的数字之和为 13，若将十位数与个位数交换，所得到的新的两位数的数值比原来的两位数的数值小 27。求原来的两位数是什么？

此题的解题思路在于，必须将原来的十位数或个位数中的某一个数设置为 x 变量，这样，只要其中一个确定了，另一个与它之和是 13，等于也确定了。这里，假定十位数是 x，则个位数就是 13-x 了。这样，原来的两位数就可以表述为：

$$10x + (13 - x)$$

而当个位数与十位数交换位置后，新的两位数可以表述为：

$$10 \times (13 - x) + x$$

又因为新数比旧数小 27，因此：

$$[10x + (13 - x)] - [10 \times (13 - x) + x] = 27]$$

将方程按上例的方式写到 Excel 单元格中，在 B2 单元格为空（即 x 为 0）的情况下，方程式的值为-117，如图 3-58 所示。

求解过程如图 3-59 所示。

图 3-58　单变量求解之应用题计算公式的输入

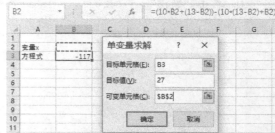

图 3-59　单变量求解之应用题计算过程

两秒钟后，Excel 计算出结果，如图 3-60 所示。

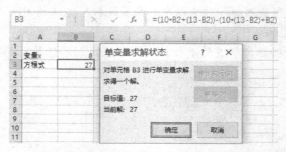

图 3-60　单变量求解之应用题计算结果

也就是说，十位数为 8，因此个位数为 5，原来的两位数为 85，新的两位数为 58，得解。

当然，如果数学基础好，不想在 Excel 中输入那么麻烦的公式，则可以先行打开括号、合并同类项。变换后，该方程式为

$$18x = 144$$

这就基本上不需要用"单变量求解"来计算了。

小技巧

建立分类下拉列表填充项

我们常常要将企业的名称输入到表格中，为了保持名称的一致性，利用"数据有效性"功能建立了一个分类下拉列表填充项。

① 在 Sheet2 中，将企业名称按类别（如"工业企业"、"商业企业"、"个体企业"等）分别输入到不同列中，建立一个企业名称数据库。注意，不要标题行，即不要用一行来做标题，切记！

② 选中 A 列（"工业企业"名称所在列），在"名称"栏内，输入"工业企业"字符后，按 Enter 键进行确认。注意：选中整列后，在"名称"框命名。

仿照上面的操作，将 B、C、…列分别命名为"商业企业"、"个体企业"……

③ 切换到 Sheet1 中，选中需要输入"企业类别"的列（如 C 列），执行"数据工具"→"数据验证"操作弹出"数据验证"对话框。在"验证条件"选项组中，单击"允许"右侧的下拉按钮，选中"序列"选项，在下面的"来源"方框中，输入"工业企业"，"商业企业"，"个体企业"，……序列（各元素之间用英文逗号隔开），确定退出。

再选中需要输入企业名称的列（如 D 列），再弹出"数据验证"对话框，选择"序列"选项后，在"来源"方框中输入公式：=INDIRECT（C1），确定退出。注意，在这一步 Excel 会提出有错误，不要管它，继续操作即可。

④ 选中 C 列任意单元格（如 C4），单击右侧下拉按钮，选择相应的"企业类别"填入单元格。选中该单元格对应的 D 列单元格（如 D4），单击下拉按钮，即可从相应类别的企业名称列表中选择需要的企业名称填入该单元格中。

提示：在以后打印报表时，如果不需要打印"企业类别"列，则可以选中该列并右击，选择"隐藏"选项，将该列隐藏起来即可。

注意：

① 此项操作中，很多具体的操作是针对列的，一定要选中整列。

② 此操作中第二张表（即作为数据库的那张表）的内容还可以再编辑，如果不改动企业类型，则第一张表可以直接应用第二张表上的更新，如果连接企业类型都有改变（如增加、删除、修改），则应在第一张表的 C 列中做出修改。

课后习题 ③

1．模拟运算表的运算结果区域可以单独更改吗？

2．对单元格区域批量命名时，如果使用"根据所选内容创建"方式，则选定区域中可以用来命名的值可以位于选定区域的哪些地方？

3．要完成单变量求解的操作，正确的做法有哪些？

4．写出计算下述方程式的表达式（用单元格 C1 和 D1 做变量）：

$$2x^3 + 3y^2 - 5xy + 6x - 3y = 7$$

5. 制作公司投资方案表, 如题图 3-1 所示。

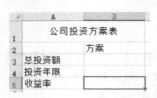

题图 3-1　公司投资方案表

要求:

第 1 步, 定义名称, 在"公式"→"定义的名称"组中"定义名称"→"定义名称"中将 B3:B5 单元格式定义为左侧单元格内文本所示的名称;

第 2 步, 创建方案, 单击"数据"→"预测"→"模拟分析"→"方案管理器"按钮, 按如下条件开始创建方案。

方案 A: 投资 10 万, 年限 5 年, 收益率 24%。

方案 B: 投资 12 万, 年限 6 年, 收益率 25%。

方案 C: 投资 15 万, 年限 8 年, 收益率 28%。

第 4 章

Excel 数据分析进阶——函数的应用

本章提要

本章主要通过企业的经营决策问题介绍了确定型分析、不确定型分析和风险分析的基本概念和应用方法，说明了 Excel 中有关函数的使用方法和技巧。

随着经济的不断发展，管理者和决策者所面临的问题也越来越复杂和多样化。例如，对市场需求、产品开发、设备改造、技术更新等问题，需要及时做出正确的反映和决策。如果优柔寡断，有可能坐失良机；而如果不进行科学的分析，则有可能造成决策失误。两者都会给公司或企业的经营带来巨大的损失。而对于未来的发展和变化情况虽然无法预料，但是总是有迹可循的。

4.1 使用函数进行决策分析

根据对未来信息的把握情况，可将决策分析分为三类：如果未来的信息是完全的，称为确定性分析；如果未来的信息是不完全的，但是其变动情况可用概率分布来描述，称为风险分析；如果未来的信息是不完全的，且其变动情况无法用概率分布来描述，称为不确定分析。

4.1.1 确定性分析

所谓确定性分析是指决策的问题只存在一种自然状态，即未来的事件以及与事件有关的各种条件都是确定的。这时的决策比较简单，只需计算出各种条件下的成本、收益等指标，按照特定的目标从中选择最佳方案即可。

1．单目标求解

假设某电器公司计划通过其销售网络推销一种廉价电器产品。计划销售价为 10 元/台。该电器的生产有三个方案：方案 1 需投资 100 000 元，投产后每台电器成本为 5 元；方案 2 需投资 160 000 元，投产后每台电器成本为 4 元；方案 3 需投资 250 000 元，投产后每台电器成本为 3 元。如果该电器的市场需求量为 120 000 台，选择哪种生产方案可获得最大收益？由于该决策问题中，不同方案的投资费用、生产成本和可获得的利润都是确定的，所以可以直接按要求进行计算。其具体操作步骤如下。

在工作表的某列输入各方案的名称。在各方案的右侧一列输入相应的投资金额。在各方案投资金额的右侧一列输入公式计算其相应的成本金额，分别为 120 000 乘以该方案的单位成本。在各方案成本金额的右侧一列输入公式计算其相应的收益金额，分别为 1 200 000

减去相应方案的投资和成本。其中方案 2 和方案 3 的收益计算公式可以使用自动填充方式快速建立。此时的工作表如图 4-1 所示。

从图中可以明显看到方案 3 收益最大。为了能够处理更多方案的情况，以及便于当方案修改时快捷地找到最佳方案，可以利用 Excel 的查找函数自动选择最佳方案。其具体操作步骤如下。

选定要显示最佳方案名称的单元格。单击粘贴函数按钮。在粘贴函数对话框的函数分类列表框中选择查找与引用，在函数名列表框中选择 Lookup 函数，如图 4-2 所示。

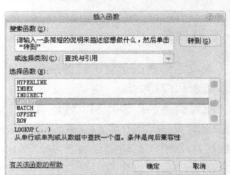

图 4-1　单目标求解的数据准备　　　　图 4-2　"插入函数"对话框

在弹出的 Lookup 函数的选择参数对话框中选择第一种组合方式，即查找参数为"值，所在区域，结果区域"（第二种参数是"值，数列"），如图 4-3 所示。

在 Lookup 函数对话框的 Lookup_value 框中输入函数"max（G2:G4）"，该参数为要查找的数值；在 Lookup_vector 框中输入"G2:G4"，该参数为要查找的单元格区域；在 Result_vector 框中输入"A2:A4"，该参数为返回值所对应的单元格区域，如图 4-4 所示。

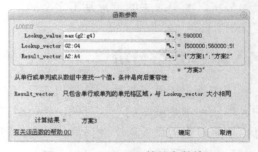

图 4-3　Lookup 函数的类型选择　　　　图 4-4　Lookup 函数的参数输入

计算结果如图 4-5 所示。

	A	B	C	D	E	F	G	H
1	方案	投资	单位成本	总成本	市场容量	售价	收益	
2	方案1	100000	5	600000	120000	10	500000	
3	方案2	160000	4	480000			560000	
4	方案3	250000	3	360000			590000	
5								
6	选择方案		方案3					

C6　▼　fx　=LOOKUP(MAX(G2:G4),G2:G4,A2:A4)

图 4-5　Lookup 函数的计算结果

注意，在使用 Lookup 函数时，查找区域应按升序排序，否则将无法正确实现查找要求。

2．多目标求解

有些决策问题的目标可能有多个，而且有可能多个目标之间是相互矛盾的。例如，宏观经济调控的决策，就可能有国民生产总值最高、人民生活水平最高、物价指数最低，以及发展速度平稳等多个指标。这时不同的方案就难以简单地用最大值、最小值函数比较优劣。这时可根据多个方案计算出一个理想方案，再计算出各方案与理想方案的"距离"，从中选择与理想方案"距离"最近的方案。以下仍以上例来说明操作步骤。

新建一工作表，起名为"确定性多目标"，将其中的"方案"、"投资"、"总成本"、"收益"等 4 项链接到如图 4-1 所示的工作表中，方法如下：选定如图 4-1 所示的工作表中的 A1:B4、D1:D4、G1:G4 三个单元格区域，如图 4-6 所示。

然后选择复制，选中"确定性多目标"工作表，单击"编辑"→"选择性粘贴"按钮，在弹出的对话框中单击"粘贴链接"按钮，如图 4-7 所示。

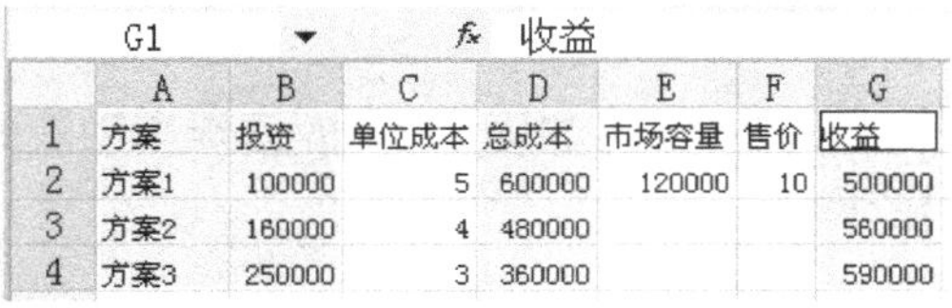

图 4-6　选定确定性多目标求解的目标　　　图 4-7　使用粘贴链接方式

之所以要使用"粘贴链接"，是因为后面的求平方和的函数 SUMXMY2 中使用的参数必须为连续的单元格区域，而不能为不连续的单元格区域，所以不能使用原来的工作表，而必须在一个新的工作表中把原工作表中不连续的单元格区域粘贴为连续的单元格区域。而如果只使用粘贴数值，虽也能达到在新工作表中把原工作表中不连续的单元格区域粘贴为连续的单元格区域的效果，但一旦原工作表中输入的原始数据发生变化，新工作表中的数据就不能更新，所以必须使用粘贴链接的方式。新的"确定性多目标"工作表如图 4-8 所示。

在新工作表中计算出理想方案的有关参数，这里希望理想值为投资最少，成本最低，收益最大，因此应在 B6 单元格和 C6 单元格使用 MIN 函数，分别对 B2:B4 单元格区域和 C2:C4 单元格区域的值求极小值，而在 D6 单元格使用 MAX 函数，以对 D2:D4 单元格的值求极大值，结果如图 4-9 所示。

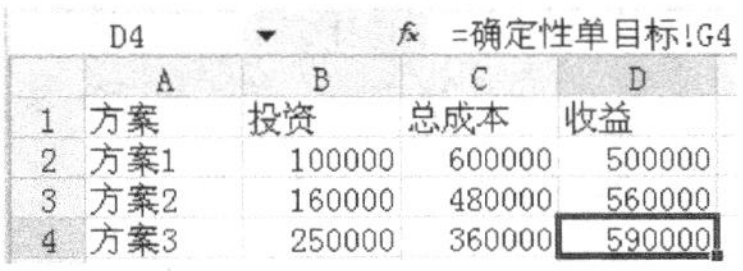

图 4-8　形成多目标求解的原始数据　　　图 4-9　计算确定性多目标求解中各目标的理想值

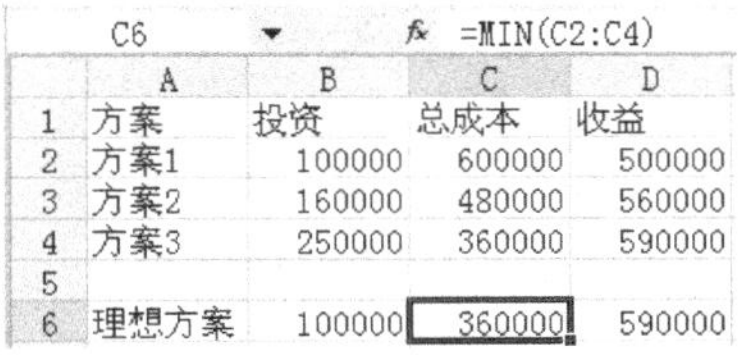

在"收益"的右侧 E 列中输入计算各方案到理想方案的"距离"的公式。因为理想方案中各参数有些是最大值，有些是最小值，简单地用差额计算会有正有负、相互抵消，所以应计算各差额的绝对值的和，也可以计算各差额的平方的和（这是为了把正、负的差距都转化为正的差距）。这里使用"数学与三角函数"中的 SUMXMY2 函数计算每个方案各参数与理想方案各参数的差额的平方和，如图 4-10 所示。

注意，为了使用自动填充功能，公式中理想方案的单元格区域地址应使用绝对地址或混合地址，如图 4-11 所示。

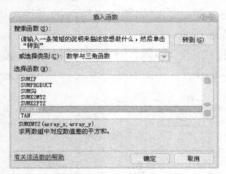

图 4-10　插入 SUMXMY2 函数

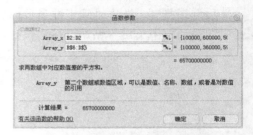

图 4-11　SUMXMY2 函数的参数选择

计算结果如图 4-12 所示。

最后，将几个方案以"距离"为主关键字进行升序排列，再利用 Lookup 函数自动选择最佳方案。这时选择的方案是方案 2，如图 4-13 所示。

E2　　　　　fx =SUMXMY2(B2:D2,B$6:D$6)

	A	B	C	D	E
1	方案	投资	总成本	收益	距离
2	方案1	100000	600000	500000	65700000000
3	方案2	160000	480000	560000	18900000000
4	方案3	250000	360000	590000	22500000000
5					
6	理想方案	100000	360000	590000	

图 4-12　SUMXMY2 函数的计算结果

C8　　　　　fx =LOOKUP(MIN(E2:E4),E2:E4,A2:A4)

	A	B	C	D	E
1	方案	投资	总成本	收益	距离
2	方案2	160000	480000	560000	18900000000
3	方案3	250000	360000	590000	22500000000
4	方案1	100000	600000	500000	65700000000
5					
6	理想方案	100000	360000	590000	
7					
8	选择方案		方案2		

图 4-13　确定性多目标求解的计算结果

4.1.2　不确定性分析

上面的分析中是假设已知市场需求为 120 000 台，在市场经济条件下，更多的情况是不知道确切的市场需求，而只是对未来市场需求有大致的估计。例如，4.11 中的例子中，假设可能出现三种自然状态：滞销状态，市场需求 30 000 台；一般状态，市场需求 120 000 台；畅销状态，市场需求 200 000 台。这时可得到该问题的损益矩阵，如图 4-14 所示，此图是将图 4-1 中的 E2 单元格中的数据分别用 30 000、200 000 台替代后得到的。

	A	B	C	D
1	方案	滞销	一般	畅销
2	方案1	50000	500000	900000
3	方案2	20000	560000	1040000
4	方案3	-40000	590000	1150000

图 4-14　不确定分析中多种方案的损益矩阵

注意：此表可以使用单变量模拟运算表，对方案 1、方案 2、方案 3 求出"市场容量"分别为 3 万、12 万、20 万时的"收益"值，并将其分别计入"滞销"、"一般"、"畅销"字段之下，如图 4-15 所示。

但是要注意，不能使用以"投资"字段为"引用行单元格"来进行双变量模拟运算，因为每种方案除了投资额可变之外，单位成本也在变化。

可根据下述不同原则进行不确定分析。

1．乐观原则

所谓乐观原则是指看好未来市场需求，认为会畅销，在决策时总是选择收益最大或损失最小的方案。其基本思路是先由各方案计算出收益最大值，再在每个方案的最大值中找出最大值，所以也称**大中取大法**。具体计算方法如下。

在 E 列利用 MAX 函数计算出各方案在不同状态下的最大值。在第 6 行自动查找最大值所在列中最大者所对应的方案名。计算结果如图 4-16 所示，即按乐观原则，应选择方案 3。

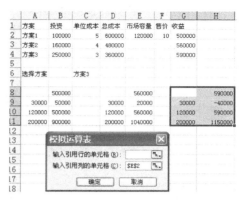

图 4-15　使用单变量模拟运算表求出三种状态下的每种方案的收益

2．悲观原则

所谓悲观原则是指决策时从最坏情况出发，认为可能滞销，尽量减少风险。其基本思路是先由各方案计算出收益最小值，然后在每个方案的最小值中找出最大值，所以也称**小中取大法**。具体计算方法如下。

在 E 列利用 MIN 函数计算出各方案在不同状态下的最小值。在第 6 行自动查找最小值所在列中最大者对应的方案名。计算结果如图 4-17 所示，即按悲观原则，应选择方案 1。

	A	B	C	D	E	F	G
	C6		f_x	=LOOKUP(MAX(E2:E4),E2:E4,A2:A4)			
1	方案	滞销	一般	畅销	最大值		
2	方案1	50000	500000	900000	900000		
3	方案2	20000	560000	1040000	1040000		
4	方案3	-40000	590000	1150000	1150000		
6	选择方案		方案3				

图 4-16　乐观原则下的不确定性多目标分析结果

	A	B	C	D	E	F	G
	C6		f_x	=LOOKUP(MAX(E2:E4),E2:E4,A2:A4)			
1	方案	滞销	一般	畅销	最小值		
2	方案3	-40000	590000	1150000	-40000		
3	方案2	20000	560000	1040000	20000		
4	方案1	50000	500000	900000	50000		
6	选择方案		方案1				

图 4-17　悲观原则下的不确定性多目标分析结果

3．中庸原则

更多的情况下，决策时既不简单地根据乐观原则，也不完全按照悲观原则，而是采用介于两者之间的中庸原则。这样既不过于冒险，也不过于保守。其基本思路是先由决策者凭经验主观地选取一个介于 0～1 的乐观系数 α，然后依据下述公式计算出各方案的中庸数：

$$H(A_i) = \alpha\left[\mathrm{Max}(R_{ij})\right] + (1-\alpha)\left[\mathrm{Min}(R_{ij})\right]$$

也就是每种方案的损益值中最大值出现的可能性加上其他可能性（其实就是最小值出现的可能性，因不考虑其他可能性；并且因为没有其他可能性，最小值出现的可能性只能是 100%减去最大值出现的可能性）。其中，$H(A_i)$ 为第 i 个方案的中庸数，R_{ij} 为第 i 个方案第 j 个状态的损益值，这里，i 为 1、2、3 行，j 为 B、C、D 列。最后在每个方案的中庸数中找出最大值。具体计算方法如下。

① 在 E 列利用 MAX 函数计算出各方案在不同状态下的最大值。

② 在 F 列利用 MIN 函数计算出各方案在不同状态下的最小值。

③ 设乐观系数 α 为 0.6，在 G 列根据上述公式计算出各方案的中庸数，如图 4-18 所示。

④ 在第 6 行自动查找中庸数所在列中最大者所对应的方案名，即"中中取大法"。

计算结果如图 4-19 所示，即按中庸原则，在乐观系数为 0.6 的情况下，应选择方案 3。

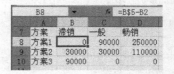

	A	B	C	D	E	F	G
	G2		fx	=0.6*E2+(1-0.6)*F2			
1	方案	滞销	一般	畅销	最大值	最小值	中庸值
2	方案1	50000	500000	900000	900000	50000	560000
3	方案2	20000	560000	1040000	1040000	20000	632000
4	方案3	-40000	590000	1150000	1150000	-40000	674000

图 4-18　计算各方案的中庸数

	A	B	C	D	E	F	G
	C6		fx	=LOOKUP(MAX(G2:G4),G2:G4,A2:A4)			
1	方案	滞销	一般	畅销	最大值	最小值	中庸值
2	方案1	50000	500000	900000	900000	50000	560000
3	方案2	20000	560000	1040000	1040000	20000	632000
4	方案3	-40000	590000	1150000	1150000	-40000	674000
5							
6	选择方案		方案3				

图 4-19　中庸原则下的不确定性多目标分析结果

4．遗憾原则

所谓遗憾原则是指决策时将每种状态的收益最高值作为该状态的理想目标，并将相应状态下其他值与理想值的差称为未达到理想值的遗憾值。其基本思路是先由各方案计算出在每种状态下的理想值，再根据理想值计算出每个方案不同状态下的遗憾值（遗憾矩阵），然后根据遗憾矩阵计算出每个方案的最大遗憾值，最后在各最大遗憾值中选取最小者作为最佳方案，即根据遗憾矩阵采用**大中取小法**选出最佳方案。具体计算方法如下。

① 利用 MAX 函数计算出**每种状态**的理想值（这一点要特别注意，是每种状态下的理想值，不是每种方案的理想值），如图 4-20 所示。

② 在工作表的另外一个区域建立遗憾矩阵。注意，为了便于应用自动填充功能，引用理想值的单元格地址时，应采用混合地址，如图 4-21 所示。这样，只要在第一个单元格里计算出了结果，就可以向横、竖两个方向拖动单元格句柄来复制公式了。

	A	B	C	D
1	方案	滞销	一般	畅销
2	方案1	50000	500000	900000
3	方案2	20000	560000	1040000
4	方案3	-40000	590000	1150000
	理想值	50000	590000	1150000

图 4-20　在运用遗憾原则时计算各状态下各方案的理想值

	A	B	C	D
	B8		fx	=B$5-B2
7	方案	滞销	一般	畅销
8	方案1	0	90000	250000
9	方案2	30000	30000	110000
10	方案3	90000	0	0

图 4-21　遗憾矩阵

③ 根据上述遗憾矩阵，按照大中取小原则选择方案。先在 E 列计算出遗憾矩阵中每个方案的最大遗憾值，然后将其结果以粘贴数值的方法复制到一张新表中，在其中再利用 Lookup 函数自动查找遗憾值最小的所对应的方案名称。

计算结果如图 4-22 所示。

	A	B	C	D	E	F	G
	C6		fx	=LOOKUP(MIN(E2:E4),E2:E4,A2:A4)			
1	方案	滞销	一般	畅销	最大遗憾值		
2	方案3	90000	0	0	90000		
3	方案2	30000	30000	110000	110000		
4	方案1	0	90000	250000	250000		
5							
6	选择方案		方案3				

图 4-22　遗憾原则下的不确定性多目标分析结果

4.1.3　风险分析

风险分析与确定型分析、不确定型分析不同，这时决策人虽然对于未来出现哪种状态不能做出确定的判断，但能根据有关资料估计或计算出各种状态出现的概率。例如上例，虽然不能确定该电器的未来市场需求状态是滞销、一般还是畅销，但是根据有关历史数据、市场调查资料等信息，知道这三种状态出现的概率分别是 0.40、0.55 和 0.05。这时无论做出什么选择，都有一定的风险。所以这类决策问题称为风险分析。

1. 期望值法

所谓期望值法，即先根据损益矩阵和各状态的概率，按照下述公式计算出每个方案的期望值：

$$E(A_i) = \sum_{j=1}^{n} P(S_j)R_{ij}$$

也就是每种方案各种状态下的损益与各种状态出现的可能的乘积的和，这个公式明显是"中庸原则"的延伸，或者说"中庸原则"只是这个公式的一个特例，因为这里所有的可能性都要加以考虑，所以才把每种可能性都考虑进去，共同构成一个 100%。其中 $E(A_i)$ 为第 i 个方案的期望值，$P(S_j)$ 为第 j 种状态的概率，R_{ij} 为第 i 个方案第 j 种状态下的收益。计算出各方案的期望值后再从中选取最大者。其具体操作步骤如下。

① 利用数学与三角函数中的 SUMPRODUCT 函数（返回相应的数组或区域的乘积的和）计算各方案的期望值。注意，为了方便应用自动填充功能，概率数据的单元格地址应使用绝对地址或混合地址。计算结果如图 4-23 所示。

② 在第 7 行自动查找期望所在列中最大者所对应的方案名。计算结果如图 4-24 所示。

图 4-23 SUMPRODUCT 函数的计算结果　　　　图 4-24 风险分析中期望值法的计算结果

2. 遗憾期望值法

所谓遗憾期望值法是先由原损益矩阵计算出遗憾矩阵，再利用期望值法根据遗憾矩阵选择最佳方案。也就是说，该方法与期望值法不同的主要之处在于前者是根据损益矩阵计算，而后者是根据遗憾矩阵计算。因此，前者最后是从期望值中选择最大者作为最佳方案，而后者应从遗憾期望值中选取最小者作为最佳方案。

设遗憾矩阵已计算完成，如图 4-21 所示。按期望值法计算出各方案遗憾矩阵的期望值，最后从中选择期望值最小的方案。计算结果如图 4-25 所示。

	C7	▼	f_x	=LOOKUP(MIN(E3:E5),E3:E5,A3:A5)	
	A	B	C	D	E	F
1	方案	滞销	一般	畅销	遗憾期望值	
2	概率	0.40	0.55	0.05		
3	方案1	0	90000	250000	62000	
4	方案2	30000	30000	110000	34000	
5	方案3	90000	0	0	36000	
6						
7	选择方案		方案2			

图 4-25 风险分析中遗憾期望值法的计算结果

通过本小节内容的学习，应根据决策对象，能正确应用确定型分析、不确定型分析和风险分析方法，熟练应用 Excel 2016 的有关函数，特别是能正确地应用相对地址、绝对地址和混合地址，快速建立成批公式。

4.2 常用 Excel 函数

4.2.1 文本函数

1. 查找字符

文本处理函数的主要功能就是截取、查找、搜索文本中的某个特殊字符，从而实现字符查找、文本转换及编辑字符串等功能。

（1）求字符串位置——FIND 和 FINDB 函数

函数 FIND 和 FINDB 用于在第二个文本字符串中求出第一个文本字符串，并返回第一个文本字符串的起始位置的值，该值从第二个文本字符串的第一个字符算起，语法如下。

　　　　FIND (find_text, within_text, start_num)

　　　　FINDB (find_text, within_text, start_num)

其中：

find_text——要查找的文本；

within_text——包含要查找的文本的源文本；

start_num——指定要从文本起始位置查找的字符。

FIND 和 FINDB 函数都用于查找字符串在单元格中的位置，但 FIND 函数使用的是单字节字符集（SBCS）语言，该函数始终将每个字符按 1 计算，而 FINDB 函数使用的是双字节字符集（DBCS）语言，该函数会将每个字符按 2 计算，所以通常情况下，可以笼统地认为 FIND 函数以字符为单位，而 FINDB 函数以字节为单位。

FIND 和 FINDB 函数的效果如图 4-26 所示。

图 4-26　FIND 和 FINDB 函数的效果

（2）求字符位置——SEARCH 和 SEARCHB 函数

SEARCH 和 SEARCHB 函数用于在第二个文本字符串中定位第一个文本字符串，并返回第一个文本字符串的起始位置的值，该值从第二个文本字符串的第一个字符算起，语法为：

　　　　SEARCH (find_text, within_text, start_num)

　　　　SEARCHB (find_text, within_text, start_num)

其中：

find_text——要查找的文本；

within_text——要在其中搜索 find_text 的源文本；

start_num——指 within_text 中开始搜索的字符编号。

使用 SEARCH 和 SEARCHB 函数查找特定字符时，可以使用"?"和"*"通配符。而如果要查找实际的"?"和"*"，则需要在该字符的前面输入"～"。

在实际运用中，可以使用 IF 以及其他函数来将符合查找条件的字符串显示在其他单元格中，不需要确定字符串的位置。

SEARCH 和 SEARCHB 函数的效果如图 4-27 所示。

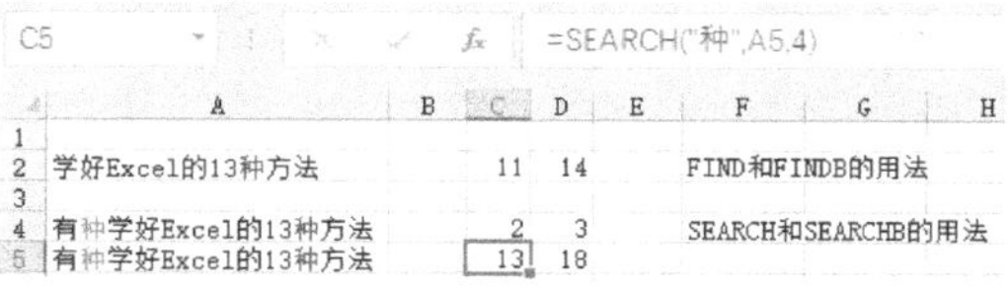

图 4-27　SEARCH 和 SEARCHB 函数的效果

（3）FIND 函数和 SEARCH 函数的区别

SEARCH 和 FIND 都用"start_num"指定开始查找的位置。在本例中，如果省略"start_num"参数，将从第 1 位开始找，则在第二个字符就找到了，但如果指定从第 4 个字符开始找，就不会找到第 2 个字符，而在第 13 个字符才找到第二个"种"。但有一点要记住，不论从第几位开始找，最后给出的位置都是从整个"within_text"中的第 1 位开始计数的，例如，本例中找到的第二个"种"，它不是从"start_num"所规定的第 4 位开始计数的，如果那样，结果应该是 10 而不是 13 了。

SEARCH 函数与 FIND 函数的区别主要有二，一是 SEARCH 函数忽略大小写，二是 SEARCH 函数支持通配符。这两点集中在一起，也就是说，FIND 函数主要用于精确查找，而 SEARCH 函数用于模糊查找。

2．转换文本

转换文本也是文本函数最常见的一种操作，如转换字符与数字、大小写、格式以及货币符号等。

（1）转换数字与字符——CHAR 和 CODE 函数

CHAR 函数用于将其他类型计算机文件中的代码转换为字符，而 CODE 函数用于返回文本字符串中第一个字符的数字代码，返回的代码对应于计算机当前使用的字符集（一般为 ANSI 字符集）。这两个函数的语法格式如下。

　　　　CHAR (number)
　　　　CODE (text)

其中：

Number——用于转换的字符代码，为 1～255，使用的是当前计算机所用字符集中的字符，如 Windows 操作系统为 ANSI，CHAR 函数可以将计算机识别的 ASCII 代码还原为能识别的常规字符；

Text——为需要得到其第一个字符代码的文本字符串，也可是引用其他单元格的文本字符串。

CHAR 和 CODE 函数的效果如图 4-28 所示。

图 4-28　CHAR 和 CODE 函数的效果

说明：可打印字符和英文字母等还是遵从 ASCII 的，不可打印字符只显示方框。

（2）转换大小写——LOWER、UPPER 和 PROPER 函数

LOWER、UPPER 和 PROPER 函数虽然都能实现大小写的转换，但方式有所不同，语法如下。

> LOWER (text)
>
> UPPER (text)
>
> PROPER (text)

其中：text 为要转换的大小写字母文本，也可以为引用或文本字符串。

在使用这三个函数转换大小写时，LOWER 函数是将一个文本字符串中的所有大写字母转换为小写字母，UPPER 函数是将一个文本字符串中的所有小写字母转换为大写字母，上述两个函数不改变文本中的非字母字符；而 PROPER 函数是将文本字符串的首字母（或任何非字母字符之后的首字母）转换为大写，其余的字母都转换为小写。

LOWER、UPPER 和 PROPER 函数的效果如图 4-29 所示。

图 4-29　LOWER、UPPER 和 PROPER 函数的效果

（3）转换字节——ASC 和 WIDECHAR 函数

ASC 和 WIDECHAR 函数都需要与双字节字符集（DBCS）语言一起使用，其中 ASC 函数将全角（双字节）字符更改为半角（单字节）字符；而 WIDECHAR 函数正相反，将半角（单字节）字符转换为全角（双字节）字符。其语法格式如下。

> ASC (text)
>
> WIDECHAR (text)

其中：text 为文本，或对包含需要更改文本的单元格的引用。

简单地说，ASC 和 WIDECHAR 函数对字节的转换，也就是对半角与全角的转换。如果文本中没有需要转换的全角（或半角）则文本不会改变。

ASC 和 WIDECHAR 函数的效果如图 4-30 所示。

A15		×	✓	fx	=WIDECHAR(A14)		
	A	B	F		G		H
13							
14	No Zuo No Die						
15	No Zuo No Die						
16	No Zuo No Die						

图 4-30　ASC 和 WIDECHAR 函数的效果

（4）转换数字格式——TEXT 函数

TEXT 函数用于将数值转换为按指定数字格式表示的文本，其语法格式如下。

> TEXT (value, format_text)

其中：

Value——表示要进行转换的数值，可以为数值、对包含数值的单元格的引用，或计算

结果为数值的公式；

format_text——指要转换的数字格式，可以为"单元格格式"对话框的"数字"选项卡中"分类"列表框中的文本形式。

TEXT 函数的效果如图 4-31 所示。

图 4-31　TEXT 函数的效果

（5）将表示数字的文本转换为数字——VALUE 函数

VALUE 函数将代表数字的文本字符串转换成数字，其语法格式如下。

VALUE (text)

其中：text 为代表数字的文本，或对需要进行文本转换的单元格的调用，可以是 Excel 中可识别的任意常数、日期或时间格式。如果"text"不是这些格式，则函数 VALUE 返回错误值"#VALUE!"，表示参数引用值错误。

VALUE 函数的效果如图 4-32 所示。

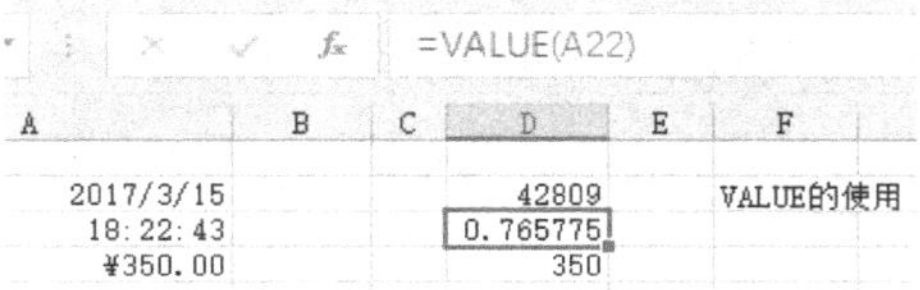

图 4-32　VALUE 函数的效果

说明：日期和时间转换为数字时，将变成相应的序列号。

（6）转换货币符号——DOLLAR 和 RMB 函数

DOLLAR 和 RMB 函数可以依照货币格式将小数四舍五入到指定的位数并转换成文本，使用的格式如下。

($#, ##0.00)

其语法格式如下。

DOLLAR (number, decimals)

RMB (number, decimals)

其中：

Number——为数字、包含数字的单元格引用或计算结果为数字的公式；

Decimals——为十进制的小数位数。

DOLLAR 和 RMB 函数的效果如图 4-33 所示。

图 4-33　DOLLAR 和 RMB 函数的效果

其中，使用 RMB 函数计算的金额会自动加上"￥"符号，而使用 DOLLAR 函数计算的美元金额会自动加上"$"符号。

（7）文本函数案例 1——利用文本函数转换文本

"汇率"是一种货币兑换另一种货币的比率，是以一种货币表示另一种货币的价格。由于世界各国（各地区）货币名称的不同，币值不一，所以一种货币对其他国家（地区）的货币要规定兑换率。这个汇率可能每天都有变化，所以在 Excel 中涉及汇率的单元格，最好使用绝对引用的方式。

本例以"轿车出口销售数据"来说明如何利用文本处理函数 DOLLAR 和 RMB 将数值转换为相应的货币格式。原始数据如图 4-34 所示。

品牌	销售量	市场占有率	交易额	个人比例	单位比例	业务员	人民币	美元
福莱尔	23	1.91%	737650	86.96%	13.04%	郑武		
吉利	28	2.33%	1112100	100.00%	0.00%	黎嘉迅		
哈飞赛豹	10	0.83%	1234000	100.00%	0.00%	殷明		
长安奥拓	28	2.33%	1347309	100.00%	0.00%	岳阳		
奇瑞A3	10	1.83%	1748571	80.00%	20.00%	魏克墨		
松花江	38	3.16%	2538577	100.00%	0.00%	殷明		
红旗	18	1.50%	3004650	83.33%	16.67%	殷明		
金杯	37	3.06%	3240275	72.97%	27.03%	魏克墨		
中华H230	11	0.92%	3301571	81.82%	18.18%	郑武		
奇瑞瑞虎	14	1.16%	3619000	100.00%	0.00%	殷明		
长安奔奔	46	3.83%	3874417	95.65%	4.35%	岳阳		
宝骏730	32	2.66%	4208000	100.00%	0.00%	郑武		
长城C30	60	4.99%	6431100	100.00%	0.00%	郑武		
长城C50	18	1.50%	7184571	100.00%	0.00%	丁宝臣		
中华H330	11	0.92%	7400250	100.00%	0.00%	魏克墨		
长城H5	67	5.77%	7459722	95.52%	4.48%	丁宝臣		
长城H6	32	2.66%	7837885	100.00%	0.00%	黎嘉迅		
中华V5	126	10.48%	7893600	100.00%	0.00%	魏克墨		
长安逸动	59	5.09%	8457860	89.83%	10.17%	殷明		
中华H530	38	3.16%	9371644	100.00%	0.00%	黎嘉迅		
总计	726		92002752					

图 4-34　轿车出口销售原始数据

① 选择 H3 单元格，单击"公式"→"函数库"→"插入函数"按钮，在"插入函数"对话框中选择"文本"函数中的"RMB"，在"Number"参数框中输入 D3，如图 4-35 所示。

将函数填充到 H4:H23 单元格中，给所有的金额添加上人民币格式。

② 在 H25 单元格中输入"美元兑人民币"，在 I25 单元格中输入"6.220 6"，然后选择 I3 单元格，插入函数 DOLLAR，这里在 Number 参数框中输入"D3/I25"，并按 F4 键将 I25 变为绝对引用，如图 4-36 所示。

图 4-35　设置 RMB 函数参数

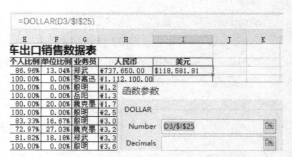

图 4-36　设置 DOLLAR 函数参数

将函数填充到 I4:I23 区域，将所有的销售金额都按美元显示出来。

3．编辑字符串

在文本处理中，编辑字符串也是其中的一方面，其中主要包括了合并字符串、求字符串长度以及替换字符串等。

（1）合并字符串——CONCATENATE 函数

CONCATENATE 函数用于将两个以上文本字符串合并为一个文本字符串，语法格式如下。

CONCATENATE (text1, [text2], …)

其中：text1、text2…为 2～255 个需要合并的文本字符串，这些文本项可以为文本字符串、数字或对单个单元格的引用。

CONCATENATE 函数的效果如图 4-37 所示。

图 4-37　CONCATENATE 函数的效果

（2）替换文本——SUBSTITUTE 函数

SUBSTITUTE 函数将在某一文本字符串中替换指定的文本，语法格式如下。

SUBSTITUTE (text, old_text, new_text, [instance_num])

其中：

Text——需要替换其中字符的文本，或对含有文本的单元格的引用；

old_text——需要被替换的旧文本；

new_text——用于替换旧文本的新文本，如果不指定，则用空文本替换，实际上就是删除；

instance_num——为一个数值，用来指定以新文本替换第几次出现的旧文本。如果此参数被指定，则只有满足条件的旧文本被替换，否则将替换所有的旧文本。

SUBSTITUTE 函数的效果如图 4-38 所示。

图 4-38　SUBSTITUTE 函数的效果

（3）替换字符串——REPLACE 和 REPLACEB 函数

使用 REPLACE 函数可在某一文本字符串中替换指定位置的任意文本，该函数可使用其他文本字符串并根据指定的"字符"数替换某文本字符串中的部分文本。而 REPLACEB 函数可使用其他文本字符串并根据指定的"字节"数替换某文本字符串中的部分文本。其语法格式如下。

REPLACE (old_text, start_num, num_chars, new_text)

REPLACEB(old_text, start_num, num_bytes)

其中：

old_text——指要在其中替换字符的文本；

start_num——指要用 new_text 替换的 old_text 中字符的位置；

num_chars——指希望 REPLACE 函数使用 new_text 替换 old_text 中字符的个数；

new_text——指要用于替换 old_text 中字符的文本；

num_bytes——指希望 REPLACEB 函数使用 new_text 替换 old_text 中字节的个数。

REPLACE 和 REPLACEB 函数的效果如图 4-39 所示。

图 4-39　REPLACE 和 REPLACEB 函数的效果

注意：函数 REPLACE 面向使用单字节字符集的语言，而函数 REPLACEB 面向使用双字节字符集的语言。但不管是单字节还是双字节，函数 REPLACE 始终将每个字符按 1 计算。

（4）清除空格——TRIM 函数

TRIM 函数可以清除文本中多余的空格，解决了手动删除多余空格的烦琐操作，但该函数只能对除英文单词之间的单个空格进行删除，其语法格式如下。

TRIM(text)

其中：text 指需要清除其中空格的文本。

特别说明：使用 TRIM 函数处理中文时还是会保留一个空格，如果中文文本中没有空格，也不会增加一个空格。而对于英文文本，不管单词与单词之间有多少空格，都将会保留 1 个空格。所以，该函数常常用于处理英文文本，而不是中文文本。

（5）求长度——LEN 和 LENB 函数

LEN 函数用于返回文本字符串中的字符数，LENB 函数用于返回文本字符串中用于代表文本的字节数。LEN 函数面向使用单字节字符集的语言，而 LENB 函数面向使用双字节字符集的语言。其语法格式如下。

LEN(text)

LENB(text)

其中：text 指需要查找其长度的文本。

LEN 和 LENB 函数的效果如图 4-40 所示。

图 4-40　LEN 和 LENB 函数的效果

（6）判断字符串异同——EXACT 函数

EXACT 函数用于检测两个字符串是否完全相同，返回逻辑值 TRUE 和 FALSE。该函数将区分大小写，但忽略格式上的差异。利用 EXACT 函数可以测试在文档内输入的文本，其语法格式如下。

EXACT (text1, text2)

其中：text1、text2 指待比较的两个字符串。

EXACT 函数的效果如图 4-41 所示。

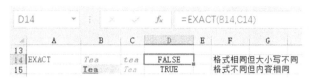

图 4-41　EXACT 函数的效果

说明：在 Excel 中，也可以使用双等号"=="比较运算符代替 EXACT 函数进行精确比较，如"=A1==B1"与"=EXACT(A1, B1)"返回的值相同。

（7）指定位数取整——FIXED 函数

FIXED 函数将数字按指定的小数位数取整，利用句号和逗号，以小数格式对该数进行格式设置，并以文本形式返回结果，其语法格式如下。

FIXED (number, decimals, no_commas)

其中：

number——指进行四舍五入并转换为文本字符串的数字；

decimals——唯一数值，用于指定小数点右边的小数位数，如果为负数，则表示四舍五入到小数点左边；

no_commas——逻辑值，如果为 TRUE，则禁止 FIXED 函数在返回的文本中包括逗号。

FIXED 函数的效果如图 4-42 所示。

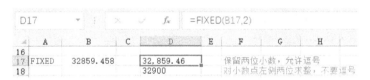

图 4-42　FIXED 函数的效果

（8）文本函数案例 2——利用文本函数取整

现有某公司年度销售总额如图 4-43 所示。

	年度总销售额	
	产品名称	销售额
手机	¥	570,000.00
MP4	¥	271,072.00
电脑	¥	1,777,398.00
电视机	¥	2,356,200.00
微波炉	¥	158,182.00
数码相机	¥	770,400.00
冰箱	¥	793,638.00
洗衣机	¥	805,752.00
空调	¥	728,220.00

图 4-43　某公司年度销售总额

需要将其中保留两位小数的用"元"表示的金额改为用"万元"表示，并保留 1 位小数。

① 选中 C3 单元格，选择函数中的"文本"→"FIXED"函数，在该函数的 3 个参数中，第一个参数自然是原数据所在的 B2 单元格；第二个参数设为-3，函数将在小数点左侧第三位，即百位，向小数点左侧第四位，即千位，进行四舍五入的进位，如不设置这个参数，将默认保留小数点后面两位小数；第三个参数选择 TRUE，不出现逗号，如图 4-44 所示。

② 继续选择 C3 单元格，在原有公式后面输入"/10 000 & '万元'"，如图 4-45 所示。

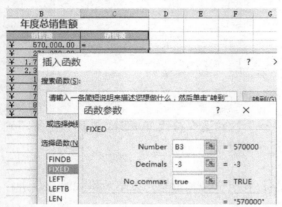

图 4-44 设置函数参数

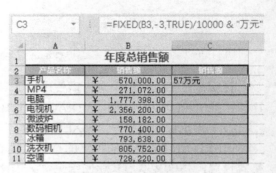

图 4-45 函数计算结果

将公式填充到 C4:C11 单元格区域即可。

4．返回相应值

某些文本函数的功能是返回相应值。

（1）返回左右两侧字符——LEFT 和 RIGHT 函数

根据所指定的字符数，LEFT 函数返回文本字符串中第一个字符或前几个字符，RIGHT 函数返回文本字符串最后一个或几个字符，其语法格式如下。

        LEFT(text, num_chars)

        RIGHT(text, num_chars)

其中：

text——指包含要提取的字符的文本字符串；

num_chars——指定要提取的字符的数量，不能为 0，如果此数值大于 text 的文本长度，则返回全部文本。

LEFT 和 RIGHT 函数的应用效果如图 4-46 所示。

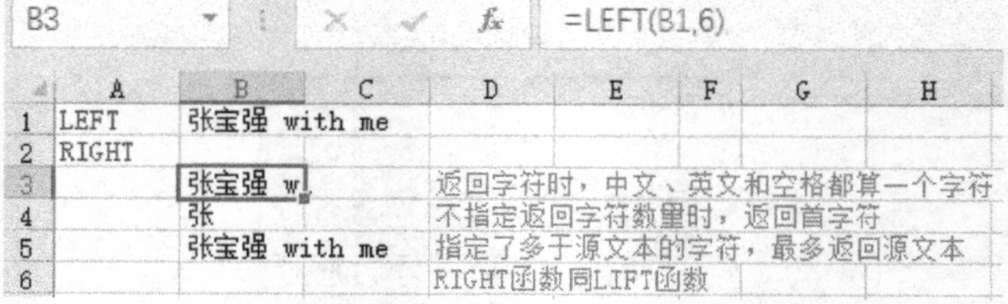

图 4-46 LEFT 和 RIGHT 函数的效果

特别说明：用于返回字符串左右指定字符的函数还有 LEFTB 和 RIGHTB 函数，它们的语法如下。

> LEFTB(text, num_bytes)
>
> RIGHTB(text, num_bytes)

也就是说，不是由字符数，而是由字节数指定要由 LEFTB 和 RIGHTB 函数提取的字符数量。

（2）返回中间字符——MID 和 MIDB 函数

MID 函数返回从文本字符串中指定位置开始的指定数量的字符，而 MIDB 函数则根据指定的字节数，返回文本字符串中指定位置开始的指定数量的字符，这两个函数的使用方法完全相同，其语法格式如下。

> MID(text, start_mum, num_chars)
>
> MIDB(text, start_mum, num_bytes)

其中：

text——要提取字符的文本字符串；

start_mum——文本中要提取的第一个字符的位置（文本中第一个字符为 1，以此类推）；

num_chars——指定希望 MID 函数从文本中返回字符的个数；

num_bytes——指定希望 MIDB 函数从文本中按字节返回字符的个数。

MID 和 MIDB 函数的应用效果如图 4-47 所示。

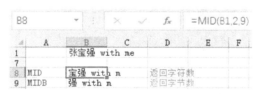

图 4-47　MID 和 MIDB 函数的效果

（3）重复显示文本——REPT 函数

REPT 函数按指定次数重复显示文本，可以通过它来不断重复显示某一文本字符串，以此来填充单元格，其语法格式如下。

> REPT(text, number_times)

其中：

text——需要重复显示的文本；

number_times——指定文本重复次数的正数。

REPT 函数的应用效果如图 4-48 所示。

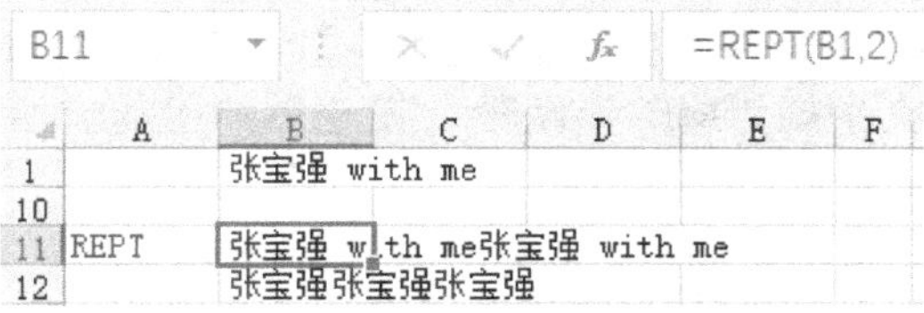

图 4-48　REPT 函数的效果

特别说明：如果 REPT 函数的 number_times 参数为 0，则返回空文本；如果 number_times

参数不是整数，则将按小数点前的整数进行计算（即不会四舍五入），且 REPT 函数的结果不能大于 32 767 个字符。

（4）显示文本——T 函数

T 函数用于返回单元格的文本值，其语法格式如下。

   T(value)

其中：value 是要进行检测的值，如果值是文本或引用了文本，则 T 将返回值，如果值未引用文本，则 T 将返回空文本。T 函数的应用效果如图 4-49 所示。

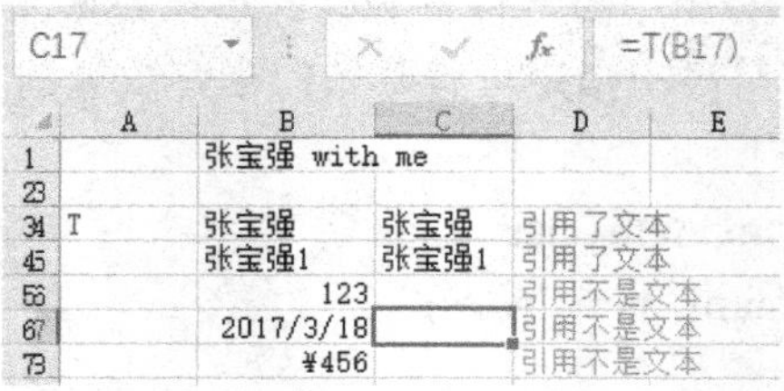

图 4-49 T 函数的效果

（5）文本函数案例 3——利用文本函数返回字符

请通过数据表中客户的身份证号码，显示客户的生日。原始数据如图 4-50 所示。

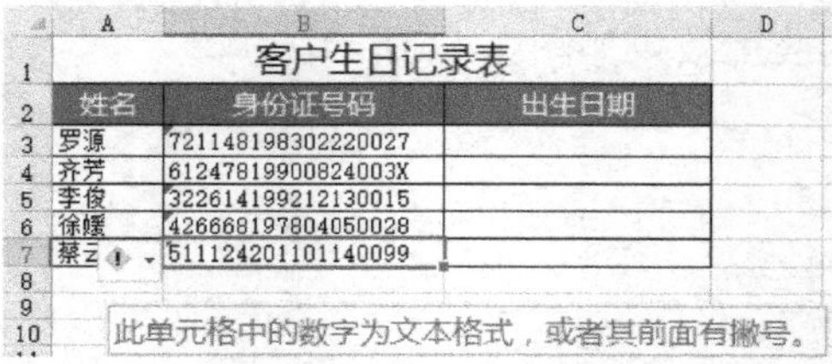

图 4-50 客户生日记录表原始数据

特别说明：录入身份证号码前应先为 B3:B7 单元格设置单元格格式为文本，否则 Excel 会将 11 位的数字当做数值看待，这会超过单元格显示能力，Excel 会自动将其升级为科学记数法（如将身份证号 510702196501280513 记为 $5.10702*10^{17}$，在单元格中显示为"5.10702E+17"，并且在编辑栏中也只显示为 510702196501280000，即把后 4 位全变成 0，这个改变是不可逆的，也就是说，现在无论是复制单元格中的数字还是编辑栏中的数字，都不会再把后 4 位的正确数字还原）。

另外，请注意 B3:B7 区域中，除了 B4 单元格以外，其他单元格都带有提示符号，提示这是以文本形式存储的数字，但 B4 单元格没有这个提示，是因为其中有一个非数字字符，Excel 本身就已把它当做文本来存储了，所以即使不把单元格设置为文本形式也能输入。

① 选择 C3 单元格，单击"公式"→"函数库"→"插入函数"按钮，在"插入函数"对话框中选择"文本"类中的"MID"函数，在随后弹出的"函数参数"对话框中输入 =MID(B3,7,4)，如图 4-51 所示。

② 继续选择 C3 单元格，在编辑栏右侧继续输入以下内容：

   & "年" & MID(B3,11,2) & "月" & MID(B3,13,2) & "日"

③ 将公式填充到 C4:C7 单元格中，最后结果如图 4-52 所示。

图 4-51　客户生日记录表 MID 函数参数设置

图 4-52　客户生日记录表计算结果

4.2.2　逻辑函数

逻辑函数用于设计判断式，帮助用户判断某个条件是否成立，也可以控制符合某种条件时要执行哪些运算或操作。

（1）IF 函数及其嵌套——条件判断

语法格式：

IF (logical_test, value_if_true, value_if_false)

其中：

logical_test——条件表达式；

value_if_true——条件为真时的操作；

value_if_false——条件为假时的操作。

IF 函数的使用效果如图 4-53 所示。

I3	▼	=IF(G3<60,"不合格",IF(G3<80,"合格","优"))

	A	B	C	D	E	F	G	H	I
1	员工编号	姓名	所在部门	Excel应用	商务英语	市场营销	平均	总评	等级
2	1001	冯秀娟	人事部	77	98	90	88.3	通过	优
3	1002	张楠楠	财务部	81	89	72	80.7	通过	优
4	1003	贾淑媛	采购部	52	48	75	58.3	重修	不合格
5	1004	张 伟	销售部	78	74	88	80.0	通过	优
6	1005	李阿才	人事部	54	47	67	56.0	重修	不合格
7	1006	卞诚俊	销售部	67	70	94	77.0	通过	合格
8	1007	贾 锐	采购部	74	72	73	73.0	通过	合格
9	1008	司方方	销售部	48	51	63	54.0	重修	不合格
10	1009	胡维红	销售部	65	68	79	70.7	通过	合格

图 4-53　IF 函数嵌套

（2）AND 函数——条件全部成立

语法格式：

AND (logical1, logical2, ⋯)

其中：logical1, logical2, ⋯为逻辑判断表达式。

AND 函数的使用效果如图 4-54 所示。

| G2 ▾ | | =IF(AND(D2>=70,E2>=70),"达标","不达标") | | | | | | |

	A	B	C	D	E	F	G	H
1	员工编号	姓名	所在部门	Excel应用	商务英语	市场营销	报考资格	
2	1001	冯秀娟	人事部	77	98	90	达标	
3	1002	张楠楠	财务部	81	89	72	达标	
4	1003	贾淑媛	采购部	52	48	75	不达标	
5	1004	张 伟	销售部	78	74	88	达标	
6	1005	李阿才	人事部	54	47	67	不达标	
7	1006	卞诚俊	销售部	67	70	94	不达标	
8	1007	贾 锐	采购部	74	72	73	达标	
9	1008	司方方	销售部	48	51	63	不达标	
10	1009	胡维红	销售部	65	68	79	不达标	

图 4-54　AND 函数

（3）OR 函数——条件之一成立

语法格式：

OR (logical1, logical2, ⋯)

其中：logical1, logical2, ⋯为逻辑判断表达式。

OR 函数的使用效果如图 4-55 所示。

| G2 ▾ | =IF(OR(D2<60,E2<60,F2<60),"需重修","结业") | | | | | | | |

	A	B	C	D	E	F	G	H
1	员工编号	姓名	所在部门	Excel应用	商务英语	市场营销	结论	
2	1001	冯秀娟	人事部	77	98	90	结业	
3	1002	张楠楠	财务部	81	89	72	结业	
4	1003	贾淑媛	采购部	52	48	75	需重修	
5	1004	张 伟	销售部	78	74	88	结业	
6	1005	李阿才	人事部	54	78	67	需重修	
7	1006	卞诚俊	销售部	67	70	94	结业	
8	1007	贾 锐	采购部	74	72	73	结业	
9	1008	司方方	销售部	48	51	63	需重修	
10	1009	胡维红	销售部	65	68	79	结业	

图 4-55　OR 函数

（4）NOT 函数——转换逻辑值

对参数值的逻辑值求反。当要确保一个值不等于某一特定值时，可以使用 NOT 函数。这是一个单目运算函数，语法格式如下。

NOT (logical)

其中：logical 为逻辑判断表达式，必需。

（5）逻辑函数课堂练习 1——统计招聘考试成绩

统计员工招聘考试成绩，主要涉及 AND 函数和 NOT 函数的使用，原始数据如图 4-56 所示。

① 在 E3 单元格中插入 AND 函数并嵌套在 IF 函数内：

=IF(AND(B3>60,C3>70,D3>75),"是","否")

将公式填充到 E4:E9 单元格中。

	A	B	C	D	E	F
1	员工招聘成绩（笔试）					
2	姓名	专业技术	交流	性格	是否合格	是否加试
3	刘文龙	82	29	95		
4	乔峰	75	88	85		
5	汤修业	58	67	76		
6	刘松	90	88	90		
7	李波	92	90	92		
8	张明	50	75	66		
9	王慧	86	82	98		

图 4–56　员工招聘成绩原始数据

② 在 F3 单元格中插入 NOT 函数并嵌套在 IF 函数内：

=IF(NOT(E3="否"),"不必","可以安排")

该公式可理解如下：如果（“E3”不为“否”）这个条件为“真”，则执行“不必”，否则执行“可以安排”。

将公式填充到 F4:F9 单元格中，结果如图 4-57 所示。

	A	B	C	D	E	F
1	员工招聘成绩（笔试）					
2	姓名	专业技术	交流	性格	是否合格	是否加试
3	刘文龙	82	29	95	否	可以安排
4	乔峰	75	88	85	是	不必
5	汤修业	58	67	76	否	可以安排
6	刘松	90	88	90	是	不必
7	李波	92	90	92	是	不必
8	张明	50	75	66	否	可以安排
9	王慧	86	82	98	是	不必

这里有点多事，“E4=否”是“真”，再NOT一次，又为“假”了

图 4–57　员工招聘成绩计算结果

当然，仅从本例来看，F3 单元格的公式完全可以写成

=IF(E3="否","可以安排","不必")

其效果是完全一样的，但用 NOT 函数重在表达其不为“否”时的操作，特别是当这个“否”是由某种表达式得出的结果时，这个用处就更为明显了。

（6）直接返回逻辑值——TRUE 和 FALSE 函数

这两个函数都没有参数，可以直接在单元格或公式中输入文本 TRUE 或 FALSE，Excel 会将它解释成逻辑值 TRUE 或 FALSE。该函数主要用于检查与其他电子表格程序的兼容性。例如：

=TRUE()	TRUE
=6=6	TRUE
=6>8	FALSE

下面使用 TRUE 和 FALSE 函数以及 AND、IF 函数判断考勤表，原始文件如图 4-58 所示。

在 E3 单元格中输入以下函数公式：

=IF(AND(B3=0,C3=0,D3=0),TRUE(),FALSE())

最终效果如图 4-59 所示。

| E3 ▼ | =IF(AND(B3=0,C3=0,D3=0),TRUE(),FALSE()) |

员工考勤表

姓名	迟到	早退	事假	是否全勤
周明	0	0	0	
李波	1	0	0	
刘莎莎	0	0	0	
郑凌莉	0	2	0	
孙淑义	2	0	0	
钱文彦	1	0	2	

图 4-58　员工考勤表原始数据

员工考勤表

姓名	迟到	早退	事假	是否全勤
周明	0	0	0	TRUE
李波	1	0	0	FALSE
刘莎莎	0	0	0	TRUE
郑凌莉	0	2	0	FALSE
孙淑义	2	0	0	FALSE
钱文彦	1	0	2	FALSE

图 4-59　员工考勤表最终结果

（7）处理函数中的错误——IFERROR 函数

IFERROR 函数用来捕获和处理公式中的错误，它将对某一表达式进行计算，并且如果该表达式错误，则返回错误指定值，否则将返回该表达式自身计算的值。其语法格式如下。

IFERROR (value, value_if_error)

其中：

Value——需要检测是否存在错误的参数；

value_if_error——公式计算出错时返回的值。

计算得到的错误类型有#N/A、#VALUE!、#REF!、#DIV/0!、#NUM!、#NAME?、#NULL!等。

如果 value 或 value_if_error 是空单元格，则 IFERROR 将视其为空字符串值。如果 value 是数组公式，则 IFERROR 为 value 指定区域的每个单元格返回一个结果数组。IFERROR 函数基于 IF 函数并且使用相同的错误消息，但具有较少的参数。

例如，有以下销售明细表，使用 IFERROR 函数分析其中的错误，原始数据如图 4-60 所示。

此题中，计算实际单价应该是 E 列除以 C 列，如果那样，F2 单元格将出现#DIV/0!错误，但使用 IFERROR 函数时，可以自定义这个错误的提示内容，如图 4-61 所示。

销售明细表

产品型号	计划单价	销售量	折扣率	营业收入	实际单价
A产品	78.25	2535	0.98	198363.75	
B产品	83	0	0.9		
C产品	74	3000	0.93	222000	

图 4-60　销售明细表原始数据

| F3 ▼ | =IFERROR(E3/C3,"老大，结果不太对劲呢") |

销售明细表

产品型号	计划单价	销售量	折扣率	营业收入	实际单价
A产品	78.25	2535	0.98	198363.75	78.
B产品	83	0	0.9	0	老大，结果不太对劲
C产品	74	3000	0.93	222000	

图 4-61　销售明细表自定义的错误提示

4.2.3　统计函数

（1）COUNTA 函数——计数非空单元格

语法格式：

COUNTA(value1, value2, …)

其中：value1, value2, …为 1～255 个参数，代表要进行计算的值和单元格。值可以是任意类型的信息。

COUNTA 函数的使用效果如图 4-62 所示。

B14 =COUNTA(B3:B13)

	A	B	C	D	E
1		学习机功能对比表			
2	功能项目	哈雷族	快译通	爱你通	巨无敌
3	英汉字典	★	★	★	★
4	汉英字典	★	★		
5	俄汉字典		★	★	
6	真人发音	★	★	★	★
7	电脑连接		★	★	
8	闹钟提醒	★	★	★	★
9	万年历				★
10	汇率换算			★	
11	智力测验		★	★	
12	电子游戏	★	★		★
13	星座命理		★		
14	总得分	5	9	7	5

图 4–62　COUNTA 函数的效果

（2）COUNTIF 函数——计数满足条件的单元格

语法格式：

COUNTIF (range, criteria)

其中：

Range——为计算、筛选条件的单元格区域；

Criteria——为筛选的条件或规则。

COUNTIF 函数的使用效果如图 4-63 所示。

C13 =COUNTIF(C2:C11,">=60")

	A	B	C	D	E
1	学号	姓名	笔试成绩	口试成绩	
2	100501	冯秀娟	70	94	
3	100502	张楠楠	56	73	
4	100503	贾淑媛	65	58	
5	100504	张　伟	68	79	
6	100505	李阿才	71	75	
7	100506	卞诚俊	48	59	
8	100507	贾　锐	56	58	
9	100508	司方方	51	64	
10	100509	胡继红	73	93	
11	100510	范　玮	89	90	
12					
13	笔试及格人数:		6		
14	笔试不及格人数:		4		
15	口试及格人数:				
16	口试不及格人数:				

图 4–63　COUNTIF 函数的效果

（3）FREQUENCY 函数——计算符合区间的函数

FREQUENCY 函数可用来计算一个单元区间中，各区间数值所出现的次数，如找出学生平均成绩在 60 分以下的、60～90 分的、90 分以上的人数。使用该函数时，必须分别指定数据区域以及区间分组范围，再以 Ctrl+Shift+Enter 组合键完成数组公式的输入。语法格式：

FREQUENCY (data_array, bins_array)

其中：

data_array——要计算出现次数的数据来源范围；

bins_array——数据区间分组的范围。

例如，要从员工培训成绩单中分别找出会计测试成绩在 70 分以下、70～79 分、80～89 分和 90 分以上的人数分别是多少。

① 在单元格 E3:E6 中建立要查找的数据的分组（注意：此处第 1 组并不是默认从 0 开始，而是从允许的最小值开始的，只不过本例中允许的最小值是 0 而已）。

② 选择 F3:F6 区域，插入 FREQUENCY 函数并输入参数，如图 4-64 所示。

图 4-64　FREQUENCY 函数参数设置

单击"确定"按钮后会发现，选中区域只有最上面的一个单元格，即 F3 单元格出现了计算结果，如图 4-65 所示。

此时如果直接按 Ctrl+Shift+Enter 组合键，并不会完成其他单元格的计算，要将光标移动到编辑栏后再按 Ctrl+Shift+Enter 组合键，才会完成计算。

当然，如果一开始选中 F3:F6 区域后就直接在编辑栏中手动输入函数，则可以直接按 Ctrl+Shift+Enter 组合键来完成计算，如图 4-66 所示。

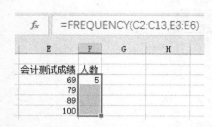

图 4-65　FREQUENCY 函数运算结果

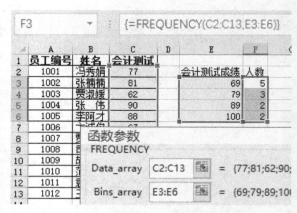

图 4-66　FREQUENCY 函数运算最终结果

4.2.4　查找与引用函数

1. 查找函数

查找函数主要用于在数据清单中查找特定的数值，或查找某个单元格引用。在 Excel

中，查找又分为水平查找、垂直查找、交叉查找等。

（1）LOOKUP 函数——查找数据

LOOKUP 函数又分为向量形式的查找和数组形式的查找。

① LOOKUP 函数的向量形式。

LOOKUP 函数的向量形式用于在单行区域（或单列区域）中查找数据，所以称为向量查找，然后返回第二个单行区域（或单列区域）中相同位置的数值。当要查找的值列表较大，或值可能随时发生改变时，可以使用这种形式，语法格式如下。

LOOKUP (lookup_value, lookup_vector, result_vector)

其中：

lookup_value——在第一个向量（即 1 行或 1 列）中要查找的值；

lookup_vector——第一个向量区域；

result_vector——第二个向量区域，其大小须与第一个向量区域相同。

特别说明：第一个向量区域中的值必须以升序放置，否则可能无法提供正确结果。另外，如果 LOOKUP 函数在第一个向量区域中找不到指定的值，将退而求其次，找出小于指定值中的最大值，即仅小于指定值的值。

LOOKUP 函数的向量形式的使用效果如图 4-67 所示。

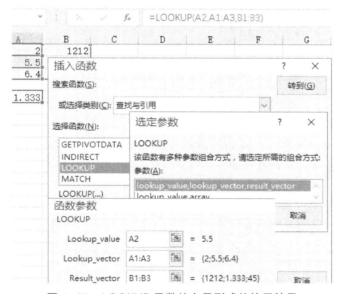

图 4-67　LOOKUP 函数的向量形式的使用效果

② LOOKUP 函数的数组形式。

LOOKUP 函数的数组形式在数组的第一行或第一列中查找指定的值，并返回数组最后一行或最后一列同一位置的值，其语法格式如下。

LOOKUP (lookup_value, array)

其中：

lookup_value——在数组中要搜索的值；

array——与 lookup_value 进行比较的数组。

在 LOOKUP 函数的数组形式中，如果找不到对应的值，那么会返回数组中小于或等于

lookup_value 的最大值，而如果 lookup_value 小于第一行或第一列中的最小值，则返回
"#N/A"。

什么时候会使用 LOOKUP 函数的数组形式呢？当要匹配的值位于数组的第一行或第
一列时。如果要匹配的值的行或列需要指定，则还是要使用 LOOKUP 函数的向量形式。如
此说来，LOOKUP 函数的数组形式只是 LOOKUP 函数的向量形式的一个特例，它只是将
LOOKUP 函数的向量形式中的参数"lookup_vector，即第一个向量区域"默认为第 1 行（或
第 1 列）而省略了，而将 LOOKUP 函数的向量形式中的参数"result_vector，即第二个向
量区域"合并到第一个向量区域并改为 array 参数而已。

LOOKUP 函数的数组形式的效果如图 4-68 所示。

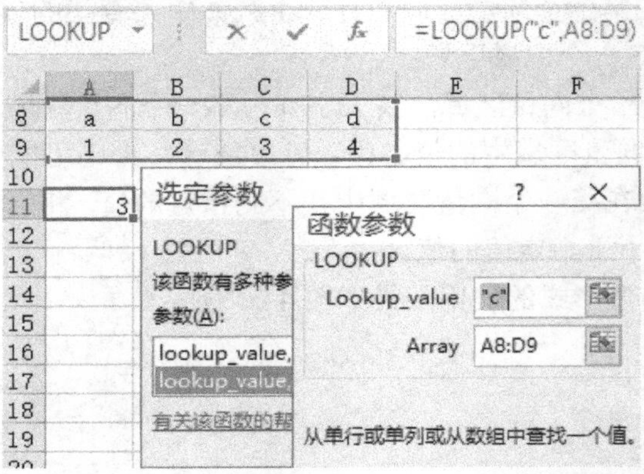

图 4-68　LOOKUP 函数的数组形式的使用效果

注意：选择 Array 参数时，要把包含查找字符的区域一起选中。

（2）VLOOKUP 函数——垂直查找

当员工培训成绩计算好后，开始将数据汇总到员工的个人成绩单中，如果逐一输入每
位员工的数据，费时费力又容易出错。此时，可使用 VLOOKUP 函数：在输入员工姓名后，
函数自动填充该员工的各科成绩。

VLOOKUP 函数可以查找指定列表范围中第 1 列的特定值，找到时，就返回该值在列
中指定单元格的值。其语法格式如下。

VLOOKUP (lookup_value, table_array, col_index_num, range_lookup)

其中：

lookup_value——需要在数据表首列搜索的值，可以是数值、引用或字符串；

table_array——需要在其中搜索数据的表，可以是对区域或区域名称的引用；

col_index_num——满足条件的单元格在数据区域 table_array 中的列序号，首列序号
为 1；

range_lookup——指定是大致匹配（为 TRUE 或忽略或任意非 0 值，包括小数和负数）
还是精确匹配（为 0 或 FLASE）。

例如，在如图 4-69 所示的区域的列表的第一列中输入"2"，如果查到就返回"2"所
在那一行中第 3 列的值，要求精确查找。

如果要查询的那一列中没有"2"，那么，模糊查询会返回仅比查找值"2"小的那个值
所对应的值，如图 4-70 所示。

A15 ▾		f_x	=VLOOKUP(2,A11:C13,3,0)		
	A	B	C	D	
10					
11	1	钢笔	8元		
12	2	橡皮	5元		
13	3	尺子	6元		
14					
15	5元				

图 4-69　VLOOKUP 函数的精确查找

A15 ▾		=VLOOKUP(2,A11:C13,3,-76.23)		
只要这里省略、或不为0或FALSE
就会返回仅比2小的值对应的值

	A	B	C	D	E
10					
11	1	钢笔	8元		
12	4	橡皮	5元		
13	7	尺子	6元		
14	10	小刀	3元		
15	8元				

图 4-70　VLOOKUP 函数的模糊查找

但如果使用了精确查找，就会返回出错信息，如图 4-71 所示。

又如，制作个人成绩单，原始表格如图 4-72 所示。

A15 ▾		=VLOOKUP(2,A11:C13,3,FALSE)		
此处在精确查找

	A	B	C	D
10				
11	1	钢笔	8元	
12	4	橡皮	5元	
13	7	尺子	6元	
14	10	小刀	3元	
15	#N/A			

图 4-71　VLOOKUP 函数的精确查找无结果提示

员工培训考试成绩一览表

姓名		组长签名	
Excel应用			
商务英语		建议事项	
市场营销			
广告学			
平均成绩			

图 4-72　个人成绩单原始表格

① 选择 C4 单元格，弹出 VLOOKUP 函数对话框。

② 在"函数参数"对话框中进行以下设置，如图 4-73 所示。

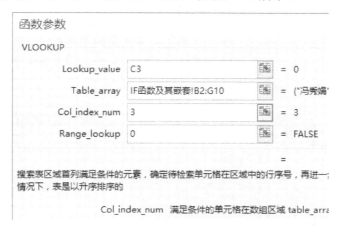

函数参数

VLOOKUP

Lookup_value	C3		= 0
Table_array	IF函数及其嵌套!B2:G10		= {"冯秀娟"
Col_index_num	3		= 3
Range_lookup	0		= FALSE
			=

搜索表区域首列满足条件的元素，确定待检索单元格在区域中的行序号，再进一情况下，表是以升序排序的

　　Col_index_num　满足条件的单元格在数组区域 table_arra

图 4-73　VLOOKUP 函数参数设置

说明：在"Lookup_value"中输入 C3，表示将在该单元格中输入要查找的学生姓名；在"Table_array"中输入引用单元格区域的位置，表明将来就从这个区域中查找数据；在"Col_index_num"中输入 3，表示要查找的"Excel 应用"这门课程的成绩在查找区域的第 3 列（原表中本来是第 4 列，但"Table_array"参数是从原表的第 2 列开始的），在"Range_lookup"中输入 0，表示要精确匹配。

③ 单击"确定"按钮后，在单元格 C4 中得到 VLOOKUP 函数的值，由于尚未在单元格 C3 中输入要查询的员工姓名，所以单元格 C4 中目前显示为"#N/A"，如图 4-74 所示。

在 C3 单元格中输入需要查看的员工姓名，即可查看该员工的"Excel 应用"的成绩。用同样的方法为其他几个单元格 C5、C6 和 C8 也建立 VLOOKUP 函数，其参数只有"Col_index_num"不同，其他参数都相同，"Col_index_num"根据在"Table_array"中的位置分别在第 4～6 列，最终结果如图 4-75 所示。

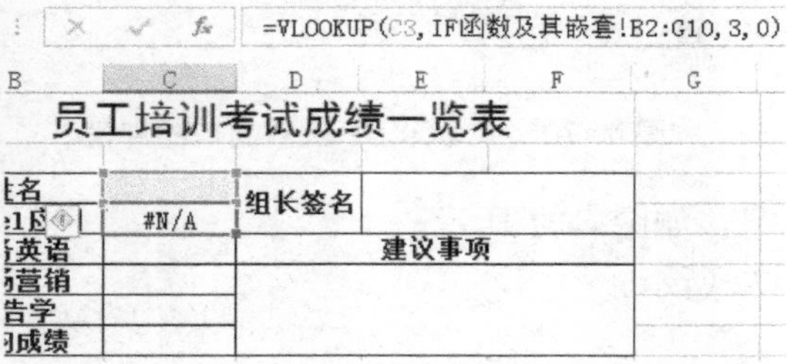

=VLOOKUP(C3,IF函数及其嵌套!B2:G10,3,0)	=VLOOKUP(C3,IF函数及其嵌套!B2:G10,5,0)

图 4-74　VLOOKUP 函数表达式输入 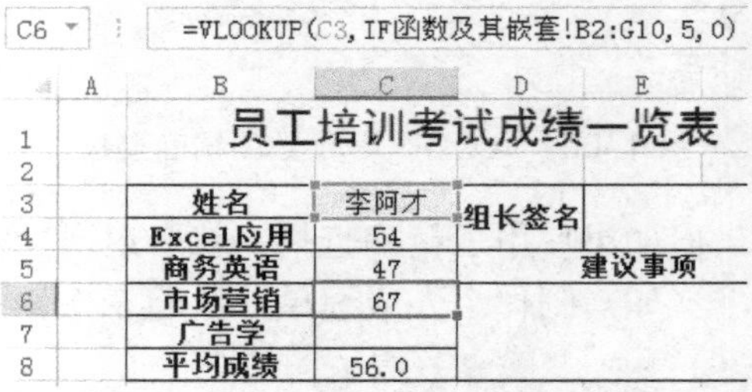　　图 4-75　VLOOKUP 函数生成成绩查询界面

（3）HLOOKUP 函数——水平查找

HLOOKUP 函数在列表的第 1 行查找特定值，找到后就返回那一行中某个单元格的值。其语法格式如下。

HLOOKUP (lookup_value, table_array, row_index_num, range_lookup)

其中：

lookup_value——需要在数据表首行搜索的值，可以是数值、引用或字符串；

table_array——数据列表的范围；

row_index_num——找到值时，返回该值所在列中第几行的数据；

range_lookup——逻辑值，此值为 0 时，需要精确匹配。

下面还是用一个实例来说明。设某公司的业务人员薪资根据业绩的高低而有所不同，并且已经建立起一份业务人员薪资绩效对照表，可以用来查询不同业绩的底薪与奖金，如图 4-76 所示。

	A	B	C	D	E	F
1	图新公司薪资奖金对照表					
2	推销业绩	0	500000	1000000	2000000	3000000
3	底薪	12000	16000	18000	20000	2200000
4	奖金率	0.00%	1.50%	2.00%	2.10%	2.20%
5						
6	部门	姓名	业绩	底薪	奖金	月薪
7	女装部	袁晓坤	1212000			
8	女装部	王爱民	2541000			
9	女装部	李佳斌	311000			
10	男装部	卞邺翔	499600			
11	男装部	张敏敏	1268500			
12	童装部	吴峻	500600			
13	童装部	王芳	800000			
14	童装部	王洪宽	934000			

图 4-76　HLOOKUP 函数查询收入原始界面

① 选择 D7 单元格，插入函数

=HLOOKUP(C7,$B$2:$F$4,2)

表明要在 B2:F4 列表区的第一行（即"推销业绩"行）中按 C7 单元格提供的条件进行模糊查找，即在两个单元格所显示的数据区间按最低的执行。C7 单元格中的数据显然在

D2～E2 中，应按 D2 执行，那么就以首行（在工作表中这是第 2 行）中的 D 列的第 2 行（即工作表的第 3 行）的数据（即 D3 中的值）返回给 D7 单元格，如图 4-77 所示。

② 拖动句柄，可完成对所有业务人员的底薪的计算，如图 4-78 所示。

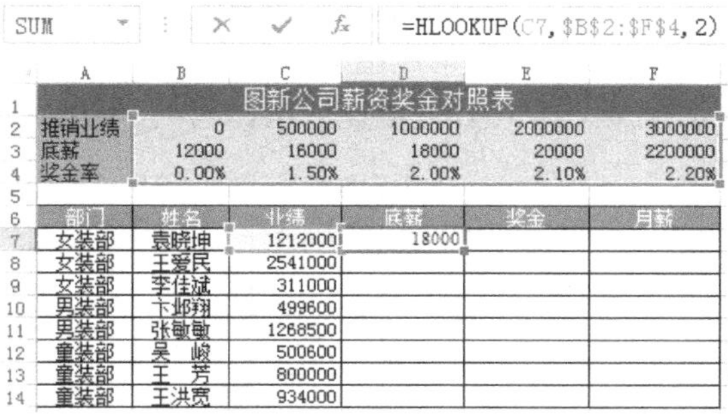

图 4-77　HLOOKUP 函数查询收入之　　　　图 4-78　HLOOKUP 函数查询收入之
　　　　　底薪表达式输入　　　　　　　　　　　　　底薪表达式填充

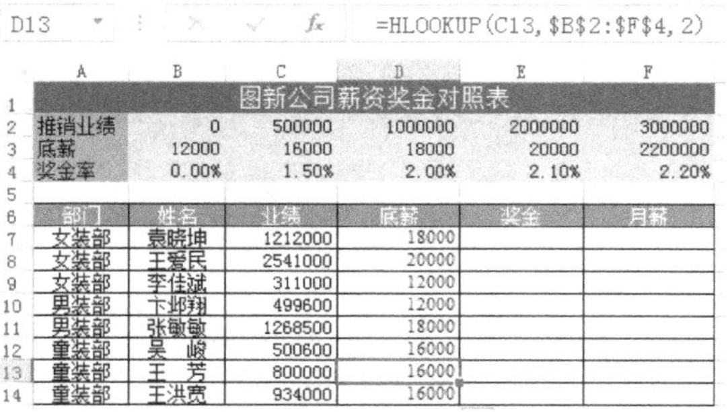

③ 计算奖金，也是同样的办法，但返回值是相应列的第 3 行，例如，仍以 C7 单元格查询，在 E7 单元格中输入：

=HLOOKUP(C7,$B$2:$F$4,3) * C7

得到奖金数为 24240。将公式填充到 E8:E14 中，如图 4-79 所示。

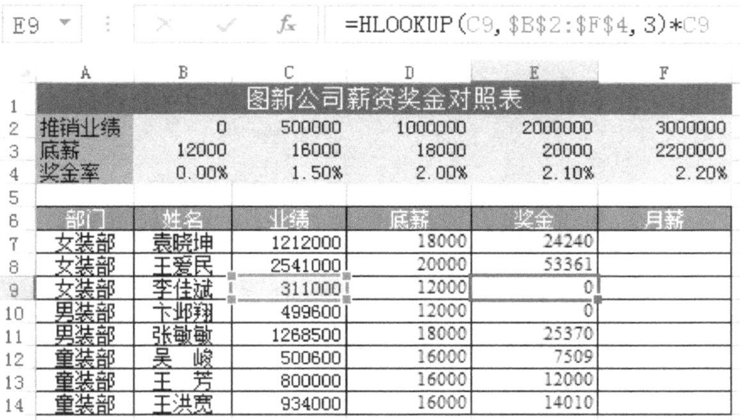

图 4-79　HLOOKUP 函数查询收入之奖金表达式输入

④ 将底薪和奖金加起来，就是该员工的月薪。

（4）MATCH 函数——查找位置

MATCH 函数用来对比一个数组中内容相符的单元格位置，即返回数值中符合条件的单元格内容，其语法格式如下。

=MATCH (lookup_value, lookup_array, [match_type])

其中：

lookup_value——在列表中要找的值；

lookup_array——列表区域；

match_type——指定对比的方式，有-1、0、1 三种值，为 0 时，表示数组不用排序就能找到完全相同的值；为 1（默认）时，表示数组会以升序排列，再找到等于或仅小于 lookup_value 的最大值；为-1 时，表示数组会以降序排列，再找到等于或仅大于 lookup_value 的最小值。

例如，用户去邮局送信件时，为了要快速查询从寄送地到目的地的邮资，就可以利用 MATCH 和 INDEX 函数设计简便的查询公式。邮资规定的清单如图 4-80 所示（其中，行表示距离，列表示类型。另外，这应该不是快递包裹，否则会有重量的指标）。

	A	B	C	D	E	F	G	H
1	信函/计费标准	<20	21-50	51-100	101-250	251-500	501-1000	1001-2000
2	普通	5	10	15	25	45	80	120
3	限时	12	17	22	32	52	87	137
4	挂号	25	30	35	45	65	100	150
5	限挂	32	37	42	52	72	107	157
6	挂号附回执	34	39	44	54	74	107	159
7	限挂附回执	41	46	51	61	81	116	166

图 4-80　邮资查询原始数据

① 在单元格 B10 中输入 MATCH 函数，如图 4-81 所示。

该函数公式表示将要在 A1:A7 区域中查找到精确匹配 A10 单元格内容的单元格，这其实就是在以 A10 单元格中的内容为 A1:A7 区域（列字段）中查找的条件。

② 在 B11 单元格中输入 MATCH 函数，如图 4-82 所示。

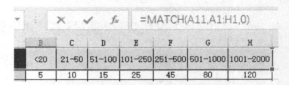

图 4-81　MATCH 函数参数设置　　　　图 4-82　MATCH 函数表达式输入

这一步是要在 A1:H1 区域中查找到精确匹配 A11 单元格内容的单元格，这其实就是在以 A11 单元格中的内容为 A1:H1 区域（即行字段）中查找的条件。

这样，通过以上两步，就设置了在行、列两个方向上的查找要求。

③ 在 B12 单元格中建立前述的 INDEX 函数，如图 4-83 所示。

也就是说，在 A1:H7 这个区域（也就是整个数据区域）中，查找以 B10 单元格的内容为名称的行字段、以 B11 单元格的内容为名称的列字段，所共同决定的那个单元格的值。

例如，想查询 250～500 千米内挂号信的邮资，先在 A10 单元格中输入"挂号"两字，B10 单元格立即显示出"4"，表示"挂号"的资费都在第 4 行；然后在 A11 单元格中输入"251—500"，B11 单元格立即显示出"6"，表示"251～500"千米内的各类资费都在第 6 列中。与此同时，由于行、列值都出现了，所以 B12 单元格中的 INDEX 函数也立即给出了结果，说明第 4 行与第 6 列交叉处的数值是 65，意思就是"在 251～500 千米内寄挂号的邮资是 65 元"，如图 4-84 所示。

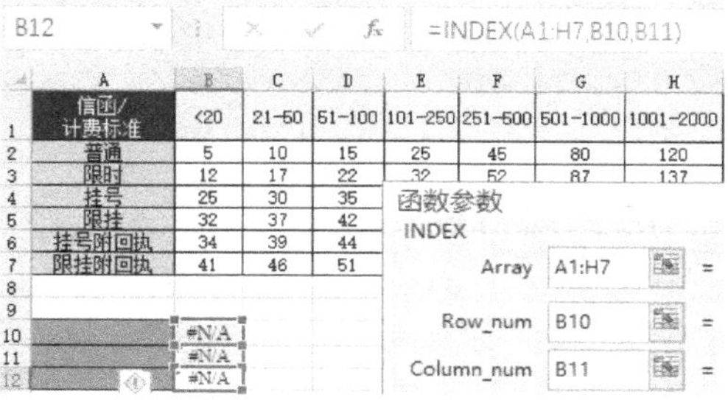

图 4-83　INDEX 函数表达式输入 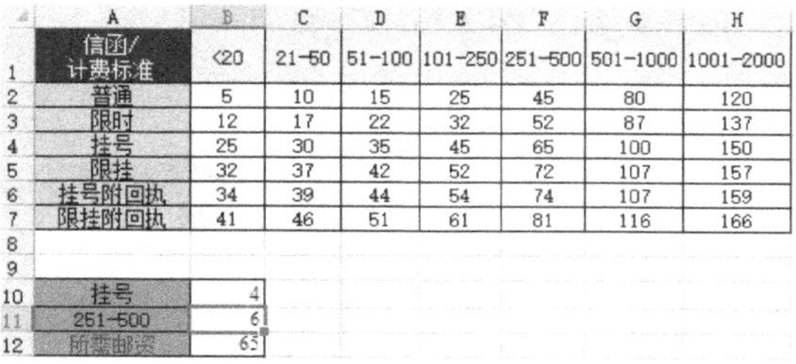　　　　　图 4-84　MATCH 函数结果

当然，A12 单元格中的"所需邮资"是手工填写的，可不要。

（5）CHOOSE 函数——在列表中选择值

CHOOSE 函数是根据给定的索引值，从参数列表中选出相应的值或操作，语法格式如下。

CHOOSE (index_num, value1, value2, …)

其中：

index_num——指定的参数值，它必须是 1～254 中的数字，或者是值为 1～254 的公式或单元格引用；

value1、value2、…——表示待选数据，其数量是可选的，为 1～254 个数值参数，可以为数字、单元格引用、定义名称、公式、函数或文本。

CHOOSE 函数可以返回多达 254 个基于"index_num"待选数值中的任意一个值，如果"index_num"为 1，CHOOSE 函数将返回 value1；如果"index_num"为 2，CHOOSE 函数将返回 value2，以此类推。如果"index_num"参数为数组，则将计算出每一个值。

如果"index_num"指定返回的正好是单元格区域，得到的结果与公式的输入方式及选择存放结果的单元格数量有关，其中输入方式的含义如下。

用常规方式输入：如果 CHOOSE 函数的"index_num"参数指定的 value 是对单列单元格区域的引用，将返回该列单元区域最上面的一个单元格中的数据；如果 CHOOSE 函数的"index_num"参数指定的 value 是对多列单元格区域的引用，将返回错误值"#VALUE!"。

用数组方式输入：如果 CHOOSE 函数的"index_num"参数指定的 value 是对多列单元格区域的引用，但只选择了一个单元格存放结果，则按 Ctrl+Shift+Enter 组合键将得到该区域的第一个数据，如果选择了多个单元格存放结果时，以数组公式输入将得到对应单元格的数组。

CHOOSE 函数的使用效果如图 4-85 所示。

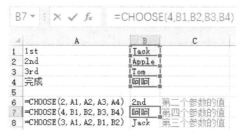

图 4-85　CHOOSE 函数结果

（6）查找与引用函数案例 1——查询员工信息

原始数据如图 4-86 所示。

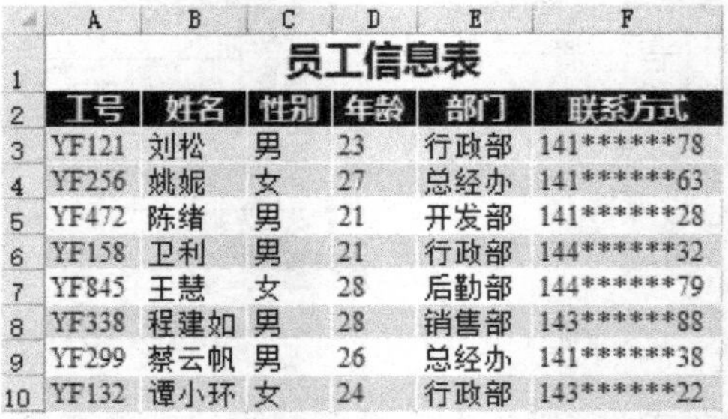

工号	姓名	性别	年龄	部门	联系方式
YF121	刘松	男	23	行政部	141******78
YF256	姚妮	女	27	总经办	141******63
YF472	陈绪	男	21	开发部	141******28
YF158	卫利	男	21	行政部	144******32
YF845	王慧	女	28	后勤部	144******79
YF338	程建如	男	28	销售部	143******88
YF299	蔡云帆	男	26	总经办	141******38
YF132	谭小环	女	24	行政部	143******22

图 4-86 查询员工信息原始数据

首先，对工作表进行如下操作，如图 4-87 所示。

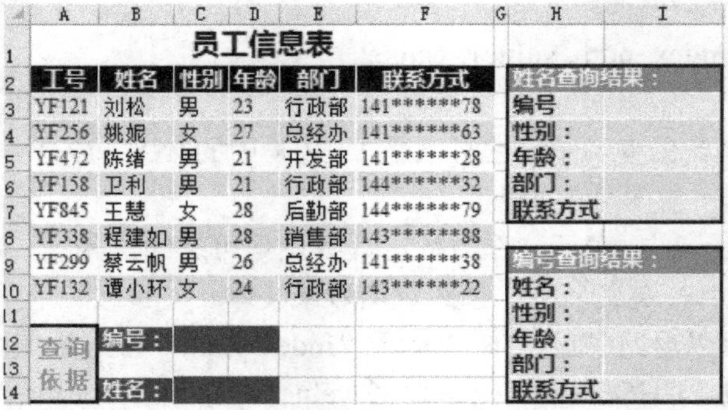

图 4-87　查询员工信息工作表编号

其次，在“编号查询结果”部分插入 VLOOKUP 函数，如图 4-88 所示。

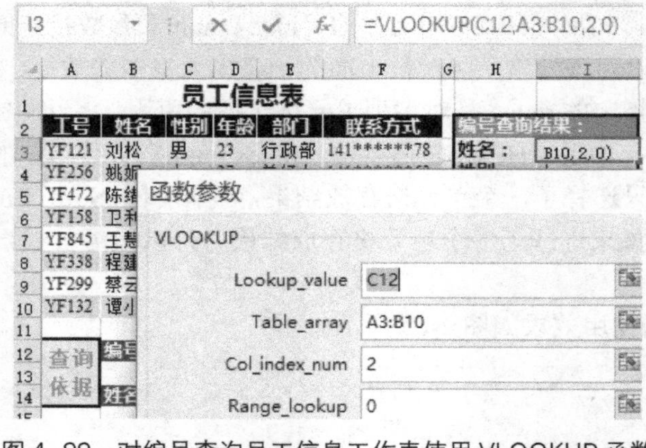

图 4-88　对编号查询员工信息工作表使用 VLOOKUP 函数

最后，对“姓名查询结果”部分也进行类似设置，如图 4-89 所示。但这里有两个问题，一个是在姓名查询中，“编号”部分怎么设置都显示最后一个！原因在哪里？因为 VLOOKUP 和 HLOOKUP 函数都要求查找的值必须在首行或首列！另外，在编号查询中，使用模糊查找后得不到正确的值，是因为编号没有按升序排列。

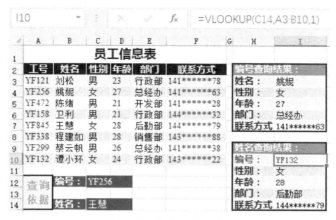

图 4-89　对姓名查询员工信息工作表使用 VLOOKUP 函数

2. 引用函数

在计算比较复杂的数据时，若直接引用数据，可能会需要不断地进行相应的转换，使用引用函数则只需要更改参数值，从而提高效率。引用函数是在数据库或工作表中查找某个单元格引用的函数。

（1）ADDRESS 函数——显示引用地

ADDRESS 函数指创建一个以文本方式对工作簿中某一个单元格的引用，语法格式如下。

ADDRESS (row_num, column_num, abs_num, a1, sheet_text)

其中：

row_num——单元格引用中使用的行号；

column_num——单元格引用中使用的列标；

abs_num——指定返回的引用类型；

a1——指定引用的逻辑类型，值为 TRUE 或默认为 A1 样式，值为 FALSE 时为 R1C1 样式；

sheet_text——引用的工作表名称，缺省则不使用任何工作表名。

上述五个参数中，后面三个参数都可以省略。

参数 abs_num 的取值含义见表 4-1。

表 4-1　ADDRESS 函数中 abs_num 参数的取值含义

参数 abs_num	返回的引用类型	示　　例
1 或默认	绝对引用	$A$1，R1C1
2	混合引用（固定行号）	A$1，R1C[1]
3	混合引用（固定列标）	$A1，R[1]C1
4	相对引用	A1，R[1]C[1]

例如，函数为"=ADDRESS(3,2)"，返回的结果会是第 3 行第 2 列的单元格绝对引用地址，而如果函数为"=ADDRESS(3,2,3,FALSE)"，则返回的结果会是该单元格的 R1C1 格式的混合引用地址，其中行号是相对的。如图 4-90 所示为 ADDRESS 函数的使用效果。

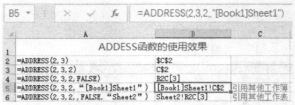

图 4-90　ADDRESS 函数的使用效果

（2）COLUMN、ROW 函数——返回引用的列标、行号

COLUMN、ROW 函数分别用于返回引用的列标和行号，语法格式如下。

> COLUMN (reference)
>
> ROW (reference)

其中：reference 为需要得到其列标（或行号）的单元格。

在使用 COLUMN 函数和 ROW 函数时，其 reference 参数可以引用单元格，但不能引用多个区域，当引用的是单元格区域时，将返回引用区域第一个单元格的列标（或行号）。

COLUMN 函数和 ROW 函数的应用效果如图 4-91 所示。

图 4-91　COLUMN 函数和 ROW 函数的使用效果

（3）COLUMNS、ROWS 函数——返回引用的列数、行数

COLUMNS、ROWS 函数分别用于返回引用的列数和行数，语法格式如下。

> COLUMN (array)
>
> ROW (array)

其中：array 为需要得到其列数（或行数）的数组、数组公式或对单元格区域的引用。COLUMNS、ROWS 函数的使用方法与 COLUMN、ROW 函数的使用方法相同，其使用效果如图 4-92 所示。

图 4-92　COLUMNS 函数和 ROWS 函数的使用效果

（4）AREAS 函数——返回区域数量

AREAS 函数可以返回引用中涉及的区域个数，语法格式如下。

> AREAS (reference)

其中：reference 表示对某个单元格区域的引用，也可以是对多个区域的引用。如果 reference 参数需要将几个引用指定为一个参数，则必须用括号括起来，否则 Excel 将提示输入太多的参数。

AREAS 函数的使用效果如图 4-93 所示。

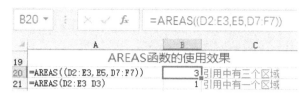

图 4-93　AREAS 函数的使用效果

（5）INDEX 函数——返回指定行列交叉值（交叉查找）

INDEX 函数分为数组型和引用型两种形式。

① INDEX 函数的数组形式。

INDEX 函数的数组形式会在数组中找到指定的行列交叉处的单元格内容并将其返回，其表达式为

=INDEX (array, row_num, [column_num])

其中：

array——单元格区域或数组常量；

row_num——选择数组中的某行，函数从该行返回数值；

column_num——选择数组中的某列，函数从该列返回数值。

INDEX 函数的数组形式的应用效果如图 4-94 所示。

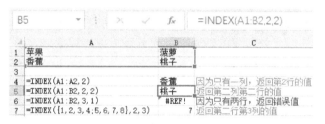

图 4-94　INDEX 函数的数组形式的使用效果

提示：以数组形式输入 INDEX 函数的各参数时，如果数组有多行，将 column_num 参数设置为 0，则将返回数组中的整行；如果数组有多列，将 row_num 参数设置为 0，则将返回数组中的整列；如果数组有多行和多列，将上述两个参数均设置为 0，则可返回整个数组。

② INDEX 函数的引用形式。

INDEX 函数的引用形式也用于返回列表和数组中的指定值，但通常返回的是引用，其表达式为

INDEX (reference, row_num, column_num, [area_num])

其中：

reference——表示对一个或多个单元格区域的引用；

row_num——引用中的行序号；

column_num——引用中的列序号；

area_num——当 reference 有多个引用区域时，用于指定从其中某个引用区域返回指定值。该参数如果默认，则返回第 1 个引用区域。

在该函数中，如果 reference 参数需要将几个引用指定为一个参数，则必须用括号括起来，第一个区域序号为 1，第二个区域序号为 2，以此类推。例如，函数 "=INDEX((A1:C5, A6:C11),1,2,2)" 中，最后一个参数 2 表示计算其第 2 个区域中的第 2 个区域，中间的两个参数表示要求第 2 个区域中第 1 行第 2 列的值，因此最终返回的是 B6 单元格的值。

INDEX 函数的引用形式的应用效果如图 4-95 所示。

图 4-95　INDEX 函数的引用形式的使用效果

下面是 INDEX 函数的一个实例。

例如，根据起止站查出票价：要在票价表中查出起始站到终止站的票价，就可以利用 INDEX 函数，如图 4-96 所示。

注意，这里的行数和列数都是从用户选择的区域中开始计数的，如同样是选择"沧州到新沂"，如果选择区域不同，则行、列也必须不同，如图 4-97 所示。

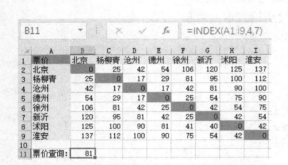

图 4-96　INDEX 函数的一个实例

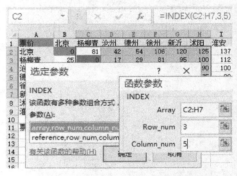

图 4-97　INDEX 函数的一个实例（修改）

（6）INDIRECT 函数——返回引用地

INDIRECT 函数用于返回由文本字符串指定的引用，并立即对引用进行计算，显示其内容，其语法格式如下。

INDIRECT (ref_text, a1)

其中：

ref_text——表示对单元格的引用，如果 ref_text 是对另一个工作簿数据的引用，则该工作簿必须打开，否则将返回 "#REF!"；

a1——输入为逻辑值，表示指定返回的引用样式，其值为 TRUE 或默认时，使用 A1 样式，为 FALSE 时，使用 R1C1 样式。

INDIRECT 函数的应用效果如图 4-98 所示。

（7）OFFSET 函数——偏移引用位置

OFFSET 函数能够以指定的引用为参照系，通过给定的偏移量得到新的引用，语法格式如下。

图 4-98　INDIRECT 函数的应用效果

OFFSET (reference, rows, cols, height, width)

其中：

reference——表示作为偏移量参照系的引用区域；

rows——表示相对偏移量参照系左上角的单元格上下偏移的行数，其中向下为正，向上为负；

cols——表示相对偏移量参照系左上角的单元格左右偏移的列数，其中向右为正，向左为负；

height——表示返回引用区域的行数；

width——表示返回引用区域的列数。

OFFSET 函数的应用效果如图 4-99 所示。

图 4-99　OFFSET 函数的应用效果

（8）HYPERLINK 函数——快速跳转

HYPERLINK 函数可以为存储在网络服务器、Internet 或主机中的文件创建一个超链接，语法格式如下。

HYPERLINK (link_location, friendly_name)

其中：

link_location——文档路径和文件名，可以是存储在本地、远程的文件，也可以是指向文档中的某个锚点（此时应使用#）；

friendly_name——表示单元格中显示的跳转文本值或数字值，格式为蓝色带下划线，如默认，则将以 link_location 显示为跳转文本。

HYPERLINK 函数的效果如图 4-100 所示。

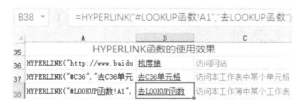

图 4-100　HYPERLINK 函数的应用效果

133

3．高级查找函数

（1）读取实时数据——RTD 函数

RTD 函数可用于从支持 COM 自动化的程序中检索出实时数据并显示出来，语法格式如下。

RTD (ProgID, server, topic1, topic2,…)

其中：

ProgID——表示已安装在本地、经过注册的 COM 自动化的 ProgID 名称，该名称必须用引号括起来；

server——运行加载宏的服务器的名称，该名称同样要使用引号，如果没有服务器，程序在本地运行，那么该参数为空；

topic1、topic2、…——为 1～253 个参数，这些参数放在一起代表一个唯一的实时数据。

在本地计算机上创建并注册 RTD COM 自动化加载宏，如果未安装实时数据服务器，则在试图使用 RTD 函数时将在单元格中出现一条错误提示。如果服务器继续更新结果，那么与其他函数不同，RTD 公式将在 Excel 处于自动计算模式时进行更改。

（2）提取函数——GETPIVOTDATA 函数

GETPIVOTDATA 函数可以返回存储在数据透视表中的数据，如果报表中的汇总数据可见，GETPIVOTDATA 函数就可以从中检索汇总数据，语法格式如下。

GETPIVOTDATA (data_field, pivot_table, field1, item1, field2, item2,…)

其中：

data_field——包含要检索的数据的数据字段的名称，用引号括起来；

pivot_table——在数据表中对任何单元格、单元格区域或定义的单元格区域的引用，该信息用于决定哪个数据透视表包含要检索的数据；

field1、item1、field2、item2、…——为 1～126 对用于描述要检索的数据的字段名和项名称，能够以任何次序排列，字段名和项名称必须要用引号引起来。

GETPIVOTDATA 函数主要用于提取存储在数据透视表中的数据，在输入函数时，同样可以使用引用单元格的方式输入，该函数的计算中可以包含计算字段、计算项以及自定义计算方法。

（3）转置单元格区域——TRANSPOSE 函数

TRANSPOSE 函数可用来返回转置单元格区域，即将一行单元格区域转置成一列单元格区域或相反，语法格式如下。

TRANSPOSE (array)

其中：array 用于表示需要进行转置的数组或工作表中的单元格区域。使用 TRANSPOSE 函数可在工作表中转置数组的垂直和水平方向，如果在行列数分别与需要转换的行列数相同的区域中，则必须将 TRANSPOSE 函数输入数组公式。

4.2.5　日期及时间函数

公司的人事部门可能需要计算员工的年资，Excel 也提供了许多可以计算日期与时间的函数。

1. 返回类日期及时间函数

（1）Excel 内置的日期系统

通过返回类主要可以计算出详细的间隔天数。其实在 Excel 中保存的日期与时间，并不像我们看到的那样是以"2017/03/23"的形式保存的，而是以"42817"的形式存在的。这是什么意思呢？因为在 Excel 中，日期是一个序列值，是从某一个具体日期开始算起的。具体来说，Excel 中有两种日期序列，默认的是从 1900 年 1 月 1 日算起，如 1900 年 1 月 1 日就是"1"1900 年 1 月 2 日就是"2"，2017 年 3 月 23 日就是"42817"，等等。这个日期序列号会一直延伸到公元 9999 年 12 月 31 日，也就是"2958465"。

另一种日期序列是从 1904 年 1 月 1 日算起的，同样延续到 9999 年 12 月 31 日，也就是"2957003"。如果想要切换为这种日期系统，需要单击"文件"→"选项"按钮，在"Excel 选项"对话框的"计算此工作簿时"项组中选中"使用 1904 日期系统"复选框，如图 4-101 所示。当然，建议用户不要做这项设置。

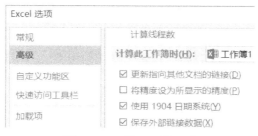

图 4-101　设置日期系统

与日期系统相似，时间也是以序列号形式存在的，当需要计算时间的间隔时，Excel 同样是将其转换为序列号再进行计算的。时间以每天的 0 时正为 0.0 开始计数，正午 12 点正就是 0.5，以此类推。

在 Excel 中，与 1 分钟等价的是 0.00069444，即 $\dfrac{1}{24*60}$，相应的，与 1 秒钟等价的序列号是 0.00001157，即 $\dfrac{1}{24*60*60}$。在 Excel 中，最小的时间单位是千分之一秒，如序列号 0.99999999 代表子夜 23 时 59 分 59.999 秒，再过千分之一秒即进入新的一天。

那么，日期和时间结合起来又如何用序列号表示呢？日期是整数部分，时间是小数部分，如 2017 年 3 月 23 日 14 点 25 分 32 秒，其序列号为 42817.6010648。

（2）常见的返回类日期和时间函数

通过返回类日期与时间函数可以计算出详细的间隔天数。常用的返回类日期与时间函数主要包括以下几种。

● 返回日期序列号——DATA 函数。

● 返回时间序列号——TIME 函数。

● 返回文本日期序列号——DATAVALUE 函数。

● 返回文本时间序列号——TIMEVALUE 函数。

● 返回年、月、日——YEAR、MONTH 和 DAY 函数。

● 返回时、分、秒——HOUR、MINUTE 和 SECOND 函数。

各种返回类日期与时间函数的参数及其使用效果如图 4-102 所示。

	A	B	C	D	E	F	G	
1		2017	3	23	14	25	32	
2		2017/3/23 14:25						
3	DATE(year,month,day)			TIME(hour,minute,second)				
4		2017/3/23			2:25 PM			
5		2017/3/23			2:25 PM	要想显示日期或时间序列号		
6		42817			0.601065	先将单元格格式设置为常规		
7								
8	DATEVALUE(date_text)			TIMEVALUE(time_text)				
9		42817			0.601065			
10		42817			0.600694	秒数按0秒		
11		42817			0.600694			
12		42817	忽略时间		0.601065	忽略日期		
13	注意：DATEVALUE和TIMEVALUE函数的参数不能是引用单元格							
14								
15	YEAR(serial_number)		2017	2017	2017			
16	MONTH(serial_number)							
17	DAY(serial_number)							
18	HOUR(serial_number)		14					
19	MINUTE(serial_number)							
20	SECOND(serial_number)							

图 4-102　各种返回类日期与时间函数的参数及其使用效果

（3）日期与时间函数案例 1——计算设备使用年限

下面将使用返回类日期与时间函数计算车辆使用年限，原始数据如图 4-103 所示。

图 4-103　车辆使用年限原始数据

① 在 E3 单元格中插入 YEAR 函数："=YEAR(TODAY()-D3)"，如图 4-104 所示。

② 完善 E3 中的公式，因为此时的结果为 1903 年，这是系统分别将今天的日期和购入日期转换为序列号计算后得到的，必须减去 1900 才能得到正确的年限，然后将公式填充到本列中其他单元格中，注意填充后要在填充选项中选择"不带格式填充"，结果如图 4-105 所示。

图 4-104　插入 YEAR 函数表达式　　　　图 4-105　计算出的整年数

③ 在 F3 单元格中输入 MONTH 函数，如图 4-106 所示。

④ 完善 F3 中的公式。因为此时的结果为 1900/1/8，这是系统分别将今天的日期和购入日期转换为序列号计算后得到的，必须进行更正才能得到正确的年限，因此在其后增加一部分，使原公式变为“=MONTH(TODAY()-D3)+E3*12-1”，结果如图 4-107 所示。

=MONTH(TODAY()-D3)

车辆使用年限表

门	投入使用时间	至今使用年限	使用月数
理	2013/8/10	3	1900/1/8

图 4-106　计算出的不足一年的月数

=MONTH(TODAY()-D3)+E3*12-1

车辆使用年限表

使用部门	投入使用时间	至今使用年限	使用月数
总经理	2013/8/10	3	1900/2/12

图 4-107　计算出的总月数

⑤ 设置单元格格式。由于该函数得到的值是以日期格式显示的，需要将 F3 单元格改为“常规”格式，并填充到 F 列其他单元格中，最终结果如图 4-108 所示。

F3　=MONTH(TODAY()-D3)+E3*12-1

车辆使用年限表

车牌号	型号	使用部门	投入使用时间	至今使用年限	使用月数
381SD	小轿车	总经理	2013/8/10	3	43
8S626	小轿车	财务部	2011/1/14	6	74
7D283	商务车	销售部	2010/10/9	6	77
AB327	小轿车	销售部	2008/8/15	8	103
S635L	小轿车	销售部	2008/8/15	8	103
J2158	小轿车	销售部	2010/9/15	6	78
9S680	小货车	后勤部	2008/3/21	9	108
BW344	商务车	后勤部	2010/10/9	6	77

注：此表为20170324计算

图 4-108　最终计算出的总月数

2．获取当前日期与时间

（1）NOW 函数——显示当前时间

该函数无参数，直接显示当前日期与时间。如果包含公式的单元格格式设置不同，则返回的日期和时间的格式也不同，如图 4-109 所示。

	A	B	C
1			
2	NOW	2017/3/23 23:12	采用函数自定义的格式显示的结果
3		42817.96714	采用"常规"格式显示的结果

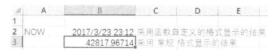

图 4-109　NOW 函数效果

在使用 NOW 函数时，函数不会自动更新，只有在重新计算工作表或执行含有此函数的宏时才会改变。

（2）TODAY 函数——返回当前系统的日期

TODAY 函数可返回当前系统的日期，常应用于输入报告完成时间或者用来计算年资、年龄。该函数与上述 NOW 函数一样也没有参数，并且也会随着单元格格式的不同设置而返回不同类型的值。

（3）日期与时间函数案例 2——计算迄今应还贷金额

下面将使用 TODAY 函数计算当前日期需要还贷的金额。设有如图 4-110 所示的原始表格：该表格只显示了起始贷款日期、贷款总额和日利息，没显示现在已经还了多少，因此应理解为至今还未进行过任何还贷，想知道今天应该连本带息还多少。

首先，在 D3 单元格中输入“=TODAY()-DATEVALUE("2014/6/12")”，将得到“1902/

10/11"，将 D3 单元格设为"常规"后，该值改为"1015"。

其次，选择 E3 单元格，输入公式"=A3*B3*D3+A3"，最后的计算结果如图 4-111 所示。

图 4-110 还贷预算表原始数据　　　　图 4-111 还贷预算表计算结果

在默认情况下，打开或个性工作簿后，Excel 都会自动更新 TODAY 函数返回的日期，如果要使其停留在最后一次保存时返回的日期上，可以在"Excel 选项"对话框"公式"选项卡的"计算选项"选项组中选中"手工重算"复选框。

（4）日期与时间函数案例 3——计算年资

又如，公司想要给在公司服务满 10 年的员工发放特别奖励，即可用当前日期减去到职日期来计算，如图 4-112 所示。

员工编号	姓名	性别	到职日	工龄
1001	冯秀娟	女	1982/7/28	34.7
1002	张楠楠	女	1997/2/10	20.1
1003	贾淑媛	女	2008/4/14	8.9
1004	张 伟	男	1996/6/7	20.8
1005	李阿才	男	2005/7/19	11.7
1006	卞诚俊	男	1996/5/24	20.8
1007	贾 锐	男	1998/4/26	18.9
1008	司方方	男	2006/10/18	10.4
1009	胡继红	女	2010/3/8	7.0
1010	范 玮	男	2011/5/3	5.9
1011	袁晓坤	女	1986/4/10	30.9

图 4-112 员工年资计算结果

增加知识：为什么要除以 365.242 2 呢？天文学上把地球绕太阳从春分点出发再回到春分点上的时间，称为一个回归年，通俗地理解就是地球绕太阳一圈的时间为一年，其时间长度为 365.242 2 个太阳日，即 365 天 5 小时 48 分 46 秒。如果以 365 天为一年，那么四年后就相差 23 小时 15 分 4 秒，所以每四年增加 1 天，这就是闰年，规定公历年份能被 4 整除的就是闰年。但是细心的读者会发现，每四年又多计算了 44 分 56 秒，400 年将多计算 74 小时 53 分 20 秒，接近 3 天的时间了。这一误差不容忽视，所以又规定逢公历年份为整百年的，能被 400 整除的才是闰年，不能被 400 整除的不是闰年。这就是闰年的两条规定的来历。

3．求特定日期与时间

（1）DATEDIF 函数——计算日期间隔（旧版函数）

DATEDIF 函数用于计算两个日期之间的年数、月数或天数。这是 Excel 之前版本中的一个函数，如果要在 Excel 2016 中插入这个函数或查找这个函数，则是找不到的，只能手工输入，但在编辑栏中输入后系统还是会提示该函数的参数。其语法格式如下。

DATEDIF（开始日期，结束日期，差距单位）

其中，差距单位见表 4-2。

表 4-2　DATEDIF 函数的格式参数

参　　数	含　　义
"Y"	两个日期相差的整年数，"满几年"
"M"	两个日期相差的整月数，"满几个月"
"D"	两个日期相差的整日数，"满几天"
"YM"	两个日期之间的月数差距，忽略日期中的年和日
"YD"	两个日期之间的天数差距，忽略日期中的年
"MD"	两个日期之间的天数差距，忽略日期中的年和月

仍以上面某公司计算年资为例，如图 4-113 所示。

图 4-113　员工年资计算的几种结果

（2）求星期几——WEEKDAY 函数

WEEKDAY 函数主要用于计算一周中的第几天，默认情况下，其值为 1（星期天）到 7（星期六）之间的整数，语法格式如下。

　　　　WEEKDAY (serial_number, return_type)

其中：

serial_number——表示要查找的那一天的日期；

return_type——为确定返回值类型的数字，含义见表 4-3。

表 4-3　WEEKDAY 函数 return_type 参数的含义

参　　数	含　　义
1 或默认	返回数字 1 是星期日，数字 7 是星期六
2	返回数字 1 是星期一，数字 7 是星期日
3	返回数字 0 是星期一，数字 6 是星期日

WEEKDAY 函数的应用效果如图 4-114 所示。

图 4-114　WEEKDAY 函数的应用效果

（3）求工作日——NETWORKDAYS 函数

NETWORKDAYS 函数能够计算出在连续时间之内，排除周末和指定假日后剩余的工作日天数，语法格式如下。

> NETWORKDAYS（start_date, end_date, holidays）

其中：

start_date——需要计算的时间段的开始日期；

end_date——需要计算的时间段的结束日期；

holidays——只用于设置该段时间内的假期，可以为一个或多个日期构成的可选区域。如果忽略，则表示该段时间内无假期。NETWORKDAYS 函数的应用效果如图 4-115 所示。

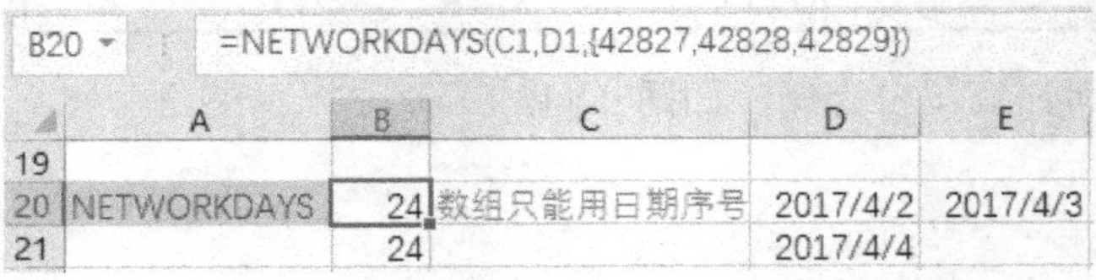

图 4-115　NETWORKDAYS 函数的应用效果

（4）求特定工作日日期——WORKDAY 函数

WORKDAY 函数用于在计算特定的工作日期时，只返回指定日期前或后相隔指定天数的某一日期，语法格式如下。

> WORKDAY（start_date, days, holidays）

其中：

start_date——需要计算的时间段的开始日期；

days——用于指定相隔的工作日天数；

holidays——用于设定不计算为工作日的假期。

此函数实际上返回的是从某日起的第几个工作日是哪一天，如图 4-116 所示。

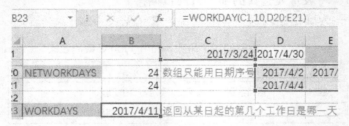

图 4-116　WORKDAY 函数的应用效果

（5）时间与日期函数案例 4——进度控制

本案例要求对某公司的一项工程进行进度控制，要求在 300 天内完成整个项目，而且在整个项目的第 100 天、第 200 天和第 280 天对项目进度进行汇报，以便于对整个工作进度进行控制。要求使用 WORKDAY 函数进行相关操作。原始数据如图 4-117 所示。

首先，在 B13 单元格中插入 WORKDAY 函数，设置开始日期为 B2，日期为 100，假日参数则使用单元格区域 A5:D10，结果如图 4-118 所示。

其次，用同样方法在 B14 单元格中输入"=WORKDAY(B2,200,A5:D10)"，在 B15 单元格中输入"=WORKDAY(B2,280,A5:D10)"，如图 4-119 所示。

工程进度控制表
开工日期：
2015年3月3日
法定假日：
2015年4月4日 2015年4月5日 2015年4月6日 2015年5月1日
2015年5月2日 2015年5月3日 2015年6月20日 2015年6月21日
2015年6月22日 2015年9月26日 2015年9月27日 2015年10月1日
2015年10月2日 2015年10月3日 2015年10月4日 2015年10月5日
2015年10月6日 2015年10月7日
时间 汇报日期 进度情况
第100天
第200天
第280天

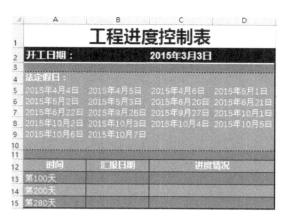

图 4–117　工程进度控制表原始数据

B13
=WORKDAY(B2,100,A5:D10)
工程进度控制表
开工日期：
2015年3月3日
法定假日：
2015年4月4日 2015年4月5日 2015年4月6日 2015年5月1日
2015年5月2日 2015年5月3日 2015年6月20日 2015年6月21日
2015年6月22日 2015年9月26日 2015年9月27日 2015年10月1日
2015年10月2日 2015年10月3日 2015年10月4日 2015年10月5日
2015年10月6日 2015年10月7日
时间 汇报日期 进度情况
第100天 2015年7月24日
第200天
第280天

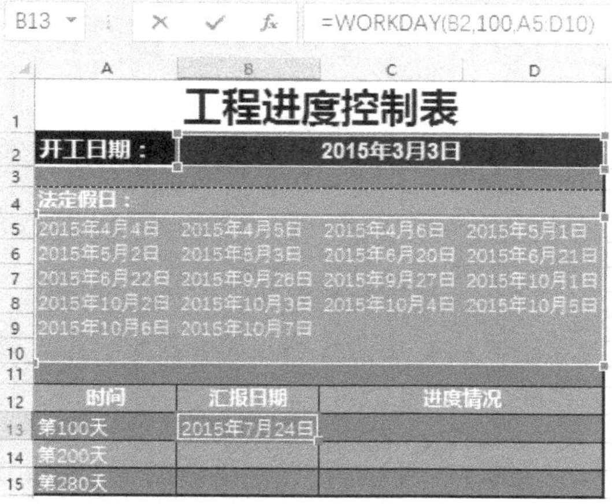

图 4–118　工程进度控制表函数表达式输入

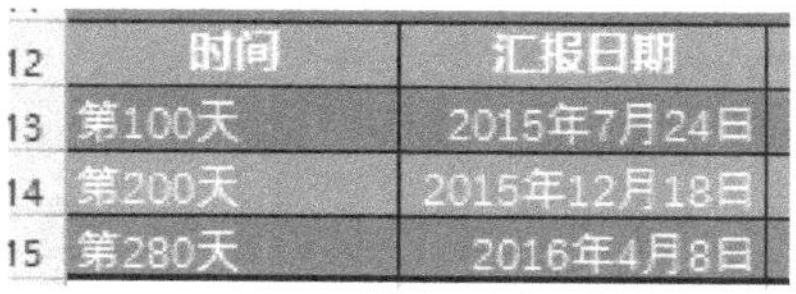

时间 汇报日期
第100天 2015年7月24日
第200天 2015年12月18日
第280天 2016年4月8日

图 4–119　继续在工程进度控制表中输入函数表达式

注意：本例中由于 WORKDAY 函数返回的是数值，所以在制作表格时，要把对应日期的单元格（本例是 B13:B15）设置为日期格式。

4.2.6 数学与三角函数

除最常用的求和 SUM、求平均 AVERAGE、求绝对值 ABS、求平方根 SQRT 函数之外（其中，SQRT 函数的参数必须是正值或能够得出正值的表达式），还有以下需掌握的函数。

1．基本数学函数

（1）求组合数——COMBIN 函数

COMBIN 函数用来计算给定数目的对象集合中提取若干对象的组合数，语法格式如下。

COMBIN (number, number _chosen)

其中：

Number——表示项目的数量；

number _chosen——表示每一组合中的数量。

参数使用时有以下几点需注意。

COMBIN 函数的参数只能是正数值，且数字参数截尾取整；

若参数为非数值型，则将返回错误值“#VALUE!”；

若出现 number 小于 number _chosen 的情况，则返回“#NUM!”。

COMBIN 函数的应用效果如图 4-120 所示。

图 4-120　COMBIN 函数的应用效果

（2）计算指数的乘幂——EXP 函数

EXP 函数用来返回 e 的 *n* 次幂，其中常数 e=2.718 281 828 459 04，是自然对数的底数，语法结构如下。

  EXP (number)

其中：number 为应用于底数 e 的指数。

EXP 函数的应用效果如图 4-121 所示。

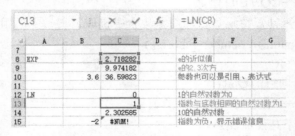

图 4-121　EXP 函数的应用效果

（3）计算对数——LN、LOG 和 LOG10 函数

① LN 函数。

LN 函数的功能是计算某个数的自然对数，语法格式如下。

  LN (number)

其中：number 为计算其自然对数的正实数。自然对数以常数 e 为底，因此 LN 函数与求幂函数 EXP 互为反函数。

LN 函数的应用效果如图 4-122 所示。

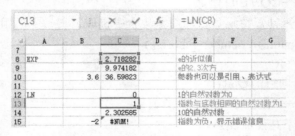

图 4-122　LN 函数的应用效果

② LOG 函数。

LOG 函数的功能是根据指定的底数返回某个数的对数，语法格式如下。

  LOG (number , base)

其中：

number——用于计算其对数的正实数；

base——对数的底数，若省略，则默认其值为 10。

LOG 函数的应用效果如图 4-123 所示。

图 4-123　LOG 函数的应用效果

③ LOG10 函数。

LOG10 函数的功能是计算以 10 为底的常用对数，语法格式如下。

　　LOG10 (number)

其中：number 用于计算其常用对数的正实数。

LOG10 函数的应用效果如图 4-124 所示。

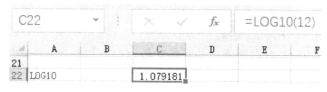

图 4-124　LOG10 函数的应用效果

（4）计算余数——MOD 函数

MOD 函数用来返回两个数相除后的余数，结果的正负号与除数相同，语法格式如下。

　　MOD (number, divisor)

其中：

Number——被除数；

Divisor——除数，如为 0，将返回"#DIV/0!"。

MOD 函数的应用效果如图 4-125 所示。

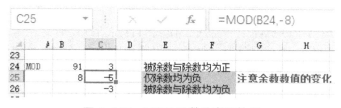

图 4-125　MOD 函数的应用效果

（5）计算乘积——PRODUCT 函数

PRODUCT 函数将所有以参数形式给出的数字相乘，语法格式如下。

　　PRODUCT (number1, number2, …)

其中：number1, number2, …为需要参与相乘的 1～255 个数字，也可以是单元格区域。

PRODUCT 函数的应用效果如图 4-126 所示。

图 4-126　PRODUCT 函数的应用效果

（6）获取数字的正负号——SIGN 函数

SIGN 函数用来返回数字的符号，语法格式如下。

SIGN (number)

其中：number 为任意实数，当其为正数时返回 1，为 0 时返回 0，为负数时返回-1。SIGN 函数的应用效果如图 4-127 所示。

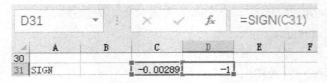

图 4-127　SIGN 函数的应用效果

（7）计算随机数——RAND 函数

RAND 函数返回 0～1 内均匀分布的随机实数，每次计算工作表时都将返回一个新的随机实数，语法格式如下。

RAND ( )

该函数没有参数，由于返回的数值具有随机性，因此同一公式返回的值并不相同，而且只要对工作表内容进行过任意修改，该函数都会返回一个新的数值以取代原来的数值。

RAND 函数的应用效果如图 4-128 所示。

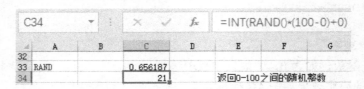

图 4-128　RAND 函数的应用效果

如果工作表中使用了随机函数，当对工作表内容有所改动时，所有使用了该函数的单元格的值会再随机产生一次，并替换当前值。如果想要将生成的随机值变成固定值保存下来，则可在编辑栏中输入"=RAND()"后保持编辑状态，然后按 F9 键，将公式永久性地改为随机数。该操作相当于使用"选择性粘贴"功能将公式转换为数值。

（8）数学与三角函数案例 1——分析股票

利用数学函数分析上半月的股票情况，原文件如图 4-129 所示。

① 在 D3 单元格中插入 IF 函数并输入如下嵌套函数公式：=IF(C3>B3,"涨",IF(C3=B3,"平","跌"))，如图 4-130 所示。

② 将公式填充到 D4:D12 区域中，然后单击"自动填充选项"右侧的下拉按钮，选择"不带格式填充"选项，如图 4-131 所示。

上半月股票信息分析表				
日期	开盘价	收盘价	跌涨情况	跌涨金额
1日	8.12	7.99	跌	
2日	8.11	8.22		
3日	8.31	8.58		
4日	8.62	8.88		
5日	8.68	9		
8日	9.05	9.05		
9日	9.32	9.6		
10日	9.68	10.01		
11日	9.95	10.12		
12日	10.02	9.84		

图 4-129　利用数学函数分析股票的原始数据

D3 = IF(C3>B3,"涨",IF(C3=B3,"平","跌"))

上半月股票信息分析表				
日期	开盘价	收盘价	跌涨情况	跌涨金额
1日	8.12	7.99	跌	
2日	8.11	8.22		
3日	8.31	8.58		
4日	8.62	8.88		
5日	8.68	9		
8日	9.05	9.05		
9日	9.32	9.6		
10日	9.68	10.01		
11日	9.95	10.12		
12日	10.02	9.84		

图 4-130　插入 IF 嵌套函数

③ 在 E3 单元格中插入 ABS 函数，在该函数的"Number"参数框中填入"C3-B3"，如图 4-132 所示。

图 4-131　填充 IF 函数表达式

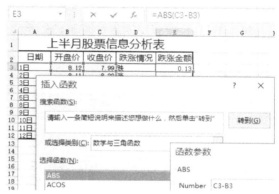

图 4-132　插入 ABS 函数

④ 将公式填充到 E4:E12 区域，然后同样单击"自动填充选项"右侧的下拉按钮，选择"不带格式填充"选项。

⑤ 选择 D3:D12 区域，然后单击"开始"→"样式"→"条件格式"→"突出显示单元格规则"→"文本包含"按钮，在弹出的"文本中包含"对话框中输入"涨"，如图 4-133 所示。

⑥ 为"涨"设置红色风格的默认样式，然后用同样方式分别为"跌"和"平"设置条件格式，完成后的"股票分析信息表"如图 4-134 所示。

图 4-133　使用条件格式

上半月股票信息分析表				
日期	开盘价	收盘价	跌涨情况	跌涨金额
1日	8.12	7.99	跌	0.13
2日	8.11	8.22	涨	0.11
3日	8.31	8.58	涨	0.27
4日	8.62	8.88	涨	0.26
5日	8.68	9	涨	0.32
8日	9.05	9.05	平	0
9日	9.32	9.6	涨	0.28
10日	9.68	10.01	涨	0.33
11日	9.95	10.12	涨	0.17
12日	10.02	9.84	跌	0.18

图 4-134　完成后的"股票分析信息表"

2．汇总函数

汇总函数是最常用的函数，常用于汇总连续或不连续的单元格中的数据，还可以根据条件定义需要汇总的数据。

（1）按条件汇总——SUMIF 函数

SUMIF 函数可根据指定条件对若干单元格进行求和，语法格式如下。

SUMIF (range, criteria, sum_range)

其中：

Range——用于按条件计算的单元格区域，每个区域中的单元格必须是数字或名称、数组或包含数字的引用，空值和文本被忽略；

Criteria——为单元格相加的条件，可以是数字、表达式、文本、通配符等。如条件本身就要查找"?"或"*"，应在其前加"～"；

sum_range——为要相加的实际单元格（如果区域内的相关单元格符合条件），如省略此参数，则当区域中的单元格符合条件时，它们既按条件计算，也执行相加操作。

SUMIF 函数的应用效果如图 4-135 所示。

图 4-135　SUMIF 函数的应用效果

（2）求平方和——SUMSQ 函数

SUMSQ 函数返回参数的平方和，语法格式如下。

SUMSQ (number1, number2, …)

其中：number1, number2, …为 1～255 个需要求平方和的数字，也可以使用数组或对某个数组的引用来代替分隔的参数。

SUMSQ 函数的应用效果如图 4-136 所示。

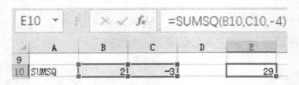

图 4-136　SUMSQ 函数的应用效果

（3）计算平方差之和——SUMX2MY2 函数

SUMX2MY2 函数返回两个数组中对应数值的平方差之和，语法格式如下。

SUMX2MY2 (array_x, array_y)

其中：array_x, array_y 为两个数组或数值区域。

（4）计算平方和之和——SUMX2PY2 函数

SUMX2MY2 函数返回两个数组中对应数值的平方和之和，多用于统计，语法格式如下。

SUMX2PY2 (array_x, array_y)

其中：array_x、array_y 为两个数组或数值区域。

3．舍入函数

（1）向上舍入

① 按条件向上舍入——CEILING 函数。

CEILING 函数用来将参数 number 向上舍入为最接近的 significance 的倍数。无论数字符号如何，都按远离 0 的方向来向上舍入。如果数字已经为 significance 的倍数，则不进行舍入。该函数语法格式如下。

CEILING(number, significance)

其中：

Number——要舍入的数值；

Significance——表示用于舍入计算的倍数。

② 向上舍入为奇数或偶数——ODD、EVEN 函数。

ODD、EVEN 函数都是使数值沿绝对值增大方向取整，但 ODD 取整到最接近的奇数，而 EVEN 则取整到最接近的偶数。其语法格式如下。

ODD(number)

EVEN(number)

其中：number 为要取整的数值。

（2）向下舍入

① 按条件向下舍入——FLOOR 函数。

FLOOR 函数用来对某个数值按指定的条件向下舍入，是按远离 0 的方向向下舍入，但在对负数进行舍入时，是向绝对值小的方向舍入。该函数语法格式如下。

FLOOR(number, significance)

其中：

Number——要舍入的数值；

Significance——表示用于舍入计算的倍数。

② 向下取整——INT 函数。

INT 函数用来将数字向下舍入到最接近的且小于原数值的整数，语法格式如下。

INT(number)

其中：number 为要取整的数值。INT 函数相当于对带有小数的数值截尾取整，但是如果要取整的数值是负数，则将向绝对值增大的方向取整。

③ 截尾取整——TRUNC 函数。

TRUNC 函数可将数值的小数部分截去，返回整数。其语法格式如下。

TRUNC(number, num_digits)

其中：

number——表示要截尾取整的数字；

num_digits——用来指定取整精度的数字位数，默认值为 0。

以上 FLOOR、INT、TRUNC 等三个函数都是向下舍入的函数，所取得的数都比原值小，但是 FLOOR 函数的应用范围大于 INT 和 TRUNC 函数，FLOOR 函数可用来舍入整数和小数，而 INT 函数只能舍入整数。TRUNC 和 INT 类似，也返回整数，其中 TRUNC 直接去掉数字的小数部分，而 INT 则依照给定的小数部分的值，将其向下舍入到最近的整数。所以 TRUNC 和 INT 在处理负数时有所不同，如 TRUNC(−4.3)返回−4，而 INT(−4.3)返回−5。

（3）四舍五入——ROUND、ROUNDDOWN 和 ROUNDUP 函数

ROUND、ROUNDDOWN 和 ROUNDUP 函数都将某个数字按指定位数进行舍入后返回值，其中 ROUNDUP 函数和 ROUND 功能相近，不同之处在于 ROUNDUP 函数总是向上舍入，而 ROUND 总是向下舍入数字。另外，ROUNDDOWN 函数是靠近 0 值向下舍入。其语法格式如下。

ROUND (number, numdigits)

ROUNDDOWN (number, numdigits)

ROUNDUP (number, numdigits)

其中：

number——要向下或舍入的任意数值；

num_digits——表示四舍五入后的位数。

上面的函数都可以称为四舍五入数学函数，它们是一种按指定的条件将数值向上或者向下舍入后，计算出数值的数学函数类型，它的作用是将不需要的数值部分截尾，取符合条件的部分作为数值的结果。在财务计算中常常遇到四舍五入的问题，其中使用 TRUNC 函数时数字本身并没有真正地四舍五入，只是显示结果为四舍五入，如果采用这种四舍五入方法，则在财务运算中常常会出现几分钱的误差，而这是财务运算不允许的。其实，Excel 提供的 ROUND 函数就能很好地解决这个问题，它可以返回某个数字按指定位数舍入后的数字。

各种舍入函数的应用效果如图 4-137 所示。

D3　=CEILING(B3,C3)/24

	A	B	C	D	E	F	G	H
1	CEILING							
2		12.8	7	14	12.8天算两周			
3		57	24	3	57小时算3天			
5			ODD	EVEN				
6		123.4	125	124	正数向更大方向取奇、偶			
7		−123.4	−125	−124	负数向更小方向取奇、偶			
9	FLOOR							
10		12.8	7	7	12.8天算一周			
11		−12.8	7	−14	（−12.8天）算两周	−7	对比CEILING	
13	INT							
14		12.8	12					
15		−12.8	−13					
16		−12.1	−13					
18	TRUNC	12.8	12					
19		−12.8	−12					
21		ROUND			ROUNDDOWN	ROUNDUP		
22	12.4	12	10	12	10	13	20	
23	12.6	13	10	12	10	13	20	
24	−12.6	−13	−10	−12	−10	−13	−20	
25	−12.4	−12	−10	−12	−10	−13	−20	

图 4-137　各种舍入函数的应用效果

4.2.7 财务分析函数

财务分析函数主要用于一般财务数据的计算，这里将详细讲解财务分析函数的基本知识，以及定义与使用名称的方法，同时，读者应掌握输入函数的相关操作。

1. 计算利息与本金

在财务管理中，利息与本金是非常重要的变量，为了方便处理财务问题，Excel 中提供了计算利息与本金的函数，在此将详细讲解相关函数的基础知识。

（1）计算每期支付金额——PMT 函数

PMT 函数可以基于固定利率及等额分期付款方式，返回贷款的每期付款额，语法格式如下。

PMT (rate, nper, pv, fv, type)

其中：

rate——贷款利率；

nper——贷款时间数；

pv——表示本金，或一系列未来付款的当前值的累积和；

fv——最后一次付款后希望得到的现金余额；

type——用以指定各期的付款时间是在期末还是期初。

PMT 函数的应用效果如图 4-138 所示。

	A	B	C
1			
2	年利率	4.13%	
3	付款时长（年）	20	
4	贷款额	200000	
5			
6	函数	结果	含义
7	PMT(B2/12, B3*12, B4)	¥-1,225.70	
8	PMT(B2/12, B3*12, B4,0,1)	¥-1,221.50	按期初付款的方式还清贷款所需的月支付额
9	PMT(B2, B3, B4)	¥-14,886.25	
10	PMT(B2, B3, B4,0,1)	¥-14,295.84	按期末付款的方式还清贷款所需的年支付额
11			

图 4-138　PMT 函数的应用效果

需要注意的是，rate 和 nper 的单位要一致，即如果 rate 是年利率，nper 就是相应的年数；如果 rate 是月利率，nper 就是相应的月份数。

（2）计算偿还本金数额——PPMT 函数

PPMT 函数用于计算在某一时期内投资本金的偿还额。该函数采用的是利率固定的分期付款方式，使用该函数时不要指错期次，语法格式如下。

PPMT (rate, per, nper, pv, fv, type)

其中：

rate——各期利率；

per——用于计算其本金数额的期数，必须介于 1 到 nper 之间；

nper——该项投资或贷款的付款总期数；

pv——表示本金，或一系列未来付款的当前值的累积和；

fv——最后一次付款后希望得到的现金余额；

type——用以指定各期的付款时间是在期末还是期初。

PPMT 函数的应用效果如图 4-139 所示。

	A	B	C
	年利率	4.13%	
	付款时长（年）	20	20
	贷款额	200000	
	函数	结果	含义
	PPMT(B2/12,1,B3*12,B4)	¥-537.37	贷款第一个月应支付的本金
	PPMT(B2/12,1,B3*12,B4,0,1)	¥-1,221.50	
	PPMT(B2,C3,B3,B4)	¥-14,295.84	贷款最后一年应支付的本金
	PPMT(B2,C3,B3,B4,0,1)	¥-13,728.83	
	PMT(B2,B3,B4,0,1)	¥-14,295.84	按期末付款的方式还清贷款所需的年支付额

图 4-139　PPMT 函数的应用效果

（3）计算偿还利息数额——IPMT 函数

IPMT 函数可以基于固定利率及等额分期付款方式，返回给定期数内对投资的利息偿还额，语法格式如下。

IPMT (rate, per, nper, pv, fv, type)

其中："per"参数表示计算其利息数额的期数，其余的参数含义与 PMT 函数中的各参数的含义相同。如图 4-140 所示为 IPMT 函数的应用效果。

	A	B	C
	年利率	4.13%	
	付款时长（年）	20	
	贷款额	200000	
	函数	结果	含义
	IPMT(B2/12,3,B3,B4)	¥-621.61	按照未来值为0、期初付款的条件，计算第一季度的利息
	IPMT(B2/12,3,B3,B4,0,1)	¥-619.48	按照未来值为0、期末付款的条件，计算第一季度的利息
	IPMT(B2,2,B3,B4)	¥-7,986.34	按照未来值为0、期末付款的条件，计算第二年的利息
	IPMT(B2,2,B3,B4,0,1)	¥-7,669.58	按照未来值为0、期末付款的条件，计算第二年的利息
	IPMT(B2/12,1,B3,B4)	¥-688.33	按照未来值为0、期初付款的条件，计算第一季度的利息
		-537.37	
		-1225.70	

图 4-140　IPMT 函数的应用效果

（4）财务函数案例 1——利用财务分析函数计算房贷还款额

本案例要求在 Excel 中利用前面学习的财务分析函数来计算每月和每年的房贷还款额，主要涉及 PMT 函数的使用，原始文件如图 4-141 所示。

操作步骤如下。

① 打开原始文件，在 B2:B4 单元格中输入数据，选择 B6 单元格，单击"插入函数"按钮，弹出"插入函数"对话框，在"或选择类别"下拉列表中选择"财务"选项，在"选择函数"列表框中选择"PMT"选项后，单击"确定"按钮。

② 弹出"函数参数"对话框，在"Rate"文本框中输入"B2"，在"Nper"文本框中输入"B3"，在"Pv"文本框中输入"B4"，单击"确定"按钮。

③ 用相同的方法在 B7 单元格中插入函数公式"=PMT(B2/12,B3*12,B4)"，计算每月还款金额，然后保存文档，完成本案例的操作。

完成后的效果如图 4-142 所示。

房贷还款额	
	A	B
1	房贷还款额	
2	贷款利率	
3	贷款年限	
4	贷款金额	
5		
6	每年还款金额	
7	每月还款金额	

图 4-141　房贷还款额原始数据

B7 　　　 =PMT(B2/12, B3*12, B4)

	A	B	C	D
1	房贷还款额			
2	贷款利率	6.15%		
3	贷款年限	10		
4	贷款金额	300000		
5				
6	每年还款金额	￥-41,050.55		
7	每月还款金额	￥-3,353.26		

图 4-142　房贷还款额计算结果

2．计算利率和报酬率

利率这个词对大部分人来说并不陌生，利率是一个非常重要的参数，它直接关系到投资者的收益和市场的预期。报酬率则用于计算内部资金流量的回报率。在日常工作中，尤其是在财务管理与投资行业中，对利率和报酬率的计算显得格外重要。

（1）计算各期利率——RATE 函数

使用 RATE 函数可以求得贷款或储蓄各期的利息，如果按月支付，则计算一个月的利息的语法格式如下。

RATE (nper, pmt, pv, fv, type, guess)

其中：

nper——总投资期，即该项投资的付款期总次数；

pmt——表示各期付款额，其数值在整个投资期内保持不变，通常"pmt"包括本金和利息，但不包括税金和其他费用，如果忽略了"pmt"，则必须包含"fv"参数；

pv——现值，即从该项投资开始计算时已经入账的款项，或一系列未付款当前值的累积和，也称为本金；

fv——未来值，或在最后一次付款后希望得到的现金余额，如果省略"fv"，则假设其值为 0；

type——值为 0 或 1，用于指定各期的付款时间是在期初还是期末；

guess——对函数计算结果的估计值，如果省略，则假设其值为 0.1，即 10%。

RATE 函数的应用效果如图 4-143 所示。

图 4-143　RATE 函数的应用效果

（2）计算内部收益——IRR、MIRR 和 XIRR 函数

内部收益率是指当前投资的金额和未来能取得的现金的现值相等的收益率，Excel 中常用的计算内部收益率的函数包括 IRR、MIRR 和 XIRR 三个。

① IRR 函数。

IRR 函数用于返回由数值代表的一组现金流的内部收益率，语法格式如下。

IRR(values, guess)

其中：

values——数组或者对数字单元格区域的引用，包含用来计算内部收益的数字，参数中至少要包含 1 个正值和 1 个负值，如果数组或者引用中包括文字、逻辑值或者空白单元格，则计算时这些数值将被忽略；

guess——对函数计算结果的估计值，如果省略，则假设其值为 0.1。

IRR 函数的应用效果如图 4-144 所示。

	A	B	C
1			
2	初期成本费用	-70000	
3	第一年的净收入	12000	
4	第二年的净收入	15000	
5	第三年的净收入	18000	
6	第四年的净收入	21000	
7	第五年的净收入	26000	
8			
9	函数	结果	含义
10	IRR(B2:B5)	-18%	投资3年后的内部收益率
11	IRR(B2:B7)	9%	投资5年后的内部收益率
12	IRR(B2:B4,-45%)	-44%	若要计算投资2年后的内部收益率，需要一个估计值(-45%)

图 4-144　IRR 函数的应用效果

② MIRR 函数。

MIRR 函数用于返回投资成本以及现金再投资下一系列分期现金流的内部报酬率，语法格式如下。

MIRR(values, finance_rate, reinvest_rate)

其中：

values——一个数组或者对数字单元格区域的引用，这些数值代表各期的支出和收入，参数中至少要包含 1 个正值和 1 个负值，这样才能计算出修正后的内部收益率，否则函数将返回错误值"#DIV/0!"，如果数组或者引用中包括文字、逻辑值或者空白单元格，则这些值将被忽略，但是 0 值的单元格将被计算在内；

finance_rate——表示现金流中资金支付的利率；

reinvest_rate——表示将现金流再投资的收益率。

注意：MIRR 函数根据输入值的顺序来解释现金流的次序，所以一定要按照实际的顺序输入支出和收入的数额，并使用正确的正负号（现金流入为正值，现金流出为负值）。

MIRR 函数的应用效果如图 4-145 所示。

B14		f_x	=MIRR(B2:B7,B8,14%)
	A	B	C
1			
2	资产原值	-120000	
3	第一年的收益	39000	
4	第二年的收益	30000	
5	第三年的收益	21000	
6	第四年的收益	37000	
7	第五年的收益	46000	
8	120000贷款额的年利率	10%	
9	再投资收益的年利率	12%	
10			
11	函数	结果	含义
12	MIRR(B2:B5,B8,B9)	-5%	3年后投资的修正收益率
13	MIRR(B2:B7,B8,B9)	13%	5年后投资的修正收益率
14	MIRR(B2:B7,B8,14%)	13%	5年后投资的修正收益率(基于14%的再投资收益率)

图 4-145　MIRR 函数的应用效果

③ XIRR 函数。

XIRR 函数用于返回计划的现金流量的内部回报率，此函数的重点是现金流和日期的指定方法，语法格式如下。

    XIRR(values, dates, guess)

其中：

values——表示与 dates 中的支付时间相对应的一系列现金流，如果第一个值是成本或支付，它必须是负值，系列中必须至少包含 1 个正值和 1 个负值；

dates——表示与现金流支付相对应的支付时间表，第一个支付日期代表支付表的开始，其他日期则应迟于该日期，但可以按任何顺序排列；

guess——对函数计算结果的估计值，如果省略，则假设其值为 0.1。

XIRR 函数的应用效果如图 4-146 所示。

图 4-146　XIRR 函数的应用效果

（3）财务函数案例 2——计算投资回收期后的内部收益率

本案例要求利用函数计算投资回收期后的内部收益率，该投资项目已投资 89 万元，投资回收期为 3 年，在这 3 年的时间里每年的资产回报值分别为 18 万元、39 万元和 63 万元，其中涉及 MIRR 和 XIRR 两种函数的操作。原始文件如图 4-147 所示。

图 4-147　内部收益率计算表原始数据

操作步骤如下。

① 打开原始文件，选择 B11 单元格，单击"插入函数"按钮，弹出"插入函数"对话框，在"或选择类别"下拉列表中选择"财务"选项，在"选择函数"列表框中选择"MIRR"选项后，单击"确定"按钮。

② 弹出"函数参数"对话框，在"Values"文本框中输入"C6:C9"，在"Finance_rate"文本框中输入"B2"，在"Reinvest_rate"文本框中输入"B3"，单击"确定"按钮。

③ 用相同的方法在 B12 单元格中插入函数公式"=XIRR (C6:C9,B6:B9)"，计算整体预

算内部收益率，保存文档，完成本案例的操作。

完成后的效果如图 4-148 所示。

B11 =MIRR(C6:C9, B2, B3)

	A	B	C
1	内部收益率计算		
2	贷款利率	6.90%	
3	再投资收益率	10.36%	
4			
5	投资回报与投资	日期	回报金额
6	项目投资资金	2013-2-8	[illegible]
7	1	2014-3-20	￥180,000.00
8	2	2015-4-1	￥390,000.00
9	3	2016-7-28	￥630,000.00
10			
11	回报期后内部收益率	13%	
12	整体预算内部收益率	12%	

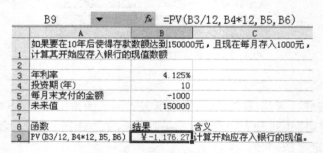

图 4–148 内部收益率计算表计算结果

3．计算投资

计算投资需要使用 Excel 中的投资类函数，投资函数是财务函数中较为常用的函数，通常可以计算投资的现值、投资周期与未来值等。

（1）计算投资现值——PV 函数

使用 PV 函数，可以求得定期内支付的贷款或储蓄的现值，其实就是反推在某种获利条件下所需要的本金，以便评估某项投资是否值得。其语法格式如下。

PV (rate, nper, pmt, fv, type)

其中：

Rate——各期利率，年利率转化为月利率时需除以 12；

nper——指定付款期总数，用数值或所在的单元格指定；

pmt——表示各期付款额，其数值在整个投资期内保持不变；

fv——未来值，或在最后一次付款后希望得到的现金余额，如省略则假设其值为 0；

type——值为 0 或 1，用以指定各期的付款时间是在期初（1）还是期末（0），默认为 0。

例如，如果要在 10 年后使存款数额达到 15 万元，且准备从现在起每月存入 1 千元，在年利率 4.125%的情况下，首次存款时应一次性存入多少？此时就可使用 PV 函数，其应用效果如图 4-149 所示。

B9 =PV(B3/12, B4*12, B5, B6)

	A	B	C
1	如果要在10年后使得存款数额达到150000元，且现在每月存入1000元，计算其开始应存入银行的现值数额		
2			
3	年利率	4.125%	
4	投资期(年)	10	
5	每月末支付的金额	-1000	
6	未来值	150000	
7			
8	函数	结果	含义
9	PV(B3/12, B4*12, B5, B6)	￥-1,176.27	计算开始应存入银行的现值。

图 4–149 PV 函数应用效果

又如，评估投资报酬现值。假设邮局推出一种储蓄理财方案，年利率为 2.5%，只要现在先缴 12 万元，就可在未来的 10 年内，每年领回 1.35 万元，此时就可以利用 PV 函数来评估此项方案是否值得投资，如图 4-150 所示。

A1	▼	f_x	=PV(2.5%,10,13500)		
	A		B	C	D
1	￥-118,152.86				

图 4-150　由 PV 函数反推成本

由于是反推成本，所以会出现负数，表示大约只需要 11.8 万元，即可享有此投资报酬，并不需要 12 万元这么多，因此评估结果为不值得投资。

注意：现值在财务中表示在考虑风险特性后的投资价值，而在财务管理中，现值用以表示未来现金流序列当前的累加。

（2）计算非固定回报投资——NPV 函数

NPV 函数可以通过一系列未来的收（正值）支（负值）现金流和贴现率，返回一项投资的净现值，语法格式如下。

NPV (rate, value1, value2, …)

其中：

rate——固定值，表示某一期间的贴现率，相当于竞争投资的利率；

value1, value2, …——1～254 个参数，表示支出及收入。

有关参数的使用应注意以下几点。

① value1, value2, …在时间上必须有相等的间隔，并且发生在期末。

② 函数使用 value1, value2, …的顺序来解释现金流的顺序，因此一定要保证支出和收入的数额按照正确的顺序输入。

③ 如果参数 value1, value2, …为数值、空白单元格、逻辑值或者数字的文本表达式，则都会计算在内，可是如果是错误值或不能转换为数值的文本，则被忽略；如果参数是数组或引用，则只有其中的数值部分计算在内，其他的都将被忽略。

④ 假定投资开始于 value1 现金流所在日期的前一期，并结束于最后一笔现金流的当期，则函数依据未来的现金流进行计算。如果第一笔现金流发生在第一个周期的期初，则第一笔现金必须添加到 NPV 函数的结果中，而不应该包含在 value1, value2, …参数中；如果第一笔现金流发生在第一个周期的期末，则应计算在 value1, value2, …中。

NPV 函数的应用效果如图 4-151 所示。

B10	▼	f_x	=NPV(B2,B3,B4,B5,B6,B7)		
	A		B	C	D
1					
2	年贴现率		7.25%		
3	初期投资		-50000		
4	第一年的效益		12500		
5	第二年的效益		26000		
6	第三年的效益		39000		
7	第四年的效益		45000		
8					
9	函数		结果	含义	
10	NPV(B2,B3,B4,B5,B6,B7)		￥46,511.41	投资的净现值	

图 4-151　NPV 函数应用效果

（3）计算投资未来值——FV 函数

FV 函数可以基于固定利率及等额分期付款方式，返回某项投资的未来值。此函数可以评估参与某项投资后最终可获得的净值。其语法格式如下。

FV (rate, nper, pmt, pv, type)

该函数中的参数与 PV 函数中的参数含义相同，只是 pv 参数的含义有些不同，具体如下。

rate：各期利率，年利率转化为月利率时需除以 12。

nper：指定付款期总数，用数值或所在的单元格指定。

pmt：表示各期应付款额，其数值在整个投资期内保持不变。

pv：本金，或从该项投资开始计算时已经入账的款项或一系列未来付款的当前值的累积和，如省略则假设其值为 0。

type：值为 0 或 1，用以指定各期的付款时间是在期初（1）还是期末（0），默认为 0。

例如，假定目前一次性投资 2 000 元，且今后每年存入 500 元，在年利率 4.125%的情况下，15 年后可获得多少？这时就可使用 FV 函数，其应用效果如图 4-152 所示。

又如，假定银行年利率为 1%，从现在开始，每月固定存入 8 000 元，5 年后共有多少存款？应用 FV 函数的效果如图 4-153 所示。

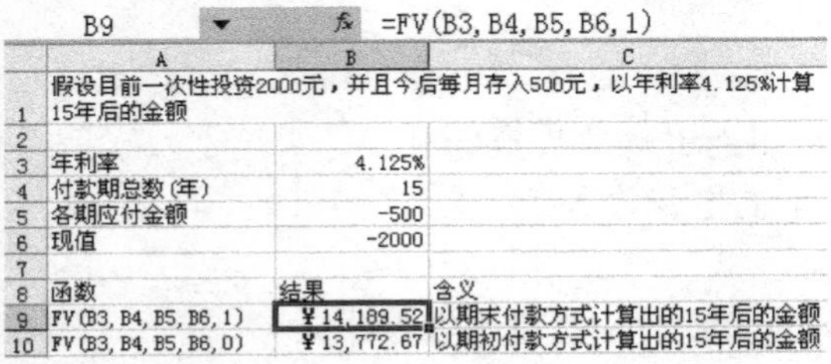

B9 =FV(B3, B4, B5, B6, 1)

	A	B	C
1	假设目前一次性投资2000元，并且今后每月存入500元，以年利率4.125%计算15年后的金额		
2			
3	年利率	4.125%	
4	付款期总数(年)	15	
5	各期应付金额	-500	
6	现值	-2000	
7			
8	函数	结果	含义
9	FV(B3, B4, B5, B6, 1)	￥14,189.52	以期末付款方式计算出的15年后的金额
10	FV(B3, B4, B5, B6, 0)	￥13,772.67	以期初付款方式计算出的15年后的金额

图 4-152　FV 函数应用效果例（一）

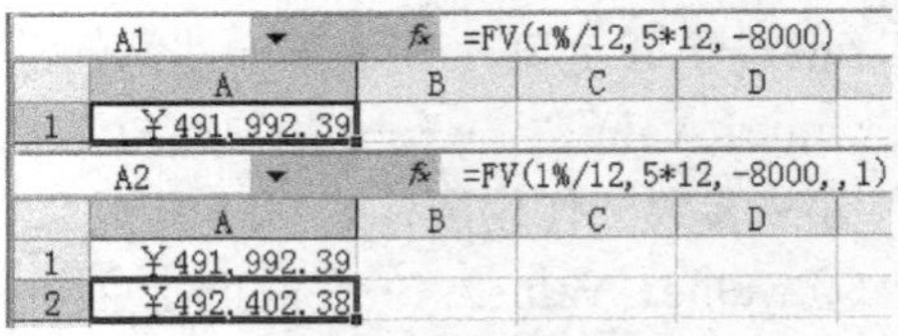

A1 =FV(1%/12, 5*12, -8000)

	A	B	C	D
1	￥491,992.39			

A2 =FV(1%/12, 5*12, -8000, , 1)

	A	B	C	D
1	￥491,992.39			
2	￥492,402.38			

图 4-153　FV 函数应用效果例（二）

由于投资是付出，所以在函数中就先代入了负数。另外，期初付款和期末付款的选择不同，有几百元的差额。

（4）计算本金未来值——FVSCHEDULE 函数

FVSCHEDULE 函数用于返回在应用一系列复利后初始本金的终值，语法格式如下。

FVSCHEDULE (principal, schedule)

其中：

Principal——用单元格或数值指定投资的现值；

schedule——指定未来相应的利率数组，如果指定非数值，则返回错误“#VALUE”。

FVSCHEDULE 函数的应用效果如图 4-154 所示。

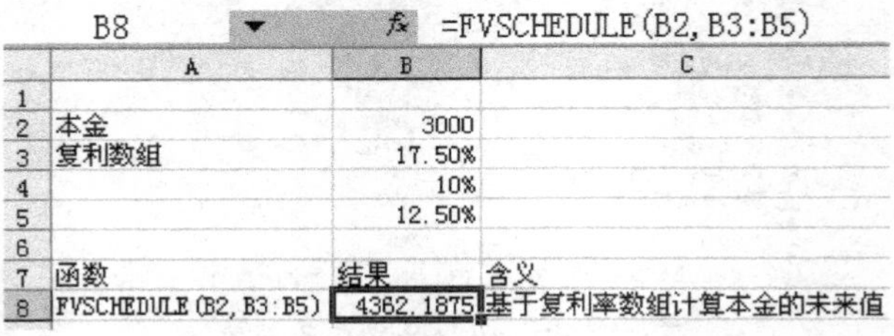

B8 =FVSCHEDULE(B2, B3:B5)

	A	B	C
1			
2	本金	3000	
3	复利数组	17.50%	
4		10%	
5		12.50%	
6			
7	函数	结果	含义
8	FVSCHEDULE(B2, B3:B5)	4362.1875	基于复利率数组计算本金的未来值

图 4-154　FVSCHEDULE 函数应用效果

（5）计算投资期数——NPER 函数

NPER 函数用于基于固定利率和等额分期付款方式，返回某项投资或贷款的期数，语法格式如下。

NPER (rate, pmt, pv, fv, type)

该函数中的参数与 PV、FV 函数中的参数含义相同，具体如下。

rate：各期利率，年利率转化为月利率时需除以 12。

pmt：表示各期付款额，其数值在整个投资期内保持不变。

pv：本金，或现值，或从该项投资开始计算时已经入账的款项，或一系列未来付款的当前值的累积和，如省略则假设其值为 0。

fv：未来值，或在最后一次付款后希望得到的现金余额，如省略则假设其值为 0。

type：值为 0 或 1，用以指定各期的付款时间是在期初（0）还是期末（1）。

NPER 函数的应用效果如图 4-155 所示。

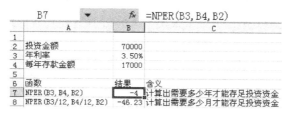

图 4-155　NPER 函数应用效果

（6）财务函数案例 3——判断投资是否合算

本案例要求判断年现金值或者投资是否合算，主要涉及 PV 和 IF 两个函数，原始文件如图 4-156 所示。

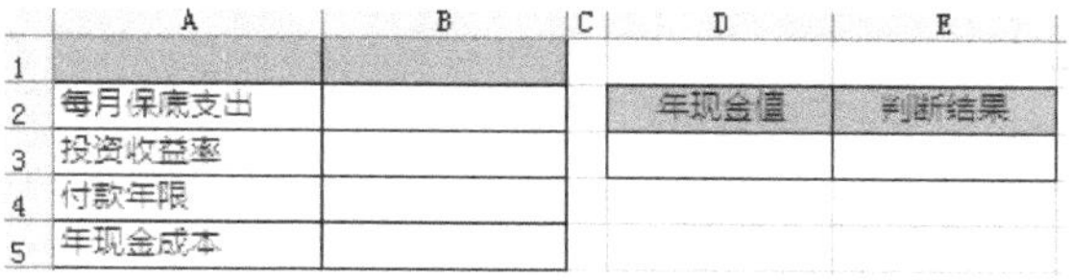

图 4-156　判断投资是否合算原始数据

操作步骤如下。

① 选择 D3 单元格，单击"插入函数"按钮，弹出"插入函数"对话框，在"或选择类别"下拉列表中选择"财务"选项，在"选择函数"列表框中选择"PV"选项后，单击"确定"按钮。

② 弹出"函数参数"对话框，在"Rate"文本框中输入"B3/12"，在"Nper"文本框中输入"B4*12"，在"Pmt"文本框中输入"B2"，在"Pv"文本框中输入"0"，单击"确定"按钮。

③ 选择 E3 单元格，单击"插入函数"按钮，弹出"插入函数"对话框，在"或选择类别"下拉列表中选择"逻辑"选项，在"选择函数"列表框中选择"IF"选项后，单击"确定"按钮。

④ 弹出"函数参数"对话框，在"Logical_test"文本框中输入"ABS(D3)>ABS(B5)"，在"Value_if_true"文本框中输入"值得投资"，在"Value_if_false"文本框中输入"投资不合算"，然后保存文档，完成本案例的操作。

完成后的效果如图 4-157 所示。

| D3 | | | ▼ | fx | =PV(B3/12,B4*12,B2,0) |
| A | B | C | D | E |

（图中表格数据）
	A	B	C	D	E
1					
2	每月保底支出	800		年现金值	判断结果
3	投资收益率	8%		￥-95,643.43	投资不合算
4	付款年限	20			
5	年现金成本	100000			

图 4-157　判断投资是否合算计算结果

4．计算折旧值

折旧是固定资产管理的重要组成部分，在公司的财务管理中，计算折旧也是必需的。

（1）计算余额递减折旧值——DB、DDB、VDB 函数

固定资产余额递减法是指根据固定资产的估计使用年数按公式求出其折旧率，每一年以固定资产的现有价值乘以折旧率来计算其当年的折旧值。在 Excel 中，余额递减折旧值的计算分为许多种，主要由 DB、DDB、VDB 函数对各种情况进行计算。

① DB 函数。

DB 函数可以使用固定余额递减法，返回指定期间内某项固定资产的折旧值，语法格式如下。

　　　　DB (cost, salvage, life, period, month)

其中：

cost——资产原值，不能为负数；

salvage——资产在折旧期末的价值，有时也称为资产残值；

life——折旧期限，有时也称为资产的使用寿命；

period——需要计算折旧值的期间，它必须与"life"使用相同的计量单位；

month——第一年的月份数，若省略，则假设为 12。

DB 函数的应用效果如图 4-158 所示。

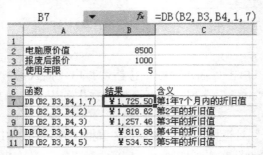

图 4-158　DB 函数应用效果

② DDB 函数。

DDB 函数可以使用双倍或其他倍数余额递减法，返回指定期间内某项固定资产的折旧值，语法格式如下。

　　　　DDB (cost, salvage, life, period, factor)

各参数含义与 DB 函数相同，其中：

cost——资产原值，不能为负数；

salvage——资产在折旧期末的价值，有时也称为资产残值；

life——折旧期限，有时也称为资产的使用寿命；

period——需要计算折旧值的期间，它必须与"life"使用相同的计量单位；

factor——余额递减率，默认值为 2，即双位余额递减法。

DDB 函数的应用效果如图 4-159 所示。

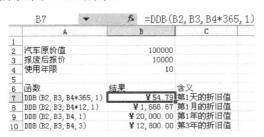

图 4-159　DDB 函数应用效果

③ VDB 函数。

VDB 函数用以返回某项固定资产用余额递减法或其他指定方法计算的特定或部分时期的折旧额，语法格式如下。

VDB (cost, salvage, life, start_period, end_period, factor, no_switch)

与 DB 函数相同的参数其含义也一样，其中：

cost——资产原值，不能为负数；

salvage——资产在折旧期末的价值，有时也称为资产残值；

life——折旧期限，有时也称为资产的使用寿命；

start_period——需要计算折旧值的起始期间；

end_period——需要计算折旧值的结束期间；

factor——余额递减率，默认值为 2，即双位余额递减法；

no_switch——该参数为逻辑值，指定当折旧值大于余额递减法计算值时，是否采用直线折旧法进行计算。

VDB 函数的应用效果如图 4-160 所示。

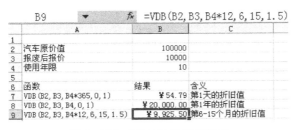

图 4-160　VDB 函数应用效果

（2）计算线性折旧值——SLN 函数

线性折旧法（即直线折旧法）又称年限平均法，即将固定资产的价值均衡分摊到每个折旧期中，因此，在直线折旧法条件下每年提取的折旧金额是相等的，其计算公式如下：

$$年折旧额 = \frac{原始价值 - 预计净残值}{折旧年限}$$

Excel 中用 SLN 函数来计算线性折旧值，语法格式如下。

SLN (cost, salvage, life)

其中：

cost——资产原值；

salvage——资产在折旧期末的价值，有时也称为资产残值；

life——折旧期限，有时也称为资产的使用寿命。

SLN 函数的应用效果如图 4-161 所示。

图 4-161　SLN 函数应用效果

（3）计算年限总和折旧值——SYD 函数

SYD 函数主要用于计算资产按年限总和折旧计算的每期折旧金额，相对于固定余额递减法而言，属于一种缓慢的曲线，语法格式如下。

SYD (cost, salvage, life, per)

该函数参数的含义与 SLN 函数相同，其中：

cost——资产原值；

salvage——资产在折旧期末的价值，有时也称为资产残值；

life——折旧期限，有时也称为资产的使用寿命；

per——用于指定进行折旧的期间。

SYD 函数的应用效果如图 4-162 所示。

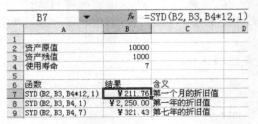

图 4-162　SYD 函数应用效果

（4）财务函数案例 4——计算设备折旧值

本案例要求以某公司去年 6 月购买的一批价值 789 万元的新设备，预计使用年限 8 年、期满后残值为 48 万元为例，分别采用余额递减法、双倍余额递减法，以及折旧系数为 1.86 的余额递减法来计算该批新设备的折旧值，从而制定出新的运营模式。其主要涉及 DB、DDB、VDB 三个函数的应用。原始数据如图 4-163 所示。

操作步骤如下。

① 选择 B7 单元格，单击"插入函数"按钮，弹出"插入函数"对话框，在"或选择类别"下拉列表中选择"财务"选项，在"选择函数"列表框中选择"DB"选项后，单击"确定"按钮。

② 弹出"函数参数"对话框，在"Cost"文本框中选择或输入"$B$2"，在"Salvage"

文本框中选择或输入"$B$3"，在"Life"文本框中选择或输入"$D$2"，在"Period"文本框中选择或输入"A7"，在"Month"文本框中选择或输入"7"，如图 4-164 所示。

	A	B	C	D
	设备折旧值计算			
2	设备价值	¥7,890,000.00	使用年限	8
3	设备残值	¥480,000.00	折旧系数	1.86
4				
5	年限	折旧值计算		
6		固定余额递减	双倍余额递减	折旧系数余额递减
7	1			
8	2			
9	3			
10	4			
11	5			
12	6			
13	7			
14	8			

图 4-163　设备折旧原始数据

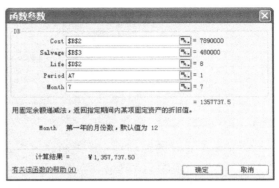

图 4-164　设置 DB 函数参数

单击"确定"按钮后即得出了用余额递减法计算的第一年的设备折旧值。

③ 用同样的方法在 C7 单元格中插入函数公式"=DDB($B$2, $B$3, $D$2, A7, 2)"，计算出用双倍余额递减法计算的第一年的设备折旧值。

④ 用同样的方法在 D7 单元格中插入函数公式"=VDB($B$2, $B$3, $D$2, 0, A7, $D$3, 1)"，计算出用折旧系数余额递减法计算的第一年的设备折旧值。

⑤ 将 B7:D7 单元格中的公式复制到 B8:D14 单元格区域中，单击自动填充选项按钮右侧的下拉按钮，在弹出的下拉列表中选择"不带格式填充"选项，然后保存文档，完成本案例的操作。

完成后的效果如图 4-165 所示。

C11　fx =DDB($B$2, $B$3, $D$2, A11, 2)

	A	B	C	D
1	**设备折旧值计算**			
2	设备价值	¥7,890,000.00	使用年限	8
3	设备残值	¥480,000.00	折旧系数	1.86
4				
5	年限	折旧值计算		
6		固定余额递减	双倍余额递减	折旧系数余额递减
7	1	¥1,357,737.50	¥1,972,500.00	¥1,834,425.00
8	2	¥1,927,017.44	¥1,479,375.00	¥3,242,346.19
9	3	¥1,358,547.29	¥1,109,531.25	¥4,322,925.70
10	4	¥957,775.84	¥832,148.44	¥5,152,270.47
11	5	¥675,231.97	¥624,111.33	¥5,788,792.59
12	6	¥476,038.54	¥468,083.50	¥6,277,323.31
13	7	¥335,607.17	¥351,062.62	¥6,652,270.64
14	8	¥236,603.05	¥263,296.97	¥6,940,042.72

图 4-165　设备折旧计算结果

小技巧

文本直方图

"REPT"函数在 Excel 中主要用于解决重复输入的问题，但除此之外，"REPT"函数另一项衍生应用就是可以直接在工作表中创建由纯文本组成的直方图。它利用特殊符号的智能重复，按照指定单元格中的计算结果表现出长短不一的比较效果，如图 4-166

所示。

B4 =REPT("正",B3/5)

	A	B	C	D	E	F	G
1	某社团团长选举得票情况						
2	候选人	张三	李四	钱五	赵六	小明	王八
3	得票数	96	45	79	56	49	128
4	得票情况	正正正正 正正正正 正正正正 正正正正 正正正	正正正正 正正正正 正	正正正正 正正正正 正正正正 正正正	正正正正 正正正正 正正正	正正正正 正正正正 正	正正正正 正正正正 正正正正 正正正正 正正正正 正正正正 正

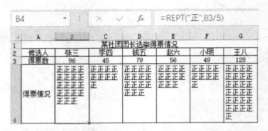

图 4-166　文本直方图效果

说明：此效果需要在“单元格格式”→“对齐”组中将 B3:G3 单元格的格式设置为自动换行，且垂直对齐靠上。

当然，它还有更广泛的用途，如市场影响力的调查等，如图 4-167 所示。

C3 =REPT("★",B3/500)

	A	B	C
1	手机品牌认知调查		
2	品牌名	认可数	影响
3	苹果	3786	★★★★★★★
4	华为	1689	★★★
5	小米	1562	★★★
6	三星	1268	★★
7	联想	1147	★★
8	酷派	772	★
9	HTC	685	★
10	中兴	663	★

图 4-167　文本条形图效果

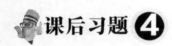

课后习题 4

1．风险分析中的“确定性分析”和“不确定性分析”分别指的是什么？各有哪些具体操作方法?

2．利用文本函数的相关知识，将题图 4-1 中的电话号码从 11 位升至 12 位，要求凡是以 13X 开头的手机号码，如果 X 是奇数，则升位为“131X”；如果 X 是偶数，则升位为“132X”。原始数据如下。

	A	B	C	D
1	公司通讯录			
2	姓名	住 址	电话	升位后的电话号码
3	张倩	成都市金牛区	1355689XXX	
4	陈冠宇	成都市武侯区	1384879XXX	
5	李晓玲	成都市金牛区	1368283XXX	
6	王宇	成都市龙泉驿区	1378087XXX	
7	吴亚馨	成都市成华区	1396869XXX	
8	龙俊亨	成都市锦江区	1329945XXX	
9	罗小梅	成都市温江区	1317322XXX	
10	郭钟岳	成都市双流县	1357985XXX	
11	刘雪萍	成都市青牛区	1364576XXX	
12	徐锋	成都市成华区	1326932XXX	
13	翟凌	成都市都江堰市	1358725XXX	
14	杨静梦	成都市龙泉驿区	1338573XXX	

题图 4-1　原始数据

3．利用 LOOKUP 函数的向量形式查询员工个人信息，原文件如题图 4-2 所示。

公司员工个人信息表									
入职日期	姓名	性别	出生日期	籍贯	学历	基本工资	所属职位	联系电话	级别
1999/2/5	李波	男	1975/8/2	四川简阳	本科	￥2,400	行政主任	1454589****	★★★
2004/9/8	陈绪	女	1978/9/4	四川乐山	本科	￥1,200	行政助理	1489540****	★
2000/7/4	马鑫	女	1976/3/6	贵州贵阳	本科	￥2,400	财务主管	1464295****	★★★
2005/1/3	陈怡曼	女	1980/2/7	浙江杭州	本科	￥1,200	财务人员	1430756****	★
2004/6/7	刘松	男	1981/5/6	四川成都	大专	￥2,400	销售经理	1494563****	★★★
2006/2/9	蔡云帆	男	1981/9/3	四川成都	中专	￥1,200	销售代表	1497429****	★★
2003/8/8	杨静	女	1979/2/8	四川自贡	大专	￥1,200	业务员	1454130****	★
2005/1/8	瑞雯	女	1982/9/9	浙江永嘉	本科	￥1,200	业务员	1467024****	★
2006/9/1	黄颖	女	1984/8/8	湖南长沙	本科	￥1,200	技术员	1410753****	★
2005/3/7	李廷相	男	1982/1/8	湖北武汉	本科	￥1,200	技术员	1472508****	★
2002/8/9	崔天天	男	1978/5/7	北京	本科	￥1,200	技术员	1421514****	★
2004/8/8	胡建军	男	1980/4/9	上海	大专	￥1,500	运输员	1434786****	★★
2003/7/2	袁晓东	男	1979/5/3	四川乐山	大专	￥1,500	运输员	1496765****	★★
2005/8/5	徐辉	男	1974/1/2	重庆	高中	￥800	后勤人员	1475813****	★

题图 4-2　个人信息

要求查询结果如题图 4-3 所示。

题图 4-3　查询结果

4．利用 TIMEVALUE 函数计算考勤表中的迟到时间，原文件如题图 4-4 所示。

员工考勤表				
	规定考勤时间		9:00	
考勤日期	员工	出勤时间	误差时间	迟到时间
2015/1/28	李梅	9:32		
2015/1/28	刘松	10:05		
2015/1/28	李波	8:47		
2015/1/28	蔡玉婷	8:05		
2015/1/28	蔡云帆	8:55		
2015/1/28	姚妮	8:50		
2015/1/28	袁晓东	9:05		
2015/1/28	卫利	9:01		
2015/1/28	蒋伟	8:58		
2015/1/28	朱建兵	9:21		
2015/1/28	杜泽平	8:32		

题图 4-4　员工考勤表

5．判断是否是否直角三角形。新建工作簿，在其中制作一个工作表，并在输入相关的数据，使用 IF 函数、POWER 函数（求幂函数）和 SUMSQ 函数进行计算，如题图 4-5 所示。

题图 4-5　判断是否直角三角形

第5章 CHAPTER 5

Excel 高级分析工具的应用——统计分析

本章提要

统计分析就是以概率论为理论基础，根据试验或观察得到的数据，来研究随机现象，对研究对象的客观规律做出种种合理的估计和判断。统计分析的内容十分丰富，本章主要介绍如何利用 Excel 2016 提供的数据分析工具进行描述统计。

5.1 描述统计

描述统计的任务就是描述随机变量的统计规律性。要完整地描述随机变量的统计特性需要分布函数。但在实际问题中，求随机变量的分布函数并不是一件容易的事，此外，对于一些问题也不需要全面考察随机变量的变化规律，而只需知道随机变量的某些特征。例如，在研究某一地区居民的消费水平时，在许多场合只需知道该地区的平均消费水平；又如，在分析某个年龄段儿童的生长发育情况时，常常关心的是该年龄段儿童的平均身高、平均体重；再如，检查一批灯泡的质量时，既需要注意灯泡的平均使用寿命，又需要注意灯泡寿命与平均使用寿命的偏离程度，平均使用寿命较大、偏离程度较小，质量就较好。尽管这些数值不能完整地描述随机变量，但能描述随机变量在某些方面的重要特征。这些数字特征在理论和实践上都具有重要的意义。

总之，要全面把握数据分布的特征，需要找到反映（描述）数据分布特征的统计指标。数据分布的特征可以从以下 3 个方面进行测度。

① 分布的集中趋势，反映各数据向中心值靠拢或聚集的程度。

② 分布的离散程度，反映各数据远离中心值的趋势。

③ 分布的形状，反映数据分布的偏度和峰度。

这 3 个方面分别反映了数据分布特征的不同侧面。在描述统计中，常用的统计指标主要包括均值、方差、标准差、中位数、众数、偏度和峰度等。其中，均值（称为数学期望）描述了随机变量的集中程度，方差描述了随机变量的离散程度，这是最常用的两个数字特征，它们分别是描述集中趋势与离中趋势的代表统计量。

集中趋势：指一组数据向其中心值靠拢的倾向和程度。测度集中趋势就是寻找数据水平的代表值或中心值，不同类型的数据应当使用不同的集中趋势测度值。值得注意的是，低层次数据的测度值适用于高层次的测量数据，但高层次的测度值并不适用于低层次测量数据。因此，选用什么样的测度值来反映数据的集中趋势要根据数据的类型和特点来决定。描述集中趋势的统计指标有算术平均值、几何平均值、调和平均值、众数、中位数等。

离中趋势：数据分布的另一个重要特征，它反映了各变量值远离其中心值的程度。离中趋势也侧面说明了集中趋势测度值的代表程度，数据的离中趋势越大，集中趋势的测度值对该组数据的代表性就越差（这正如我们经常看到的数据：某地人均月收入上万元，但其实一端是极少数的亿万富翁，另一端是广大的低收入者，这样的人均收入只能让大多数人感慨"我又拖了本地的后腿"）；数据的离中趋势越小，集中趋势的测度值的代表性就越好。和集中趋势一样，不同类型的数据有不同的离散程度测度值。描述离中趋势的统计指标主要有方差和标准差。

统计量：在统计分析中，样本是进行统计推断的依据，利用样本的函数就可以进行统计推断。若 $X_1, X_2, \cdots, X_n$ 是来自总体 X 的一个样本，则由样本所构成的不含任何未知参数的连续函数就称为一个统计量。

下面是一些常用的统计量。

5.1.1 集中趋势

算术平均值也称样本均值，是一组数据相加后除以数据的个数得到的结果。算术平均值是集中趋势最常用的测度值，主要适用于数据型数据，而不适用于分类数据和顺序数据。但是算术平均值易受极端值的影响（所以有时电视里的评分节目要"去掉一个最高分，去掉一个最低分"，这就是要去掉极端值的影响）。根据所掌握数据的不同，算术平均值有不同的计算形式和计算公式，可分为"未经分组数据的算术平均值"和"分组数据的算术平均值"两大类。

1．算术平均值

（1）未经分组数据的算术平均值

根据未经分组数据计算的平均值称为简单算术平均值。设一组样本数据为 $x_1, x_2, \cdots, x_n$，样本量为 n，则简单算术平均值的计算公式为：

$$\overline{x} = \frac{x_1 + x_2 + \cdots + x_n}{n} = \frac{\sum\limits_{i=1}^{n} x_i}{n}，\text{ 也写为 } \overline{x} = \frac{1}{n}\sum\limits_{i=1}^{n} x_i。$$

在 Excel 中用 AVERAGE 函数来计算简单算术平均值，即将总体的各个单位标志值简单相加，然后除以单位项数。AVERAGE 函数表达式如下。

　　　　AVERAGE(number1, number2, ⋯)

其中：number1, number2, ⋯是需要求其算术平均值的参数，参数个数限制在 30 个以内。number 参数可以是数字、名称、数组或包含数字的引用。值得注意的是，AVERAGE 函数忽略空白、逻辑值和文本单元格。

下面通过例 5-1 来介绍使用 AVERAGE 函数计算样本简单算术平均值的相关操作。

例 5-1　以某班语文、数学、英语三门考试成绩数据为例创建一个数据文件，以该数据为基础计算出每位学生的平均成绩和每门课程的班级平均成绩。原始数据如图 5-1 所示。

使用 AVERAGE 函数来计算简单算术平均值的步骤如下。

① 选中单元格 E2，输入函数"=AVERAGE(B2:D2)"后按 Enter 键，即可在单元格 E2 中算出学号为 1 的学生的平均成绩。

② 选中单元格 E2，使用自动填充柄将函数复制到 E3:E21 区域，从而计算出其他学生

的平均成绩。

③ 选中单元格 B22，输入函数"=AVERAGE(B2:B21)"后按 Enter 键，即可在单元格 B22 中算出语文课的班级平均成绩。

④ 选中单元格 B22，使用自动填充柄将函数复制到 C22 和 D22 区域，从而计算出其他课程的班级平均成绩。最终结果如图 5-2 所示。

	A	B	C	D	E
1	学号	语文	数学	英语	平均成绩
2	1	81	78	89	
3	2	90	89	86	
4	3	78	76	69	
5	4	76	88	76	
6	5	80	97	75	
7	6	68	84	98	
8	7	78	100	84	
9	8	88	93	71	
10	9	93	82	84	
11	10	84	72	85	
12	11	85	75	87	
13	12	88	63	73	
14	13	82	87	92	
15	14	75	96	94	
16	15	91	80	89	
17	16	87	92	78	
18	17	80	84	87	
19	18	70	76	90	
20	19	75	89	88	
21	20	88	77	84	
22	平均成绩				

图 5-1　算术平均值原始数据

B22			f_x	=AVERAGE(B2:B21
	A	B	C	D	E
1	学号	语文	数学	英语	平均成绩
2	1	81	78	89	82.67
3	2	90	89	86	88.33
4	3	78	76	69	74.33
5	4	76	88	76	80.00
6	5	80	97	75	84.00
7	6	68	84	98	83.33
8	7	78	100	84	87.33
9	8	88	93	71	84.00
10	9	93	82	84	86.33
11	10	84	72	85	80.33
12	11	85	75	87	82.33
13	12	88	63	73	74.67
14	13	82	87	92	87.00
15	14	75	96	94	88.33
16	15	91	80	89	86.67
17	16	87	92	78	85.67
18	17	80	84	87	83.67
19	18	70	76	90	78.67
20	19	75	89	88	84.00
21	20	88	77	84	83.00
22	平均成绩	81.85	83.9	83.95	
23					
24					

图 5-2　算术平均值结果

（2）分组数据算术平均值的计算

根据分组数据计算的平均值称为加权算术平均值。设原始数据被分为 k 组，各组的组中值分别用 $M_1, M_2, \cdots, M_k$ 来表示，各组变量值出现的频率分别用 $f_1, f_2, \cdots, f_k$ 来表示，k 为样本量，则样本加权平均值的计算公式为：

$$\overline{x} = \frac{M_1 f_1 + M_2 f_2 + \cdots + M_k f_k}{f_1 + f_2 + \cdots + f_k} = \frac{\sum_{i=1}^{k} M_i f_i}{n}$$

从这个公式可以看出，分组和加权，计算方法是一样的，加权是主观地给某个观测值一个不同的权重，而分组则是客观上落在某个值区间内的观测值总数不一样，实际上是相同的，其对应关系如图 5-3 所示。

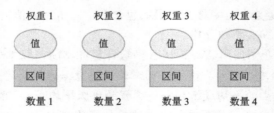

图 5-3　分组平均与加权平均的比较

可见，加权计算时，权重是给予了一个一个的值，分组计算时，权重是给予了一个一个的组，即落在这个组中的值的个数，实际上这是一种客观的加权！当然，最后计算时，权重是要直接乘以一个具体的值而无法乘以一个区间,所以后面会看到,真要计算时,组中只有一个数(而不是一整个区间)来参与计算,这个数就是组中值。

在 Excel 中,通过样本数据计算加权算术平均值要通过数学公式以及 SUM 函数来实现。下面通过例 5-2 来介绍使用 SUM 函数计算样本加权算术平均值的相关操作。

例 5-2 以某厂 123 个生产车间的产量统计数据为例创建一个数据文件,以该数据为基础计算出该厂平均每个生产车间产量的加权算术平均值。原始数据如图 5-4 所示。

使用 SUM 函数来计算加权算术平均值的步骤如下。

① 计算出每组数据中组中值 M_i 与频数 f_i 的乘积 $M_i f_i$,选中单元格 D2 并输入公式 "=B2*C2",回车后再使用自动填充柄将公式复制到 D3:D12 区域,计算所有的 $M_i f_i$ 值。

② 选中单元格 C13,输入函数 "=SUM(C2:C12)",按 Enter 键,后即可在单元格 C13 中计算出样本容量,再使用自动填充柄将公式复制到单元格 D13 中。

③ 选中单元格 E2,输入公式 "=D13/C13",按 Enter 键,后即可求得该厂每一车间的加权平均产量,最终结果如图 5-5 所示。

	A	B	C
1	产量(台)	组中值 M_i	频数 f_i
2	90-100	95	4
3	100-110	105	9
4	110-120	115	16
5	120-130	125	27
6	130-140	135	20
7	140-150	145	17
8	150-160	155	10
9	160-170	165	8
10	170-180	175	4
11	180-190	185	5
12	190-200	195	3

图 5-4　分组平均值原始数据

E2　　　f_x　=D13/C13

	A	B	C	D	E
1	产量(台)	组中值 M_i	频数 f_i	$M_i f_i$	加权平均值
2	90-100	95	4	380	136.463415
3	100-110	105	9	945	
4	110-120	115	16	1840	
5	120-130	125	27	3375	
6	130-140	135	20	2700	
7	140-150	145	17	2465	
8	150-160	155	10	1550	
9	160-170	165	8	1320	
10	170-180	175	4	700	
11	180-190	185	5	925	
12	190-200	195	3	585	
13			123	16785	

图 5-5　分组平均值结果

2．几何平均值

几何平均值是另一种计算平均变量值的平均值。它不是对单位变量值的算术平均,而是根据各单位变量值连乘积再开几次方来计算的,是 n 个变量值乘积的 n 次方根。几何平均值适用于对比率数据的平均,主要用于计算平均增长率。当所掌握的变量本身是比率的形式时,采用几何平均值计算平均比率更为合理。几何平均值一般用 G 表示,其计算公式为:

$$G_m = \sqrt[n]{x_1 \times x_2 \times \cdots \times x_n} = \sqrt[n]{\prod_{i=1}^{n} x_i}$$

几何平均值的特点如下。

① 几何平均值受极端值的影响较算术平均值小。

② 如果变量值有负值,计算出的几何平均值就会成为负数或虚数。

③ 它仅适用于具有等比或近似等比关系的数据。

④ 几何平均值的对数是各变量值对数的算术平均值。

在 Excel 中,用 GEOMEAN 函数来计算几何平均值,其表达式如下。

　　　GEOMEAN(number1, number2, …)

其中:number1, number2, …是多达 30 个要求其几何平均值的参数,也可使用单个数组或区域等。

下面通过例 5-3 介绍使用 GEOMEAN 函数来计算几何平均值的相关操作。

例 5-3 以某公司 2000—2009 年投资收益率为例创建一个数据文件，以该数据为基础计算该公司 2000—2009 年每年的平均收益率，原始数据如图 5-6 所示。

使用 GEOMEAN 函数来计算几何平均值的相关操作如下。

选中单元格 B12，输入函数“=GEOMEAN(B2:B11)”后按 Enter 键，即可求得该公司 2000—2009 年每年的平均收益率，计算结果如图 5-7 所示。

	A	B
1	年份	收益率
2	2000	10.2%
3	2001	11.3%
4	2002	9.9%
5	2003	9.7%
6	2004	10.3%
7	2005	10.6%
8	2006	10.9%
9	2007	11.3%
10	2008	11.8%
11	2009	12.6%
12	平均收益率	

图 5-6 几何平均值原始数据

B12 fx =GEOMEAN(B2:B11)

	A	B	C	D	E
1	年份	收益率			
2	2000	10.2%			
3	2001	11.3%			
4	2002	9.9%			
5	2003	9.7%			
6	2004	10.3%			
7	2005	10.6%			
8	2006	10.9%			
9	2007	11.3%			
10	2008	11.8%			
11	2009	12.6%			
12	平均收益率	10.8%			

图 5-7 几何平均结果

3．调和平均值

调和平均值又称倒数平均值，是计算同质总体中各单位平均变量值的一种方式，它是各变量值倒数的算术平均值的倒数。调和平均值一般用 H 表示，其计算公式为：

$$H=\frac{1}{\dfrac{\dfrac{1}{x_1}+\dfrac{1}{x_2}+\cdots+\dfrac{1}{x_n}}{n}}=\frac{n}{\sum_{j=1}^{k}x_j}$$

调和平均值的特点如下。

① 调和平均值易受极端值的影响，且受极小值的影响比受极大值的影响更大。

② 只要有一个变量值为 0，就不能计算调和平均值。

③ 当组距数列有开口时，其组中值即使按相邻组距计算了，假定性也很大，此时，调和平均值的代表性就很不可靠。

④ 调和平均值的应用范围较小。

因此，应用调和平均值应注意以下问题。

① 变量 x 的值不能为 0。

② 调和平均值易受极端值的影响。

③ 要注意其运用的条件，多用于已知分子资料、缺分母资料时。

在 Excel 中，用 HARMEAN 函数来计算调和平均值，其表达式如下。

HARMEAN (number1, number2, …)

其中：number1, number2, …是多达 30 个要求其调和平均值的参数，也可使用单个数组或区域等。

下面通过例 5-4 介绍使用 HARMEAN 函数来计算调和平均值的相关操作。

例 5-4 仍以例 5-1 中某班级语文、数学、英语三门考试成绩数据为例创建一个数据文件，以该数据为基础计算出该班语文、数学、英语三门考试成绩的调和平均值。

使用 HARMEAN 函数来计算几何平均值的相关操作如下。

选中单元格 B22，输入函数 "=HARMEAN (B2:B21)" 后按 Enter 键，即可求得该班语文成绩的调和平均值，使用自动填充柄将函数复制到 C22 和 D22 区域，从而计算出其他课程成绩的调和平均值。最终结果如图 5-8 所示。

	D22	▼	f_x	=HARMEAN(D2:D21)
	A	B	C	D
1	学号	语文	数学	英语
2	1	81	78	89
3	2	90	89	86
4	3	78	76	69
5	4	76	88	76
6	5	80	97	75
7	6	68	84	98
8	7	78	100	84
9	8	88	93	71
10	9	93	82	84
11	10	84	72	85
12	11	85	75	87
13	12	88	63	73
14	13	87	87	92
15	14	75	96	94
16	15	91	80	89
17	16	87	92	78
18	17	80	84	87
19	18	70	76	90
20	19	75	89	88
21	20	88	77	84
22	平均成绩	81.26599	82.84963	83.21488

图 5-8　调和平均值结果

4. 众数

众数是一组数据中出现次数最多的变量值，适合数据量较多时使用，一组数据可以有多个众数，也可以没有众数。众数是由英国统计学家皮尔生首先提出来的。所谓众数是指社会经济现象中最普遍出现的标志值，从分布角度看，众数是具有明显集中趋势的数值。众数主要用于分类数据，也可用于顺序数据和数值型数据，它不受极端值的影响，但一组数据也可能没有众数或有几个众数。从分布角度来看，众数是具有明显集中趋势点的数值，一组数据分布的最高峰点所对应的数值即众数。

众数具有如下特点。

① 众数是以它在所有标志值中所处的位置确定的全体单位标志值的代表值，它不受分布数列的极值影响，从而增强了众数对分布数列的代表性。

② 当分组数列没有任何一组的次数占多数，即分布数列中没有明显的集中趋势，而是近似于均匀分布时，该次数分配数列无众数。若将无众数的分布数列重新分组或各组频数依序合并，则会使分配数列再现出明显的集中趋势。

③ 如果与众数组相比邻的上下两数组的次数相等，则众数组的组中值就是众数值；如果与众数组相比邻的上一组的次数较多，而下一组的次数较少，则众数在众数组内会偏向该组下限；如果与众数组相比邻的上一组的次数较少，而下一组的次数较多，则众数在众数组内会偏向该组上限。

④ 缺乏敏感性。这是因为众数的计算只利用了众数组的数据信息，不像数值平均值那样利用了全部数据信息。

（1）非分组数据众数的计算

众数的确定方法因所掌握的数据条件不同而有所不同。根据非分组数据计算众数比较容易，只要找出出现频数最多或出现频率最高的变量值即可。

在 Excel 中可用 MODE 函数来计算非分组数据的众数，其表达式如下。

MODE (number1, number2, …)

其中：number1, number2, …是多达 30 个要求其众数的参数，也可使用单个数组或区域等。

下面通过例 5-5 介绍使用 MODE 函数来计算非分组数据的众数的相关操作。

例 5-5 以某班级学生以学号选举班长的选票数据为例创建一个数据文件，以该数据为基础计算该班选举班长选票的众数，原始数据如图 5-9 所示。

使用 MODE 函数来计算非分组数据的众数的相关操作如下。

选中单元格 B2，输入函数"=MODE(A1:A20)"后按 Enter 键，即可求得该班级班长选票数据的众数。最终结果如图 5-10 所示。

图 5-9　众数原始数据

图 5-10　众数运算结果

可见班级中大多数人赞同 12 号学生当班长。

（2）分组数据众数的计算

如果根据分组数据来计算众数，则先要找出频数最多的一组作为众数组，然后运用公式来确定众数。对于组距分组数据，众数的数值与其相邻两组的频数分布有一定的关系，这种关系可做如下理解。

设众数组的频数为 f_m，众数前一组的频数为 f_{-1}，众数后一组的频数为 f_{+1}。当众数相邻两组的频数相等时，即 $f_{-1}=f_{+1}$ 时，众数组的组中值即为众数；当众数组的前一组的频数多于众数组的后一组的频数时，即当 $f_{-1}>f_{+1}$ 时，众数会向其前一组靠，众数小于其组中值；当众数组的前一组的频数少于众数组的后一组的频数时，即当 $f_{-1}<f_{+1}$ 时，众数会向其后一组靠，众数大于其组中值。基于这种思路，分组数据众数的计算公式如下。

下限公式：$M_0 = L + \dfrac{f_m - f_{-1}}{(f_m - f_{-1}) + (f_m - f_{+1})} \times d = L + \dfrac{\Delta_1}{\Delta_1 + \Delta_2} \times d$

上限公式：$M_0 = U - \dfrac{f_m - f_{+1}}{(f_m - f_{-1}) + (f_m - f_{+1})} \times d = U - \dfrac{\Delta_2}{\Delta_1 + \Delta_2} \times d$

式中：L 表示众数所在组的下限；U 表示众数所在组的上限；d 表示众数所在组的组距。

利用上述公式计算众数时是假定数据分布具有明显的集中趋势，且众数组的频数在该组内是均匀分布的，若这些假定不成立，则众数的代表性会很差。从众数的计算公式可以看出，众数是根据众数组及相邻组的频率分布信息来确定数据中心点的位置的，因此，众数是一个位置代表值，它不受数据中极端值的影响。

下面通过例 5-6 介绍根据分组数据来计算众数的相关操作。

例 5-6 仍以例 5-2 所用数据为例，以某厂 123 个生产车间的产量统计数据创建一个数据文件，以该数据为基础计算出该厂车间产量的众数。原始数据如图 5-11 所示。

根据分组数据来计算众数的相关操作如下。

① 确定众数组，由原表易知，众数组为频数最高的组“120～130”组，其频数为 27，可以通过求列 C 的极大值找到它。其实，列 C 即频数，就是反映了这 123 个车间中，产量为 90～100 的有几个，产量为 100～110 的有几个，等等，所有这些数加总仍是 123 个车间。

② 选择上限公式或下限公式计算众数。选中单元格 B13，选择下限公式，在单元格中输入“=120+(C5−C4)/((C5−C4)+(C5−C6))*10”后按 Enter 键；再选中单元格 B14，选择上限公式，在单元格中输入“=130−(C5−C6)/((C5−C4)+(C5−C6))*10”后按 Enter 键。其中，120 为众数组的下限，130 为众数组的上限，10 为众数组的组距，C5 为众数组的数频 f_m（此例即 27），C4 为众数前一组的数频 f_{-1}（此例即 16），C6 为众数后一组的数频 f_{+1}（此例即 20）。可见，两个公式得到的众数是相等的，均为 126.111 11，如图 5-12 所示。

	A	B	C
1	产量（台）	组中值 M_i	频数 f_i
2	90-100	95	4
3	100-110	105	9
4	110-120	115	16
5	120-130	125	27
6	130-140	135	20
7	140-150	145	17
8	150-160	155	10
9	160-170	165	8
10	170-180	175	4
11	180-190	185	5
12	190-200	195	3

图 5-11　分组众数原始数据

B13　fx　=120+(C5-C4)/((C5-C4)+(C5-C6))*10

	A	B	C	D	E	F	G
1	产量（台）	组中值 M_i	频数 f_i				
2	90-100	95	4				
3	100-110	105	9				
4	110-120	115	16				
5	120-130	125	27				
6	130-140	135	20				
7	140-150	145	17				
8	150-160	155	10				
9	160-170	165	8				
10	170-180	175	4				
11	180-190	185	5				
12	190-200	195	3				
13	众数（下限公式）	126.11111					
14	众数（上限公式）	126.11111					

图 5-12　分组众数运算结果

5．中位数

中位数是指将数据按大小顺序排列起来，形成一个数列，居于数列中间位置的那个数据。中位数将全部数据分成两个部分，每部分包含 50%的数据，一部分比中位数大，另一部分比中位数小。中位数的作用与算术平均值相近，也是所研究数据的代表值。在一个等差数列或一个正态分布数列中，中位数就等于算术平均值。

在数列中出现了极端变量值的情况下（即当一组数据中包含几个特别大或特别小的数值时），用中位数作为代表值比用算术平均值更客观，因为中位数不受极端变量值的影响。如果研究目的就是反映中间水平，当然应该用中位数。在统计数据的处理分析时，可结合使用中位数。中位数主要用于顺序数据，也可用数值型数据，但不能用于分类数据。

中位数具有如下特点。

① 中位数是以它在所有标志值中所处的位置确定的全体单位标志值的代表值，不受数列极值的影响，从而在一定程度上提高了中位数对分布数列的代表性。

② 有些离散型变量的单项式数列，当次数分布偏态时，中位数的代表性会受到影响。

③ 缺乏敏感性（因为它是一个固定值，是由公式找出来的而不是由公式计算出来的）。

（1）未分组数据中位数的计算

根据未分组数据计算中位数分以下两步进行。

① 将标志值按大小排序，设排序结果为：

$$x_1 \leqslant x_2 \leqslant x_3 \leqslant \cdots \leqslant x_n$$

② 确定中位数，一般中位数用 M_e 表示，计算方法为：

$$M_e=\begin{cases} x_{\frac{n+1}{2}} & n\text{为奇数} \\ \dfrac{x_{\frac{n}{2}}+x_{\frac{n}{2}+1}}{2} & n\text{为偶数} \end{cases}$$

在 Excel 中，用 MEDIAN 函数来计算非分组数据的中位数（在 Excel 中又称中值），该函数会将参数排序并找出中值，语法格式如下。

MEDIAN (number1, number2, …)

其中：number1, number2, …是多达 30 个要求其中位数的参数，且输入参数时不需按大小顺序输入，也可使用单个数组或区域等。如果有奇数个参数，则中间那个数就是中位数；如果有偶数个参数，则会计算中间两个数字的平均值，例如：

MEDIAN (9, 0, 3)=3

MEDIAN (1, 4, 3, 2)=2.5

下面通过例 5-7 介绍使用 MEDIAN 函数来计算非分组数据的中位数的相关操作。

例 5-7 以某产品在 20 家不同零售店中的价格为例创建一个数据文件，以该数据为基础计算出该产品价格的中位数。

根据未分组数据来计算中位数的操作如下：选中单元格 B2，输入函数“=MEDIAN (A2:A21)”后按 Enter 键，即可求得该产品零售价格的中位数。最终结果如图 5-13 所示。

又如，某客服想了解一下自己在十分钟内能处理多少条用户请求，她做了 10 次测试，并把每次的处理条数记录下来，然后用 MEDIAN 函数得出了比较客观的数字，如图 5-14 所示。

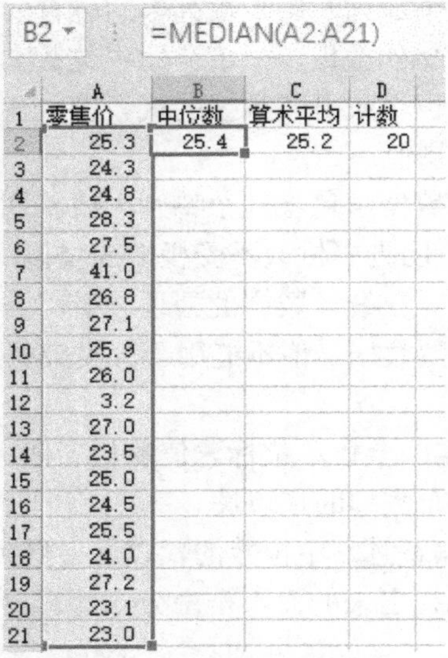
B2 =MEDIAN(A2:A21)

	A	B	C	D
1	零售价	中位数	算术平均	计数
2	25.3	25.4	25.2	20
3	24.3			
4	24.8			
5	28.3			
6	27.5			
7	41.0			
8	26.8			
9	27.1			
10	25.9			
11	26.0			
12	3.2			
13	27.0			
14	23.5			
15	25.0			
16	24.5			
17	25.5			
18	24.0			
19	27.2			
20	23.1			
21	23.0			

图 5-13　中位数运算结果

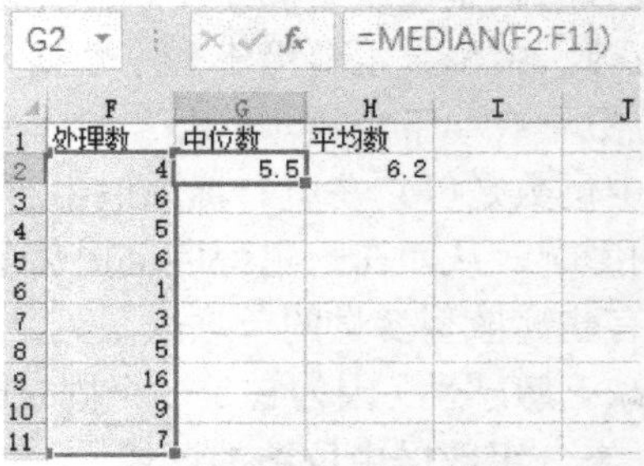
G2 =MEDIAN(F2:F11)

	F	G	H	I	J
1	处理数	中位数	平均数		
2	4	5.5	6.2		
3	6				
4	5				
5	6				
6	1				
7	3				
8	5				
9	16				
10	9				
11	7				

图 5-14　中位数的应用

（2）分组数据中位数的计算

根据分组数据计算中位数也需要分以下两步进行。

① 从变量数列的累计频数栏中找出第 $n/2$ 个单位所在的组，即“中位数组”，该组的上下限就规定了中位数的可能取值范围。

② 假定在中位数组内的各单位是均匀分布的，则中位数的计算公式为：

$$M_e = L_i + \frac{\frac{n}{2} - F_{i-1}}{F_i - F_{i-1}} \times d$$

式中：L_i 表示中位数所在组的下限；d 表示中位数所在组的组距；F_i 表示中位数所在组的累计频率；F_{i-1} 表示中位数所在组的前一组的累计频率；n 表示数据个数。

下面通过例 5-8 介绍根据分组数据来计算中位数的相关操作。

例 5-8 仍以例 5-2 所示的数据，即某厂 123 个生产车间的产量统计数据为例创建一个数据文件，以该数据为基础计算出该厂车间产量的中位数。原始数据如图 5-15 所示。

	A	B	C
1	产量（台）	组中值 M_i	频数 f_i
2	90-100	95	4
3	100-110	105	9
4	110-120	115	16
5	120-130	125	27
6	130-140	135	20
7	140-150	145	17
8	150-160	155	10
9	160-170	165	8
10	170-180	175	4
11	180-190	185	5
12	190-200	195	3

图 5-15　分组中位数原始数据

根据分组数据来计算中位数的步骤如下。

① 选中单元格 C13，输入求和公式 "=SUM(C2:C12)" 后按 Enter 键，求出样本数为 123；再选中单元格 D13，输入求和公式 "=（C13+1)/2" 后按 Enter 键，求出中位数所在频数为 62。

② 将单元格 C2 的数据复制到 D2，选中单元格 D3，输入公式 "=D2+C3" 后按 Enter 键，并用自动填充柄将公式复制到 D4:D12 单元格，求出累计频数，如图 5-16 所示。

③ 根据①中计算出的中位数所在频数以及②中求出的累计频数，找到中位数所在组为 "130～140" 组。

④ 根据公式来计算中位数，选中单元格 E2，输入公式 "=130+(C13/2-D5)/(D6-D5)*10" 后按 Enter 键，即可得到要求的中位数，如图 5-17 所示。

D3		fx	=D2+C3	
	A	B	C	D
1	产量（台）	组中值 M_i	频数 f_i	累计频数
2	90-100	95	4	4
3	100-110	105	9	13
4	110-120	115	16	29
5	120-130	125	27	56
6	130-140	135	20	76
7	140-150	145	17	93
8	150-160	155	10	103
9	160-170	165	8	111
10	170-180	175	4	115
11	180-190	185	5	120
12	190-200	195	3	123
13			123	62

图 5-16　分组中位数计算过程中求出累计频数

E2		fx	=130+(C13/2-D5)/(D6-D5)*10		
	A	B	C	D	E	F
1	产量（台）	组中值 M_i	频数 f_i	累计频数	中位数
2	90-100	95	4	4	132.75
3	100-110	105	9	13	
4	110-120	115	16	29	
5	120-130	125	27	56	
6	130-140	135	20	76	
7	140-150	145	17	93	
8	150-160	155	10	103	
9	160-170	165	8	111	
10	170-180	175	4	115	
11	180-190	185	5	120	
12	190-200	195	3	123	
13			123	62	

图 5-17　分组中位数运算结果

其中：130 为中位数所在组的下限；C13 为样本个数 n；D5 为中位数所在组的前一组的累计频数；D6 为中位数所在组的累计频数；10 为组距。

5.1.2 离中趋势

1. 方差与标准差

方差与标准差是对数据离中趋势的最常用测度值，反映了各变量与均值的平均差异。

方差是各变量值与其平均值离差平方的平均值，能较好地反映出数据的离中趋势。虽然可以用绝对值来度量平均差，但不便于运算。因此，通常用方差来度量一组数据的离散性。

方差的平方根称为标准差。当标准差越小时，代表一组数值越集中于平均值附近。

（1）未分组数据方差与标准差的计算

方差通常用字母 S^2 来表示，用于未分组数据时，其计算公式为：

$$S^2 = \frac{1}{n}\sum_{i=1}^{n}(x_i - \overline{x})^2$$

该公式的含义：分子就是每个值与算术平均值的差的平方之和；分母是样本总数。这是最直观的，但这种计算是有偏估计，而正式使用的方差公式为：

$$S^2 = \frac{1}{n-1}\sum_{i=1}^{n}(x_i - \overline{x})^2$$

或者

$$S^2 = \frac{\sum_{i=1}^{n}(x_i - \overline{x})^2}{n-1}$$

该公式的含义：分子就是每个值与算术平均值的差的平方之和；分母是样本总数减1，这种估计是无偏估计。

标准差通常用字母 S 来表示，用于未分组数据时，其计算公式为：

$$S = \sqrt{S^2} = \sqrt{\frac{1}{n}\sum_{i=1}^{n}(x_i - \overline{x})^2} \qquad （有偏估计）$$

或

$$S = \sqrt{S^2} = \sqrt{\frac{1}{n-1}\sum_{i=1}^{n}(x_i - \overline{x})^2} \qquad （无偏估计）$$

也可写作

$$S = \sqrt{\frac{\sum_{i=1}^{n}(x_i - \overline{x})^2}{n-1}}$$

本课程统一使用无偏估计。

在 Excel 中，可以用 VAR 函数来计算未分组数据的方差，用 STDEV 函数来计算未分组数据的标准差，其表达式如下。

   VAR(number1, number2, …)

   STDEV(number1, number2, …)

其中：number1, number2, …是多达 30 个要求其方差和标准差的参数，也可使用单个数组或区域等。

下面通过例 5-9 介绍未分组数据方差与标准差的计算的相关操作。

例 5-9 仍以例 5-7 的数据，即某产品在 20 家不同零售店中的价格为例创建一个数据文件，以该数据为基础，计算出该产品价格的方差与标准差。原始数据如图 5-18 所示。

根据未分组数据来计算方差与标准差的操作如下。

选中单元格 B2，输入函数 "=VAR (A2:A21)" 后按 Enter 键，即可求得该产品零售价格的方差；选中单元格 C2，输入函数 "=STDEV (A2:A21)" 后按 Enter 键，即可求得该产品零售价格的标准差。最终结果如图 5-19 所示。

	零售价	中位数
1	零售价	中位数
2	25.3	
3	24.3	
4	24.8	
5	28.3	
6	27.5	
7	22.7	
8	26.8	
9	27.1	
10	25.9	
11	26.0	
12	22.5	
13	27.0	
14	23.5	
15	25.0	
16	24.5	
17	25.5	
18	24.0	
19	27.2	
20	23.1	
21	23.0	

图 5-18　方差与标准差原始数据

C2 ▼ fx =STDEV(A2:A21)

	A	B	C	D	E
1	零售价	方差	标准差		
2	25.3	3.1	1.7		
3	24.3				
4	24.8				
5	28.3				
6	27.5				
7	22.7				
8	26.8				
9	27.1				
10	25.9				
11	26.0				
12	22.5				
13	27.0				
14	23.5				
15	25.0				
16	24.5				
17	25.5				
18	24.0				
19	27.2				
20	23.1				
21	23.0				

图 5-19　方差与标准差运算结果

（2）分组数据方差与标准差的计算

应用于分组数据时，方差的计算公式为：

$$S^2 = \frac{(M_1 - \overline{x})^2 f_1 + (M_2 - \overline{x})^2 f_2 + \cdots + (M_k - \overline{x})^2 f_k}{n} = \frac{\sum_{i=1}^{k}(M_i - \overline{x})^2 f_i}{n}$$

这是有偏估计，换成无偏估计时，分母为 $n-1$，则方差为：

$$S^2 = \frac{\sum_{i=1}^{k}(M_i - \overline{x})^2 f_i}{n-1}$$

相应的，无偏估计下的标准差的计算公式为：

$$S = \sqrt{\frac{\sum_{i=1}^{k}(M_i - \overline{x})^2 f_i}{n-1}}$$

下面通过例 5-10 介绍分组数据方差与标准差的计算的相关操作。

例 5-10 仍以例 5-2 的数据，即某厂 123 个生产车间的产量统计数据为例创建一个数据文件，以该数据为基础计算出该厂车间产量的方差与标准差。原始数据如 5-20 所示。

根据分组数据来计算方差与标准差的相关操作如下。

	A	B	C
1	产量（台）	组中值 M_i	频数 f_i
2	90-100	95	4
3	100-110	105	9
4	110-120	115	16
5	120-130	125	27
6	130-140	135	20
7	140-150	145	17
8	150-160	155	10
9	160-170	165	8
10	170-180	175	4
11	180-190	185	5
12	190-200	195	3

图 5-20　分组方差与标准差原始数据

① 计算加权平均值，其步骤如下。

● 计算出每组数据中组中值 M_i 与频数 f_i 的乘积 M_if_i，选中单元格 D2 并输入公式 "=B2*C2"，按 Enter 键，再使用自动填充柄将公式复制到 D3:D12 区域中，计算所有的 M_if_i 值。

● 选中单元格 C13，输入函数 "=SUM(C2:C12)"，按 Enter 键，即可在单元格 C13 中计算出样本容量，再使用自动填充柄将公式复制到单元格 D13 中。

● 选中单元格 E2，输入公式 "=D13/C13"，按 Enter 键，即可求得该厂每一车间的加权平均产量，结果如图 5-21 所示。

② 选中单元格 E2，输入公式 "=(B2-$B$14)^2*4" 后按 Enter 键，再用自动填充柄填充到 E3:E12 区域。

③ 选中单元格 B15，输入公式 "=SUM(E2:E12)/(C13-1)" 后按 Enter 键，求得方差。

④ 选中单元格 B16，输入公式 "=SQRT(B15)" 后按 Enter 键，即求得标准差。

最终计算结果如图 5-22 所示。

B14	▼	f_x	=D13/C13	
	A	B	C	D
1	产量（台）	组中值 M_i	频数 f_i	M_if_i
2	90-100	95	4	380
3	100-110	105	9	945
4	110-120	115	16	1840
5	120-130	125	27	3375
6	130-140	135	20	2700
7	140-150	145	17	2465
8	150-160	155	10	1550
9	160-170	165	8	1320
10	170-180	175	4	700
11	180-190	185	5	925
12	190-200	195	3	585
13	合计		123	16785
14	加权平均值	136.463415		

图 5-21 分组方差与标准差计算中的单位加权平均

B16	▼	f_x	=SQRT(B15)	
	A	B	C	D	E
1	产量（台）	组中值 M_i	频数 f_i	M_if_i	
2	90-100	95	4	380	6876.85901
3	100-110	105	9	945	3959.78584
4	110-120	115	16	1840	1842.71267
5	120-130	125	27	3375	525.6395
6	130-140	135	20	2700	8.56632957
7	140-150	145	17	2465	291.493159
8	150-160	155	10	1550	1374.41999
9	160-170	165	8	1320	3257.34682
10	170-180	175	4	700	5940.27365
11	180-190	185	5	925	9423.20048
12	190-200	195	3	585	13706.1273
13	合计		123	16785	
14	加权平均值	136.463415			
15	方差	386.937908			
16	标准差	19.6707373			

图 5-22 分组方差与标准差运算结果

2．偏度与峰度

集中趋势和离中趋势是数据分布的两大重要特征，但要想全面了解数据分布的特点，还需要知道数据分布的形状对称、偏斜的程度，以及分布的扁平程度等。对数据分布形状的测度主要有偏度和峰度两个统计指标。

（1）偏度

偏态是对数据分布对称性的测度，测度偏态的统计量是偏度。如果一组数据的分布是对称的，则偏度为 0；如果偏度显示不为 0，则表明分布是非对称的。如果偏度大于 1 或小于-1，则分布为高度偏态的；若偏度为 0.5～1 或-1～-0.5，则被认为是中等度偏态分布；偏度越接近于 0，说明分布的偏斜程度越低。

一般用 SK 来表示偏度，其计算公式为：

$$SK = \frac{n\sum (x_i - \overline{x})^3}{(n-1)(n-2)s^3}$$

当 SK 为正值时，可以判断分布为右偏分布；当 SK 为负值时，可以判断分布为左偏分布。SK 的值越大，表明偏斜的程度越大。

在 Excel 中，可以用 SKEW 函数计算数据的偏度，其表达式如下。

SKEW (number1, number2, …)

其中：number1, number2, …是多达 30 个要求其偏度的参数, 也可使用单个数组或区域等。

下面通过例 5-11 来介绍计算偏度的相关操作。

例 5-11　仍以例 5-7 使用的数据, 即某产品在 20 家不同零售店中的价格为例创建一个数据文件, 以该数据为基础计算出该产品零售价格分布的偏度。原始数据如图 5-23 所示。

计算偏度的操作如下。

选中单元格 B2, 输入函数 "=SKEW (A2:A21)" 后按 Enter 键, 即可求得该产品零售价格分布的偏度。最终结果如图 5-24 所示。

图 5-23　偏度原始数据　　　　图 5-24　偏度运算结果

该产品零售价格分布的偏度为 0.1, 说明这组数据的偏斜程度较低, 总体上符合对称分布。

（2）峰度

峰态是对数据分布平峰或尖峰程度的测度。测度峰态的统计量是峰度。峰态通常是与标准正态分布相比较而言的。若一组数据服从标准正态分布, 则峰度的值为 0; 若峰度明显不为 0, 则表明分布比正态更平或更尖。

一般用 K 来表示峰度, 其计算公式为：

$$K = \frac{n(n+1)\sum(x_i - \overline{x})^4 - 3[\sum(x_i - \overline{x})^2]^2(n-1)}{(n-1)(n-2)(n-3)s^4}$$

用峰度说明分布的扁平或尖峰程度, 是通过与标准正态分布进行比较而言的。正态分布的峰度为 0, 当 $K>0$ 时, 分布为尖峰分布, 说明数据的分布更加集中; 当 $K<0$ 时, 为扁平分布, 说明数据的分布更加分散。

在 Excel 中, 可以用 KURT 函数来计算数据的峰度, 其表达式如下。

　　　KURT (number1, number2, …)

其中：number1, number2, …是多达 30 个要求其峰度的参数, 也可使用单个数组或区域等。

下面通过例 5-12 来介绍计算峰度的相关操作。

例 5-12　仍以例 5-7 使用的数据, 即某产品在 20 家不同零售店中的价格为例创建一个数据文件, 以该数据为基础计算出该产品零售价格分布的峰度。原始数据如图 5-25 所示。

计算峰度的操作如下。

选中单元格 B2，输入函数“=KURT(A2:A21)”后按 Enter 键，即可求得该产品零售价格分布的峰度。最终结果如图 5-26 所示。

1	零售价	中位数
2	25.3	
3	24.3	
4	24.8	
5	28.3	
6	27.5	
7	22.7	
8	26.8	
9	27.1	
10	25.9	
11	26.0	
12	22.5	
13	27.0	
14	23.5	
15	25.0	
16	24.5	
17	25.5	
18	24.0	
19	27.2	
20	23.1	
21	23.0	

图 5-25　峰度原始数据

B2　=KURT(A2:A21)

	A	B	C	D	E
1	零售价	峰度			
2	25.3	-1.122199			
3	24.3				
4	24.8				
5	28.3				
6	27.5				
7	22.7				
8	26.8				
9	27.1				
10	25.9				
11	26.0				
12	22.5				
13	27.0				
14	23.5				
15	25.0				
16	24.5				
17	25.5				
18	24.0				
19	27.2				
20	23.1				
21	23.0				

图 5-26　峰度运算结果

该产品零售价格分布的峰度为-1.122 199，说明这组数据为扁平分布，数据较为分散。

3．矩

上述所有统计在本质上都可以归纳为矩，矩是用来描述样本（随机变量）的概率分布的特性的，可根据阶数来分类，其通用表达形式有二：样本 k 阶（原点）矩和样本 k 阶中心矩。

样本 k 阶（原点）矩：

$$a_k = \frac{1}{n}\sum_{i=1}^{n} x_i^k, \qquad k = 1, 2, \cdots$$

样本 k 阶中心矩：

$$b_k = \frac{1}{n}\sum_{i=1}^{n} (x_i - \overline{x})^k, \qquad k = 1, 2, \cdots$$

两者的区别：原点矩是关于原点的偏离，中心矩是关于原点以外某一个值的偏离，其实可以把原点矩看做中心矩的一个特例。

① 当 k 取值为 1 时，则：

$$a_1 = \frac{1}{n}\sum_{i=1}^{n} x_i = \overline{x}$$

故一阶矩就是样本（随机变量）的平均值，即期望值，它实质上就是前述的样本均值，故又称样本矩。

② 当 k 取值为 2 时，则：

$$a_2 = \frac{1}{n}\sum_{i=1}^{n} (x - \overline{x})^2 = s^2$$

故二阶矩实质上就是前述的样本（随机变量）的方差，因它反映了样本对中心的偏离程度，因此又称中心矩。其中有个特例，即当 $\overline{x}$ 为 0 时，也就是样本均值为 0 时，二阶矩的形式可简化为：

$$a_2 = \frac{1}{n}\sum_{i=1}^{n}x^2$$

a_2 即样本偏离原点（而不是均值）的程度，故又称原点矩。

③ 当 k 取值为 3 以上时，中心矩的阶数还可以增加，当继续增加阶数 k 时，该公式能提供更多的统计结果：当 k 为 3 时，三阶矩指的是随机变量的偏度；当 k 为 4 时，四阶矩指的是随机变量的峰度。因此，通过计算矩，可以得出随机变量的分布形状。

5.2　使用数据分析工具进行描述统计分析

5.2.1　数据分析工具加载

在 Excel 中，数据分析工具并不是作为命令按钮显示在选项卡中的，如果使用数据分析工具，则必须另行加载。加载数据分析工具的操作如下。

（1）在 Excel 1997—2003 中加载

单击"工具"→"加载宏"按钮，在弹出的"加载宏"对话框中选中"分析工具库"复选框即可加载，如图 5-27 所示。

（2）在 Excel 2007—2016 中加载

① 单击"文件"→"选项"按钮，弹出"Excel 选项"对话框。

② 在"Excel 选项"对话框中，选择左侧"加载项"选项，在右侧的"加载项"列表框中选择"分析工具库"，再单击"转到"按钮，弹出"加载宏"对话框。

③ 在"加载宏"对话框中，选中"分析工具库"复选框，然后单击"确定"按钮。

④ 若用户是第一次使用此功能，则系统会提出该功能需要安装，单击"是"按钮即可。

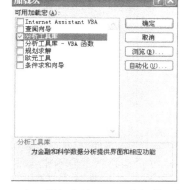

图 5-27　在早期版本的 Excel 中加载分析工具库

⑤ 安装完成后，重启计算机，打开 Excel，选择"数据"选项卡，此时，"数据"选项卡右侧已含有"数据分析"项。

5.2.2　描述统计分析

对于一组数据（即样本观察值），要想获得它们的一些常用统计量，可以使用 Excel 2016 提供的统计函数来实现。例如，AVERAGE（平均值）、STDEV（样本标准差）、VAR（样本方差）、KURT（峰度系数）、SKEW（偏度系数）、MEDIAN（中位数，即在一组数据中居于中间的数）、MODE（众数，即在一组数据中出现频率最高的数值）等。但最方便快捷的方法是利用 Excel 的数据分析工具中的描述统计工具来生成描述用户数据的标准统计量，它可以给出一组数据的许多常用统计量，包括平均值、标准误差、中值、众数、标准偏差、方差、峰度、偏斜度、最小值、最大值、总和、观测数和置信度等，具体包括表 5-1 中的内容。

表 5-1　Excel 分析工具库给出的一组常用统计量

平　均　值	标　准　差	区　域	计　数
标准误差	样本方差	最大值	第 K 个最大值
中值（中位数）	峰值（样本峰度）	最小值	第 K 个最小值
模式（众数）	偏斜度（样本偏度）	总和	置信度

下面通过案例介绍用数据分析工具进行描述统计分析的操作。

1．案例 1：家庭收入问题

例 5-13　以某地区 20 户家庭年收入数据为例，对该数据进行描述性分析，原始数据如图 5-28 所示。

描述性统计分析的相关操作如下。

① 单击"工具"→"加载宏"按钮，在弹出的"加载宏"对话框中选中"分析工具库"复选框，如图 5-29 所示，然后单击"确定"按钮。

图 5-28　例 5-13 原始数据　　　　　　　　图 5-29　"加载宏"对话框

② 此时"工具"选项卡中多了"数据分析"按钮，单击"数据分析"按钮，将弹出"数据分析"对话框，如图 5-30 所示。

③ 在"数据分析"对话框中选择"描述统计"选项后单击"确定"按钮，弹出"描述统计"对话框，如图 5-31 所示。

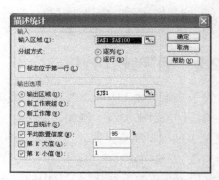

图 5-30　"数据分析"对话框　　　　　　　图 5-31　"描述统计"对话框

④ 在"描述统计"对话框中，在"输入区域"文本框中输入或选择单元格区域"A2:A21"，

选中"标志位于第一行"复选框，输出区域选择 C2。再选中下面的"汇总统计"、"平均数置信度"、"第 K 大值"、"第 K 小值"等 4 个复选框，注意在"平均数置信度"、"第 K 大值"、"第 K 小值"等 3 个复选框右侧的文本框中输入用户想要的值，如图 5-32 所示。

⑤ 单击"确定"按钮，即可得到描述统计结果，如图 5-33 所示。

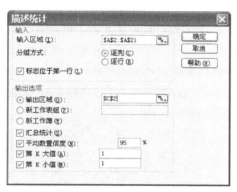

图 5-32　正确设置"描述统计"对话框中各项参数

	A	B	C	D
1	年收入（万）			
2	20.25		年收入（万）	
3	15.32			
4	10.28		平均	13.93632
5	17.93		标准误差	0.919768
6	25.98		中位数	13.27
7	10.28		众数	10.28
8	13.27		标准差	4.009176
9	18.74		方差	16.07349
10	16.23		峰度	3.379405
11	14.38		偏度	1.567122
12	11.72		区域	16.35
13	9.69		最小值	9.63
14	14.32		最大值	25.98
15	16.54		求和	264.79
16	12.39		观测数	19
17	11.68		最大(1)	25.98
18	10.42		最小(1)	9.63
19	13.57		置信度(95.0%	1.932361
20	9.63			
21	12.42			

图 5-33　例 5-13 运算结果

2．案例 2：柚子问题

（1）柚子问题采样统计

例 5-14　某水果基地培育了新的柚子，想要知道产出的柚子大小在总体上有多少，但不可能把每个柚子都测一次，因此进行了采样并列出了 84 个柚子的最大宽度（单位：mm），见表 5-2。

表 5-2　例 5-14 原始数据

141	148	132	138	154	142	150	146	155	158
150	140	147	148	144	150	149	145	149	158
143	141	144	144	126	140	144	142	141	140
145	135	147	146	141	136	140	146	142	137
148	154	137	139	143	140	131	143	141	149
148	135	148	152	143	144	141	143	147	146
150	132	142	142	143	153	149	146	149	138
142	149	142	137	134	144	146	147	140	142
140	137	152	145						

试给出这些数据的均值、方差、标准差等统计量，并判断是否来自正态总体（取 α=0.05 ）。

利用描述统计工具对这些柚子的最大宽度进行基本统计分析的具体操作步骤如下。

将所有的测试数据输入工作表，本例存放在 A1:A85 区域中。

在如前例所述的"描述统计"对话框中，进行如图 5-34 所示的设置。

再按如下步骤操作。

① 在"输入区域"文本框内指定输入数据的有关参数。

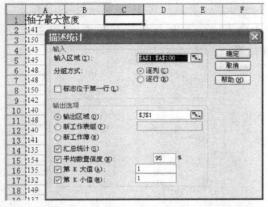

图 5-34　设置例 5-14 的描述统计对话框各参数

输入区域：指定要分析的数据所在的单元格区域，本例输入 A1:A85。

分组方式：指定输入数据是以行还是以列的方式排列，这里选定"逐列"，因为给定的柚子的最大宽度是按列来排列的。

"标志位于第一行"复选框：若输入区域包括列标志行，则必须选中此复选框，否则，不能选中此复选框，此时 Excel 自动以列 1，列 2，列 3，…作为数据的列标志。本例选中此复选框。

② 在"输出选项"选项组中指定有关输出选项。

"输出区域"、"新工作表组"、"新工作簿"三个单选按钮用于指定存放结果的位置：如果要输出到当前工作表的某个单元格区域，则需在"输出区域"框中键入输出单元格区域的左上角单元格的绝对地址；也可以指定输出到新工作表组，这时需要输入工作表名称；还可以指定输出到新工作簿。本例选择将结果输出到输出区域，并输入左上角单元格地址 C1。

"汇总统计"复选框：若选中，则显示描述统计结果，否则不显示结果。本例选中"汇总统计"复选框。

"平均数置信度"复选框：如果需要输出包含均值的置信度，则选中此复选框，并输入所要使用的置信度。本例键入 95%，表明要计算在显著性水平为 5% 时的均值置信度。

"第 K 大值"复选框：根据需要指定要输出数据中的第几个最大值。本例选中"第 K 大值"复选框，并输入 3，表示要求输出第 3 大的数值。

"第 K 小值"复选框：根据需要指定要输出数据中的第几个最小值。本例选中"第 K 小值"复选框，并输入 3，表示要求输出第 3 小的数值。

最终设置完成的"描述统计"对话框如图 5-35 所示。

设置完成后单击"确定"按钮，此时 Excel 2016 将描述统计结果存放在当前工作表的 C1:D18 区域中，如图 5-36 所示。

图 5-35　例 5-14 的描述统计各参数设置完成　　图 5-36　例 5-14 的描述统计结果

分析结果可知，这些柚子的最大宽度的样本均值为 143.773 8、样本方差为 35.647 0、中值为 143.5（在这组数据中居于中间的数）、模式为 142（即在这组数据中出现频率最高的数）、最小值为 126、最大值为 158，且偏斜度（=-0.138 6）与峰值（=0.468 5）都非常接近于 0，因此可以认为这些数据是来自正态总体的。

（2）柚子问题的直方图

对于上例中柚子的最大宽度，要想粗略了解其分布情况，可以使用直方图来实现。操作直方图的具体步骤如下。

首先，根据数据的最大值、最小值取一个区间[a, b]，其下限比最小的数据稍小，其上限比最小的数据稍大。

其次，将这一区间分为 k 个小区间，小区间的长度记为△，称为组距（各组距的大小可以不相等），小区间的端点称为组限。通常，当 n 较大时，k 取 10~20，当 n<50 时，则 k 取 5~6，取得过大，会出现某些小区间内频数为零的情况（一般应设法避免）。计算出落在每个小区间内的数据的频数 f_i（即出现次数）和频率 f_i，$i = 1, 2, \cdots, k$，其中 n 为样本容量（数据的个数）。

最后，自左至右依次在各个小区间上做以 $\dfrac{f_i}{n}/\Delta$ 为高的小矩形（若诸小区间长度不等，记第 i 个区间的长度为 Δ_i，则对第 i 个区间作高为 $\dfrac{f_i}{n}/\Delta_i$，$i = 1, 2, \cdots, k$ 的矩形）。这样的图形就称为直方图。

显然，直方图中小矩形的面积就等于数据落在该小区间的频率 f_i/n。由于当 n 很大时，频率接近于概率，因而一般来说，每个小区间上的小矩形面积接近于概率密度曲线之下该小区间之上的曲边梯形的面积。所以，通常直方图的外轮廓曲线接近于总体 x 的概率密度曲线。这样直方图就直观地给出了数据的统计特性和分布情况。

在 Excel 2016 中，对于给定的一组数据，只要用户给出数据的分组情况，就可以使用直方图分析工具统计出落在每个小区间内的数据的频数 f_i，并给出直方图，描绘出数据的分布情况。

例如，对于上例中柚子的最大宽度，使用直方图分析工具来获得其分布情况的具体操作步骤如下。

① 准备数据，即对数据进行分组，然后将每组的组限输入工作表。本例数据的最小值、最大值分别为 126、158，即所有的数据落在区间[126, 158]上，现取区间[124.5, 159.5]（组限通常取得比数据的精度高一位，以免数据落在端点上），它能覆盖区间[126, 158]，否则统计结果将不包含最小值和最大值。将区间[124.5, 159.5]等分为 7 个小区间，组距 Δ=(159.5-124.5)/7=5，所以各个小区间的端点从左到右依次为 124.5, 129.5, 134.5, 139.5, 144.5, 149.5, 154.5, 159.5，将它们输入区域 C2:C9 中。

② 按以下步骤操作。

单击"工具"→"数据分析"按钮，弹出"数据分析"对话框。

在"分析工具"列表框中，选择"直方图"后单击"确定"按钮，此时将弹出"直方图"对话框，如图 5-37 所示。

在"输入"框内指定输入参数。本例在"输入区域"内键入数据所在的单元格区域 A1:A85，选中"标志"复选框，在"接收区域"中输入组限数据所在的单元格区域 C1:C9。

在"输出选项"选项组中指定输出选项。本例将统计结果存放在当前工作表中，选中

"输出区域"单选按钮，并指定输出区域的左上角单元格为 E1。

根据需要确定是否选中"柏拉图"、"累积百分率"、"图表输出"复选框。若选中"柏拉图"复选框，则统计结果按频率从大到小的顺序排序；若选中"累积百分率"复选框，则统计结果中增加一列频率累积频率的百分比；若选中"图表输出"复选框，则根据统计结果画出直方图。本例只选中"图表输出"复选框。

单击"确定"按钮，Excel 给出统计结果，如图 5-38 所示。

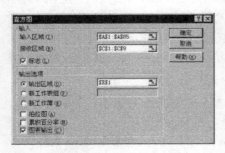

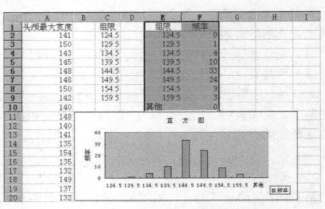

图 5-37 "直方图"对话框   图 5-38 例 5-14 统计结果直方图

注意：在 Excel 所给出的直方图分析结果中，称为"频率"的数据实际上是"频数"，即数据在某个小区间内的出现次数。此外，图中的"其他"项是指数据中大于区间上限的数据个数，本例就是大于 159.5 的数据个数。

从直方图看，它有一个峰，中间高，两头低，比较对称。样本很像来自正态总体。这一点与前一节利用 Excel 2016 的描述统计工具，根据偏度、峰度检验法认为数据来自正态分布的结论是一致的。

小技巧

自动生成按每记录行报表

利用 If 函数（或 Choose 函数）进行分支判断，利用 Row 和 Column 函数计算行号和列号，结合 Index 函数，可以实现复杂的功能，如自动生成按"每记录行"的报表，如工资条或成绩条之类。假定有原文件如图 5-39 所示。

要求达到的效果如图 5-40 所示。

方法一：在 H1 单元格中输入以下公式。

=CHOOSE(MOD(ROW(A1),3)+1,"",INDEX(A:A,1),INDEX(A:A,1+INT(ROW(A2)/3)))

分别向右、向下填充至合适的地方即可。

该方法使用了 Choose 函数，在"空值"、"标题行"、"对应值"三个选项中按所在行号的求余计算得到的值为依据进行选择，该方法的重点是第一个参数不能为 0，如果仅仅求余，则三行一组必然会得出 1、2、0 三个值，因此必须加上 1，这样将依次得到 2、3、1 三个值；而值为 1（结果中的第三行）所对应的选项又必须放在选项参数的第一位（也就是总参数的第二位），因此这个公式理解起来有一定难度。

	A	B	C	D	E	F
1	序号	姓名	基本工资	基本绩效	应发工资	备注
2	1	张三	2000	336	2336	张三收入
3	2	李四	1800	424	2224	李四收入
4	3	王五	2000	398	2398	王五收入
5	4	赵六	2000	368	2368	赵六收入
6	5	朱七	1500	236	1736	朱七收入
7	6	周八	1800	378	2178	周八收入

图 5-39　工资表原始文件

H	I	J	K	L	M
序号	姓名	基本工资	基本绩效	应发工资	备注
1	张三	2000	336	2336	张三收入
序号	姓名	基本工资	基本绩效	应发工资	备注
2	李四	1800	424	2224	李四收入
序号	姓名	基本工资	基本绩效	应发工资	备注
3	王五	2000	398	2398	王五收入
序号	姓名	基本工资	基本绩效	应发工资	备注
4	赵六	2000	368	2368	赵六收入
序号	姓名	基本工资	基本绩效	应发工资	备注
5	朱七	1500	236	1736	朱七收入
序号	姓名	基本工资	基本绩效	应发工资	备注
6	周八	1800	378	2178	周八收入

图 5-40　按“每记录行”分离的工资表效果

另外，值为 3（即结果中的第二行）所对应的选项是一个 Index 函数“INDEX(A:A,1+INT(ROW(A2)/3))”，这使用了 Index 函数的数组形式，将返回引用区域中行列交叉处的值，但因为引用区域只是一个列，因此只有了一个参数“1+INT(ROW(A2)/3)”来返回行号，其实如果改成“1+INT((ROW(A1)+1)/3)”，则逻辑上更通顺，即当前行号加 1 再除以 3 后取整，再加上 1。由于 INT 是向下取整的，这样确定了第 1、2 行都是 0，加上 1 以后才为 1，同理，第 3、4、5 行都为 2，第 6、7、8 行都为 3，以此类推。

方法二：在 H1 单元格中输入以下公式：

=IF(MOD(ROW(),3)=0,"",IF(MOD(ROW(),3)=1,A$1,INDEX($A:$F,INT((ROW()+4)/3),COLUMN(A1))))

或者另建一张新工作表，在其中的 A1 单元格中输入以下公式：

=IF(MOD(ROW(),3)=0,"",IF(MOD(ROW(),3)=1,Sheet1!A$1,INDEX(Sheet1!$A:$F,INT((ROW()+4)/3),COLUMN())))

课后习题 5

1．以下给出了某厂 12 个车间加工同一产品所需时间的全部数据，如题图 5-1 所示。

	A	B
1	时间（时）	
2	12	
3	15	
4	18	
5	19	
6	20	
7	14	
8	15	
9	17	
10	16	
11	13	
12	11	

题图 5-1　原始数据

（1）使用函数计算该厂 12 个车间加工这一产品所需时间的算术平均值、几何平均值、调和平均值、众数、中位数、方差、标准差、偏度以及峰度。

（2）使用数据分析工具对该数据进行描述性统计分析，并将结果与（1）中计算的结果进行对比，判断两者是否相同。

2．某快递公司抽样调查包裹的结果如题图 5-2 所示。

	A	B	C
1	单只包裹重量（公斤）	组中值Mi	邮包数量Fi
2	0~10	5	38
3	10~20	15	35
4	20~30	25	28
5	30~40	35	16
6	40~50	45	8
7	50~60	55	3
8	合计		
9			
10	算术平均数		
11	众数		
12	中位数		
13	方差		
14	标准差		

题图 5-2　抽样结果

（1）计算单只包裹重量的算术平均数、众数和中位数。

（2）计算单只包裹重量的方差和标准差。

3．某地区抽样的 120 家企业按利润进行分组统计的结果如题图 5-3 所示。

	A	B
1	利润（万元）	企业数（个）
2	200-300	20
3	300-400	29
4	400-500	40
5	500-600	19
6	600以上	12

题图 5-3　按利润分组统计

（1）计算这 120 家企业利润额的算术平均数、众数和中位数。

（2）计算这 120 家企业利润额的方差和标准差。

（3）计算这 120 家企业利润额的偏度和峰度。

第 6 章

Excel 高级分析工具的应用——预测分析

本章提要

> 　　本章先讨论了两种时间序列预测法，即移动平均法和指数平滑法；再介绍了回归分析法，其中包括线性回归法和可以转化为线性处理的非线性回归法。
>
> 　　预测是指从已知事件测定未知事件。具体地讲，预测就是以准确的调查统计资料和统计数据为依据，从研究现象的历史、现状和规律性出发，运用科学的方法，对研究现象的未来发展前景的测定。预测理论作为通用的方法论，既可以应用于研究自然现象，又可应用于研究社会现象。将预测理论、方法和个别领域现象发展的实际相结合，就产生了预测的各个分支，如社会预测、人口预测、经济预测、政治预测、科技预测、军事预测、气象预测等。本章主要以经济预测为例来讨论预测技术中最基本、最常用的预测方法及其在 Excel 中的具体实现。
>
> 　　经济预测的内容十分丰富，常见的有某种商品或产品的社会需求预测、市场占有率预测、市场供求预测、库存预测，以及企业利润预测、投资效益预测、价格变动预测等。由于经济系统的复杂性、随机性、动态性、开放性、模糊性以及经济信息的不完善性，使得没有哪种单纯的预测方法能满足一切预测决策工作的需要，所以现在已发展了许多预测方法，不同的预测方法适用于不同的情况。在实际应用中应具体问题具体分析，针对具体问题选择最有效的预测方法来进行预测分析。本章只讨论应用最为广泛的时间序列预测法和回归分析预测法。

 6.1 时间序列预测法

1．时间序列

　　时间序列是按时间顺序排列的一组数字序列，时间序列分析就是利用这组数列，应用数理统计方法加以处理，以预测未来事物的发展。通常，人们所面临的决策中，时间往往是一个重要的变量。管理者做预测时，常常以过去的历史资料为依据，预测将来的销售量、国民生产总值、股价的变动，以及人口成长等变量。过去的历史数据，我们称之为时间序列。更明确的定义：时间序列是一群统计数据，按照其发生时间的先后排成的序列。例如，某地每日的平均温度、某地的每月降水量、股票市场中每天的收盘价、某型号电视机每年的产量，以及历年来国民收入与出口总额等，是每年或一段较长时间一直重复出现的数据，这些都是时间序列。

2．时间序列分析

时间序列分析是一种动态数据处理的统计方法，该方法基于随机过程理论和数理统计学方法，研究随机数据序列所遵从的统计规律，以用于解决实际问题。它包括一般统计分析（如自相关分析、谱分析等），统计模型的建立与推断，以及关于时间序列的最优预测、控制与滤波等内容。

一般来讲，时间序列分析的核心是建模，主要研究对象是组成成分。

3．时间序列的建模的基本原理

经典的统计分析都假定数据序列具有独立性，而时间序列分析则侧重研究数据序列的互相依赖关系，因此，时间序列的数据往往不能以回归分析的方法来建立模型加以分析，因为回归分析建立的是因果模型。而时间序列中的各观测值间通常存在相关性，时间相隔越短，两个观测值的相关性越大，时间序列并不满足所谓"各观测值为独立"的必要假设。也就是说，时间序列预测法将影响预测目标的一切因素都由"时间"综合起来描述。

因此，时间序列分析和其他传统分析不同的是，它不需要借助预测变量，仅依照变量本身过去的数据所存在的变异形态来建立模型。也就是说，我们不清楚历年的数据为什么会是这样，但只要我们知道了历年数据，就可以用来进行预测。因此，时间序列预测法主要用于分析影响事物的主要因素比较困难或相关变量资料难以得到的情况。

即使仅考虑时间因素，也必须了解时间序列特征的组成成分，这些成分主要包括 4 种——长期趋势、季节变动、循环变动和不规则变动，并且这 4 种成分可能同时存在于一个时间序列中。

① 长期趋势。长期趋势指时间序列依时间而呈现出逐渐增加或减少的长期变化趋势。时间序列在一个较长的时间内，往往会呈现出不变、递增或递减的趋向，此趋势可能是由长期人口的逐渐改变、科技的进步或消费者的结构提升等结果所致。

② 季节变动。季节变动指在一年中或固定时间内，呈现固定的规则变动。季节变动发生的原因，主要是受到季节的影响与习俗的形成，如空调在夏季的销售量多而在冬天少、一天的交通流量在上下班高峰期出现而其余时间较为稳定、圣诞节前玩具销售量的增加、暑假期间旅游活动的增加等。

③ 循环变动。循环变动指沿着趋势线如钟摆般来回循环变动、且循环变动的周期超过一年的变动。这种变动的原因很多且周期的长短与幅度也不一致，通常一个时间序列的循环是由其他多个小的时间序列循环组合而成的，如总体经济指标的循环往往是由各个产业循环组合而成的，有时总体经济会受到重大政治事件的影响，如总统大选、战争等。同样，各产业的循环往往受到整体环境的影响。

④ 不规则变动。不规则因子使所关心的变量变动完全不可预测：不规则变动是在时间序列中将长期趋势、季节变动和循环变动等成分隔离后，所剩下的随机状况的部分。一般而言，长期趋势、季节变动和循环变动等皆受规则性因素影响，只有不规则因素是属于随机性的，其发生原因为自然灾害、人为的意外因素、天气突然改变以及政治情势的巨大变化等。

正因为时间序列具有上述各种组分，所以进行时间序列分析时，要承认事物发展的延续性，应用过去数据，就能推测事物的发展趋势；考虑到事物发展的随机性，任何事物发展都可能受到偶然因素影响，为此需要利用统计分析方法中的加权平均法对历史数据进行处理。该方法简单易行，便于掌握，但准确性差，一般只适用于短期预测。

4．时间序列建模的基本步骤

① 用观测、调查、统计、抽样等方法取得被观测系统的时间序列动态数据，即把历史统计资料按时间顺序排列起来得到的一组数据序列。例如，按月份排列的某种商品的销售量；工农业总产值按年度顺序排列起来的数据序列等都是时间序列。时间序列一般写成 $\{Y_t\}$，用 $y_1, y_2, \cdots, y_t$ 表示，其中 t 为 0，1，2 等代表时间的下标。

② 根据动态数据制作相关图，进行相关分析，求自相关函数。一般以时间为横轴，将各时点的观测值描绘出来，相关图能显示出变化的趋势和周期，并能发现跳点和拐点，跳点是指与其他数据不一致的观测值，如果跳点是正确的观测值，则在建模时应该考虑进去；如果跳点是反常现象，则应把跳点调整为期望值。拐点是指时间序列从上升趋势突然变化到下降趋势的点，如果存在拐点，则在建模时必须用不同的模型去分段拟合该时间序列。

③ 辨别合适的随机模型，进行曲线拟合，即用通用随机模型去拟合时间序列的观测数据。对于短的或简单的时间序列，可用通用 ARMA 模型及其特殊情况的自回归模型、移动平均模型或组合-ARMA 模型等来进行拟合。当观测值多于 50 个时，一般采用 ARMA 模型。对于非平稳时间序列则要先将观测到的时间序列进行差分运算，化为平稳时间序列，再用适当模型去拟合这个差分序列。

模型建好后，就可以利用它分析随时间的变化趋势，并外推预测目标的未来值。

5．时间序列分析主要应用领域和应用类型

时间序列分析常用在国民经济宏观控制、区域综合发展规划、企业经营管理、市场潜量预测、气象预报、水文预报、地震前兆预报、农作物病虫害预报、环境污染控制、生态平衡、天文学和海洋学等方面。

在具体的应用类型上，时间序列分析可用在以下方面。

① 系统描述。根据对系统进行观测得到的时间序列数据，用曲线拟合方法对系统进行客观的描述。

② 系统分析。当观测值取自两个以上变量时，可用一个时间序列中的变化去说明另一个时间序列中的变化，从而深入了解给定时间序列产生的机理。

③ 预测未来。一般用 ARMA（自回归移动平均）模型拟合时间序列，预测该时间序列未来值。

④ 决策和控制。根据时间序列模型可调整输入变量，使系统发展过程保持在目标值上，即观测到过程要偏离目标时进行必要的干预和控制。

由上可见，研究时间序列分析的最主要目的还是时间序列的预测，现代商业和经济活动本质上是动态的，而且是多变的，如何对未来做一个可靠的预测，是各组织最重视的课题之一。

正因为研究时间序列分析的核心是时间序列的预测，而 Excel 2016 提供了时间序列的多种预测方法，因此，学习 Excel 2016 的时间序列分析工具对实际工作有重要意义。

时间序列预测一般反映了三种实际变化规律：趋势变化（即前述长期趋势）、周期性变化（前述季节变动和循环变动）和随机性变化（前述不规则变动）。针对时间序列的各种不同组成成分，时间序列的预测也有不同的方法。一般来讲，时间序列的预测的简单方法主要有简单平均法、移动平均法和指数平滑法。

6.2 移动平均法

移动平均法是一种简单平滑预测技术，是以对时间序列逐期递移求得的平均数作为预测值的一种预测方法，它的基本思想如下：根据时间序列资料、逐项推移，依次计算包含一定项数的序时平均值，以反映长期趋势的方法。因此，当时间序列的数值由于受周期变动和随机波动的影响，起伏较大，不易显示出事件的发展趋势时，使用移动平均法可以消除这些因素的影响，显示出事件的发展方向与趋势（趋势线），然后依趋势线分析预测序列的长期趋势。

移动平均分为简单移动平均法和趋势移动平均法两种。

1. 简单移动平均法

简单移动平均法是指将最近的 N 期数据加以平均，作为下一期的预测值。设有一时间序列 $y_1, y_2, \cdots, y_t$，则按数据点的顺序逐点推移求出 N 个数的平均数，即可得到一次移动平均数：

$$M_t^{(1)} = \frac{y_t + y_{t-1} + \cdots + y_{t-N+1}}{N} = M_{t-1}^{(1)} + \frac{y_t - y_{t-N}}{N}, \quad t \geq N$$

式中：$M_t^{(1)}$ 为第 t 周期的一次移动平均数；y_t 为第 t 周期的观测值；N 为移动平均的项数，即求每一移动平均数使用的观察值的个数。

例如，假定五天中有 1, 2, 3, 4, 5 这五个数，那么按 3 天的步长计算的第三、四、五这 3 天的移动平均值分别是：

$$M_3^{(1)} = \frac{y_3 + y_{3-1} + y_{3-3+1}}{3} = \frac{y_3 + y_2 + y_1}{3} = \frac{3+2+1}{3} = 2$$

$$M_4^{(1)} = \frac{y_4 + y_{4-1} + y_{4-3+1}}{3} = \frac{y_4 + y_3 + y_2}{3} = \frac{4+3+2}{3} = 3$$

$$M_5^{(1)} = \frac{y_5 + y_{5-1} + y_{5-3+1}}{3} = \frac{y_5 + y_4 + y_3}{3} = \frac{5+4+3}{3} = 4$$

而其中，第四、五两天的移动平均值也可以用第三、四两天已有的移动平均值加上第四、五两天的实际值与各自 3 天前的实际值之差的三分之一来表述，即

$$M_4^{(1)} = M_3^{(1)} + \frac{y_4 - y_{4-3}}{3} = M_3^{(1)} + \frac{y_4 - y_1}{3} = 2 + \frac{4-1}{3} = 3$$

$$M_5^{(1)} = M_4^{(1)} + \frac{y_5 - y_{5-3}}{3} = M_4^{(1)} + \frac{y_5 - y_2}{3} = 3 + \frac{5-2}{3} = 4$$

此公式表明，当期的移动平均值，是上期的移动平均值加上一个常数。

此公式表明当 t 向前移动一个时期时，就增加一个新近数据，去掉一个远期数据，得到一个新的平均数。由于它不断地"吐故纳新"，逐期向前移动，所以称为移动平均法。

由于移动平均可以平滑数据，消除周期变动和不规则变动的影响，使得长期趋势显示出来，因而可以用于预测。其预测公式为：

$$\hat{y}_{t+1} = M_t^{(1)}$$

即以第 t 周期的一次移动平均数作为第 $t+1$ 周期的预测值。

对于给定的时间序列，Excel 2016 的加载项“数据分析”提供了移动平均的功能。下面通过一个实例来进行介绍。

例 6-1 现有某地 1987—2017 年的 GDP 增长率，要求依据简单移动平均法来预测 2018 年的 GDP 增长率，其中步长为 3，并计算预测误差。原文件如图 6-1 所示。

首先，在“开发工具”→“Excel 加载项”中选择加载“分析工具库”，如图 6-2 所示。

	A	B	C
1		GDP增长率（%）	
2	1987	10.2	
3	1988	6.1	
30	2015	11	
31	2016	11.4	
32	2017	9	
33	2018		

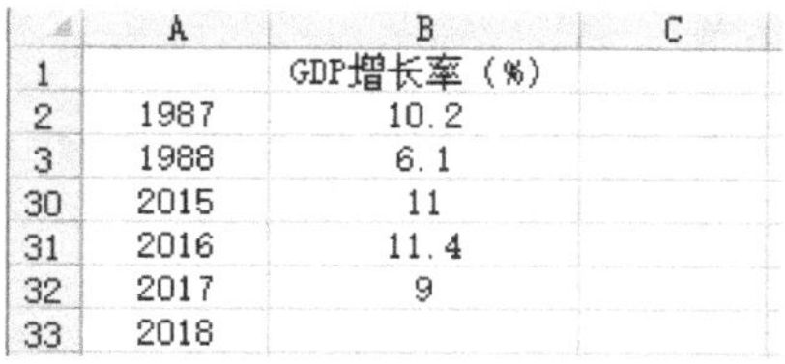

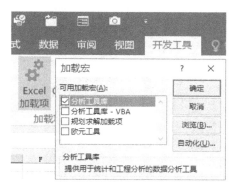

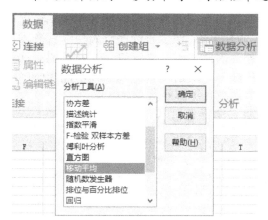

图 6–1 例 6–1 原始数据

图 6–2 加载宏

此时，Excel 的“数据”选项卡中多了一个“分析”组，单击其中的“数据分析”按钮，弹出“数据分析”对话框，在其中选择“移动平均”选项，如图 6-3 所示。

在随后弹出的“移动平均”对话框中进行如图 6-4 所示的设置。

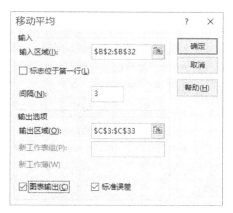

图 6–3 在“数据分析”对话框中选择“移动平均”选项

图 6–4 设置“移动平均”对话框中的各项参数

Excel 很快计算出了移动平均值，如图 6-5 所示，并同时生成了相应的折线图，如图 6-6 所示。

从图中可见，2009 年 GDP 的预测值是 10.5%，标准误差为 1.074 968，从原值和预测值两条曲线的吻合度来看，1994 年以后的吻合度较好。

D33		=SQRT(SUMXMY2(B30:B32,C31:C33)/3)		
	A	B	C	D	E
1		GDP增长率 (%)			
2	1987	10.2			
3	1988	6.1	#N/A	#N/A	
4	1989	6.5	#N/A	#N/A	
5	1990	3.9	7.6	#N/A	
6	1991	7.5	5.5	#N/A	
7	1992	9.3	5.966667	1.428415	
8	1993	13.7	6.9	1.886011	
9	1994	11.9	10.16667	2.62015	
10	1995	7.2	11.63333	2.470867	
11	1996	9.8	10.93333	2.971719	
12	1997	9.5	9.633333	2.163074	
13	1998	2.5	8.833333	2.191651	
14	1999	2.3	7.266667	2.780488	
15	2000	7.7	4.766667	3.122499	
16	2001	12.8	4.166667	3.709897	
17	2002	12.7	7.6	3.899098	
18	2003	11.8	11.06667	3.75021	
19	2004	9.7	12.43333	3.168011	
20	2005	8.9	11.4	1.40936	
21	2006	8.2	10.13333	1.26652	
22	2007	6.8	8.933333	1.284379	
23	2008	6.7	7.966667	1.067708	
24	2009	7.6	7.233333	0.853099	
25	2010	7.5	7.033333	0.809664	
26	2011	8.4	7.266667	0.469042	
27	2012	9.3	7.833333	0.481894	
28	2013	9.4	8.4	0.628638	
29	2014	9.8	9.033333	0.649501	
30	2015	11	9.5	0.587209	
31	2016	11.4	10.06667	0.604306	
32	2017	9	10.73333	0.684484	
33	2018		10.46667	1.074968	

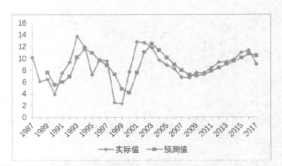

图 6-5　例 6-1 计算结果　　　　　　　　图 6-6　例 6-1 结果的折线图

2．趋势移动平均法

当时间序列没有明显的趋势变动时，使用一次移动平均就能够准确地反映实际情况，直接用第 t 周期的一次移动平均数就可预测第 t+1 周期之值。但当时间序列出现线性变动趋势时，用一次移动平均数来预测就会出现滞后偏差。因此，需要进行修正，修正的方法是在一次移动平均的基础上做二次移动平均，利用移动平均滞后偏差的规律找出曲线的发展方向和发展趋势，然后建立直线趋势的预测模型。故称其为趋势移动平均法。

设一次移动平均数为 $M_t^{(1)}$，则二次移动平均数 $M_t^{(2)}$ 的计算公式为：

$$M_t^{(2)} = \frac{M_t^{(1)} + M_{t-1}^{(1)} + \cdots + M_{t-N-1}^{(1)}}{N} = M_{t-1}^{(2)} + \frac{M_t^{(1)} - M_{t-N}^{(1)}}{N}$$

再设时间序列 $y_1, y_2, \cdots, y_t$，从某时期开始具有直线趋势，且认为未来时期亦按此直线趋势变化，则可设此直线趋势预测模型为：

$$\hat{y}_{t+T} = a_t + b_t T$$

式中：t 为当前时期数；T 为由当前时期数 t 到预测期的时期数，即 t 以后模型外推的时间；$\hat{y}_{t+T}$ 为第 t+T 期的预测值；a_t 为截距；b_t 为斜率。a_t、b_t 又称为平滑系数。

根据移动平均值可得截距 a_t 和斜率 b_t 的计算公式为：

$$a_t = 2M_t^{(1)} - M_t^{(2)}$$

$$b_t = \frac{2}{N-1}(M_t^{(1)} - M_t^{(2)})$$

在实际应用移动平均法时，移动平均项数 N 的选择十分关键，它取决于预测目标和实际数据的变化规律。

例 6-2　如图 6-7 所示为某地 1999—2017 年社会消费零售总额数据，要求据此预测

2018 年的社会零售总额数据。

单击“数据”→“分析”→“数据分析”按钮，在弹出的“数据分析”对话框中选择“回归”选项，如图 6-8 和如图 6-9 所示。

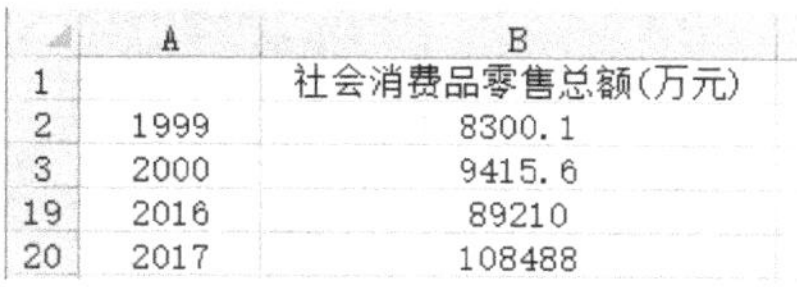

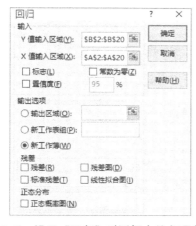

	A	B
1		社会消费品零售总额(万元)
2	1999	8300.1
3	2000	9415.6
19	2016	89210
20	2017	108488

图 6-7 例 6-2 原始数据

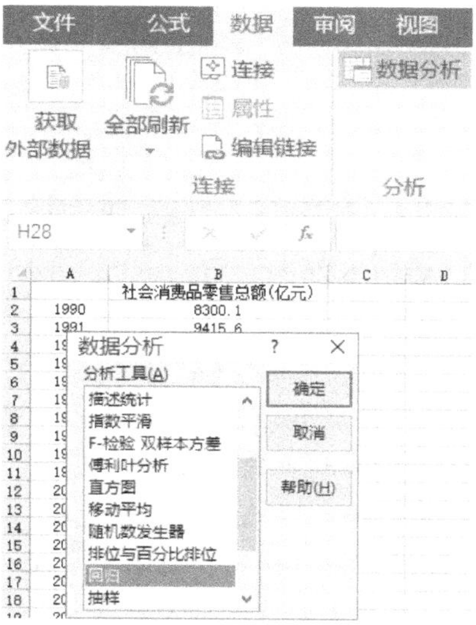

图 6-8 在“数据分析”对话框中选择“回归”选项

在弹出的“回归”对话框中，对各参数进行如图 6-9 所示的设置。

单击“确定”按钮后，即得到如图 6-10 所示的结果，其中主要是对 b_0 和 b_1 的值进行了计算，图中 B17 单元格即为的 b_0 值，B18 单元格即为 b_1 的值。

图 6-9 设置“回归”对话框中的各项参数

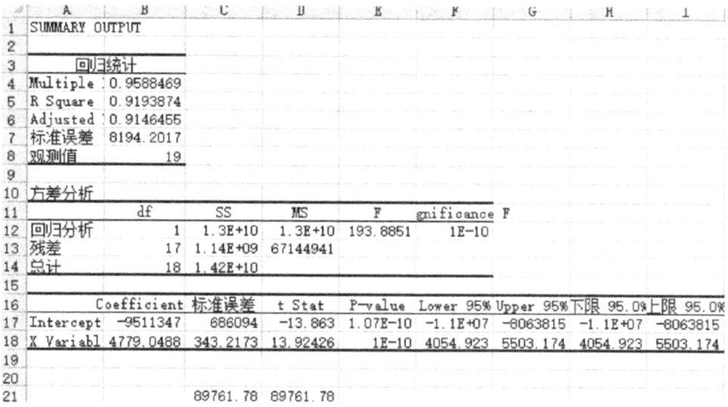

	A	B	C	D	E	F	G	H	I
1	SUMMARY OUTPUT								
2									
3	回归统计								
4	Multiple	0.9588469							
5	R Square	0.9193874							
6	Adjusted	0.9146455							
7	标准误差	8194.2017							
8	观测值	19							
9									
10	方差分析								
11		df	SS	MS	F	gnificance F			
12	回归分析	1	1.3E+10	1.3E+10	193.8851	1E-10			
13	残差	17	1.14E+09	67144941					
14	总计	18	1.42E+10						
15									
16		Coefficient	标准误差	t Stat	P-value	Lower 95%	Upper 95%	下限 95.0%	上限 95.0%
17	Intercept	-9511347	686094	-13.863	1.07E-10	-1.1E+07	-8063815	-1.1E+07	-8063815
18	X Variabl	4779.0488	343.2173	13.92426	1E-10	4054.923	5503.174	4054.923	5503.174
19									
20									
21			89761.78	89761.78					

图 6-10 例 6-2 计算结果

因此，2018 年某地社会零售品总额的预测值为：

$$\widehat{Y}_{2018} = b_0 + b_1 t = B17 + B18 \times 2018 = 89\,761.8$$

对原始数据作折线图并添加线性趋势线，可见该序列线性趋势很强，回归结果良好，因此预测的精度也非常高，如图 6-11 所示。

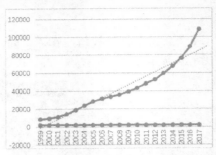

图 6-11　例 6-2 计算结果的折线图

3. 应用举例

例 6-3　已知某商场 1997—2017 年的年销售额见表 6-1，试预测 2018 年该商场的年销售额。

表 6-1　例 6-3 原始数据

年　份	销　售　额
1997	32
1998	41
1999	48
2000	53
2001	51
2002	58
2003	57
2004	64
2005	69
2006	67
2007	69
2008	76
2009	73
2010	79
2011	84
2012	86
2013	87
2014	92
2015	95
2016	101
2017	107

下面使用"移动平均"工具进行预测，具体操作步骤如下。

① 在"移动平均"对话框中，输入相应的参数。

a. 在"输入"选项组中指定输入参数。

● 在"输入区域"框中指定统计数据所在区域 B1:B22。

● 因指定的输入区域包含标志行，所以选中"标志位于第一行"复选框。

● 在"间隔"框内键入移动平均的项数 5（根据数据的变化规律，本例选取移动平均项数 $N=5$）。

b. 在"输出选项"选项组内指定输出选项。

● 可以选择输出到当前工作表的某个单元格区域、新工作表或新工作簿中，本例选中"输出区域"，并键入输出区域左上角单元格地址 C2。

● 选中"图表输出"复选框。若需要输出实际值与一次移动平均值之差，还可以选中"标准误差"复选框。

选择好参数后的"移动平均"对话框如图 6-12 所示。

单击"确定"按钮，此时，Excel 给出一次移动平均的计算结果及实际值与一次移动平均值的曲线图，如图 6-13 所示。

图 6-12　例 6-3 "移动平均"对话框的参数设置

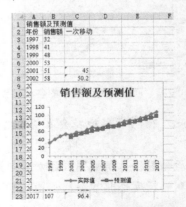

图 6-13　例 6-3 一次移动平均的结果

从图 6-13 可以看出，该商场的年销售额具有明显的线性增长趋势。因此要进行预测，还必须先做二次移动平均，再建立直线趋势的预测模型。而利用 Excel 2016 提供的"移动平均"工具只能做一次移动平均，所以在一次移动平均的基础上再进行移动平均即可。

② 再次进行移动平均。

二次移动平均的方法基本同上，区别在于选择"输入区域"时要比现有的列高出一个单元格，如图 6-14 所示。

或者选择输入区域时不用多选一个单元格，但不要选中"标志位于第一行"复选框。最后求出二次移动平均值及实际值与二次移动平均值的拟合曲线，如图 6-15 所示。

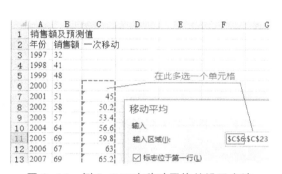

图 6-14　例 6-3 二次移动平均的设置方法

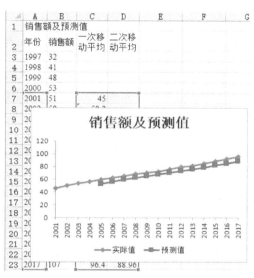

图 6-15　二次移动平均值及拟合曲线图

③ 得出最终结果：再利用前面所讲的截距 a_t 和斜率 b_t 计算公式可得：

$$a_{21} = 2M_{21}^{(1)} - M_{21}^{(2)} = 2 \times 96.4 - 88.96 = 103.84$$

$$b_{21} = \frac{2}{5-1}(M_{21}^{(1)} - M_{21}^{(2)}) = \frac{2}{4}(96.4 - 88.96) = 3.72$$

于是可得 $t = 21$ 时的直线趋势预测模型为：

$$\hat{y}_{21+T} = 103.84 + 3.72T$$

预测 2013 年该商场的年销售额为：

$$\hat{y}_{2013} = \hat{y}_{21+1} = 103.84 + 3.72 \times 1 = 107.56$$

4．利用移动平均方法制作股市行情图

（1）移动平均线图

移动平均是一种统计技术，移动平均线是将某段时间内股票价格的平均值画在坐标图上所形成的曲线。它受短期股票价格上升或下跌的影响较小，稳定性高，因而可以较为准确地研判股市的未来走势。根据时间长短，移动平均线可分为短期移动平均线、中期移动平均线和长期移动平均线。一般而言，10 日以下的称为短期移动平均线，10～20 日的称为中期移动平均线，20 日以上的称为长期移动平均线。短期移动平均线通常对股价的波动更为敏感，因此也称快速移动平均线。相应的，长期移动平均线则称为慢速移动平均线。

要绘移动平均线，首先需要计算移动平均数。移动平均数常见的有以下多种。

① 算术移动平均数：即一般的平均数，计算方法是将一组数相加，再除以数的个数。其计算公式为：

$$MA = \frac{\sum C_i}{n}$$

② 加权移动平均数：算术移动平均数的计算将每个数对未来的影响同等看待，这是不太合理的。一般来说，越近的数对未来的影响应该越大。所以加权移动平均数对影响力较大的近期数据赋予较高的加权，而对于影响力较小的远期数据赋予较低的加权。其计算公式为：

$$MA = \frac{\sum i \times C_i}{\sum i}$$

③ 指数平滑移动平均数：由于算术移动平均数和加权移动平均数的计算都需要计算大量的数据，较为繁杂费时，因此常使用指数平滑移动平均数递推计算。其计算公式为：

$$EMA_t = \frac{[C_t + EMA_{t-1} \times (n-1)]}{n}$$

其中，EMA_t 为待计算的指数平滑移动平均数，EMA_{t-1} 为前 1 日的指数平滑移动平均数，第 1 个指数平滑移动平均数可以使用算术移动平均数或加权移动平均数。例如，要计算 5 天的指数平滑移动平均数，就是把昨天的指数平滑移动平均数乘以 4（认为昨天开始倒推 4 天的值都是一样的）再加上今天的值，来除以 5，即可得到平均值。

下面先使用算术移动平均数说明制作 5 日和 10 日移动平均线的操作步骤。

① 在第 5 日股价收盘价的下面（F7 单元格），输入计算 5 日算术平均数的公式："=AVERAGE（B6:F6）"。

② 将该公式填充到 G7:U7 单元格区域中，计算出其他各天的 5 日算术移动平均数。

③ 按照类似的方法在第 10 日股价收盘价的下面（K8 单元格），输入计算 10 日算术平均数的公式，并填充到 L8:U8 单元格区域中，计算出各天的 10 日算术移动平均数。

④ 选定要制作移动平均线的数据所在的单元格。为了观察方便，将 K 列以前的数据列隐藏，然后选定 1、7、8 行，如图 6-16 所示。

	A	K	L	M	N	O	P	Q	R	S
1	日期	9月15日	9月18日	9月19日	9月20日	9月21日	9月22日	9月25日	9月26日	9月27日
2	成交量	247000	228000	118000	89000	85000	73400	53000	58000	61000
3	开盘价	2.80	2.81	2.89	2.73	2.70	2.65	2.72	2.50	2.50
4	最高价	3.06	3.07	2.90	2.78	2.73	2.70	2.72	2.63	2.54
5	最低价	2.73	2.87	2.58	2.65	2.55	2.54	2.52	2.48	2.44
6	收盘价	2.79	2.92	2.66	2.66	2.60	2.68	2.53	2.60	2.44
7	5日平均	2.68	2.73	2.75	2.76	2.73	2.70	2.63	2.61	2.57
8	10日平均	2.43	2.51	2.57	2.63	2.66	2.69	2.68	2.68	2.67
9										

图 6-16　制作移动平均线图的数据准备

⑤ 单击常用工具栏中的"图表向导"按钮，在弹出的"图表向导—步骤 4 之 1—图表类型"对话框的图表类型和子图表类型中均选择折线图。

⑥ 按照图表向导的提示，一步步完成移动平均线图的制作。完成并经过一定修饰的移动平均线如图 6-17 所示。

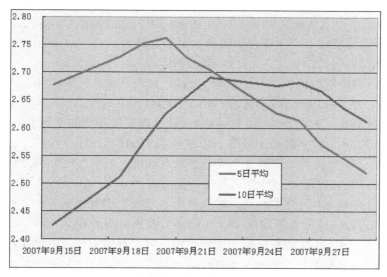

图 6-17　完成并经过一定修饰的移动平均线

通过观察移动平均线的起落，可以明确地显示股票的真正基本趋势。对于股票的短期趋势，可以用 10～25 天的移动平均线研判；对于较短的中期趋势，可以用 26～49 天的移动平均线研判；对于中期趋势，可以用 50～100 天的移动平均线研判。（前面不是说"10日以下的称为短期移动平均线，10～20 日的称为中期移动平均线，20 日以上的称为长期移动平均线"吗？到底依哪种说法？）一般来说，较少采用更长周期的移动平均线。另外，通过多重移动，平均线还可以进一步研判较为合适的买卖股票时机，有关理论和方法请参考有关证券技术分析的书籍。

（2）K、D 线图

K、D 线是非常实用的研判股票市场行情的工具。它是建立在随机指标的基础上的图形分析方法。它融合了移动平均线的观点，同时也具有强弱指标（RSI）的基础（其实就是有加权），可以形成非常准确的买卖信号，是短线操作的利器。随机指标与移动平均线和强弱指标不同，它不仅考虑收盘价，还将最高价、最低价也考虑进去，因而更能体现股市的真正波动。

在计算 K、D 值之前，首先需要计算出未成熟随机值（Row Stochastic Value，RSV），然后依此计算 K、D 值。计算 n 日的 RSV、K、D 的公式为：

$$RSV = \frac{当天收盘价 - 最近n天内最低价}{最近n天内最高价 - 最近n天内最低价}$$

$$K_t = \frac{2 \times K_{t-1} + RSV_t}{3}$$

$$D_t = \frac{2 \times D_{t-1} + K_t}{3}$$

式中：第 1 个 K、D 值等于第 1 个未成熟随机值。

从上述公式可见，其实，K、D 值也可看作一种指数平滑移动平均值，当天的 K 值是将前一天的 K 值乘 2 再加上当天的 RSV 值，将此和除以 3；D 值则是将前一天的 D 值乘 2 再加上当天的 K 值，将此和除以 3。这和前述的计算 EMA_t 很相似，只不过 EMA_t 是递归算法，即都是把自身前一天的值乘以 n-1 后加上今天自身的值来除以 n，而 K、D 值是把其他相关指标的前一天的值加上今天自身的值乘 n-1 后除以 n。

下面仍以上例说明制作 9 日 K、D 线图的操作步骤。

① 在第 9 日股价收盘价的下面（J7 单元格），输入计算 9 日 RSV 的公式：

"=(J6-MIN(B5:J5))/(MAX(B4:J4)-MIN(B5:J5))"

② 将该公式填充到 K7:U7 单元格区域中，计算出其他各天的 9 日 RSV。

③ 在 J8 和 J9 单元格中输入计算第 1 个 K 值和 D 值的公式："=J7"。

④ 在 K8 单元格中输入计算第 2 个 K 值的计算公式："=（2 * J8 + K7）/3"。再将该公式填充到 L8:U8 单元格区域中，计算出其他各天的 K 值。

⑤ 类似的，在 K9 单元格中输入计算第 2 个 D 值的计算公式："=（2 * J9 + K8）/3"。再将该公式填充到 L9:U9 单元格区域中，计算出其他各天的 D 值。

⑥ 选定要制作 K、D 线的数据所在的单元格。为了观察方便，将第 9 日以前的数据列隐藏，然后选定 1、7 和 8 行，如图 6-18 所示。

	A B	J	K	L	M	N	O	P	Q	R
1	日期	9月14日	9月15日	9月18日	9月19日	9月20日	9月21日	9月22日	9月25日	9月26日
2	成交量	260000	247000	228000	118000	89000	85000	73400	53000	56000
3	开盘价	2.60	2.80	2.81	2.89	2.73	2.70	2.65	2.72	2.50
4	最高价	2.78	3.06	3.07	2.90	2.78	2.73	2.70	2.72	2.63
5	最低价	2.58	2.73	2.87	2.56	2.85	2.55	2.54	2.52	2.48
6	收盘价	2.78	2.79	2.92	2.66	2.86	2.60	2.68	2.53	2.60
7	RSV	0.99	0.74	0.85	0.57	0.55	0.48	0.30	0.04	0.20
8	K	0.99	0.90	0.89	0.78	0.70	0.63	0.52	0.36	0.31
9	D	0.99	0.96	0.94	0.88	0.82	0.76	0.68	0.57	0.48
10										

图 6-18　制作 K、D 线图的数据准备

⑦ 单击常用工具栏中的"图表向导"按钮，在弹出的"图表向导—步骤 4 之 1—图表类型"对话框的图表类型和子图表类型中均选择折线图。

⑧ 按照图表向导的提示，一步步完成 K、D 线图的制作。完成并经过一定修饰的 K、D 线图如图 6-19 所示。注意，第二步在系列中要为图例选好名称。

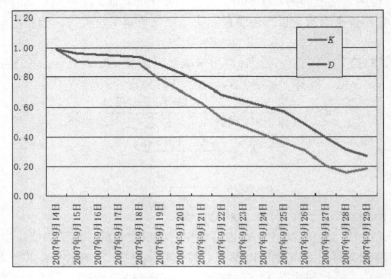

图 6-19　完成并经过一定修饰的 K、D 线图

通过 K、D 线图，可以为买卖股票时机提供很好的帮助。当 K 值从小于 D 值变成大于 D 值时，即 K 线从下方突破 D 线，形成 K 线在上 D 线在下时，即为买进时机，该交叉点称为黄金交叉点。而当 D 值从小于 K 值变成大于 K 值时，即 K 线从上方穿越 D 线，形成 D 线在上 K 线在下时，即为卖出时机，该交叉点称为死亡交叉点。此外，再配合支撑线、K 线和成交量等分析，可以更好地把握买卖时机。为什么会这样呢？因为 RSV 值本身反映了当天的值与最近 n 天最高值的贴近程度，它的取值为 0~1，值越大，说明越贴近最近 n 天的最高值，也就是说反映了最近 n 天该股总体是上涨趋势，反之，则说明了最近 n 天该股总体是下跌趋势。K 值将前一天的 K 值给了加权系数 2，再加上今天的 RSV 值，进行平均，得到当天的 K 值，也就是对最近几天的 RSV 值给了较高的权数，即给了最近几天变动趋势较高的权数，而当天的 K 值又只在当天的 D 值中占 1/3 的权重，前一天的 D 值则占了当天 D 值的 2/3 的权重，因此 D 值的变动速度就会低于 K 值，也就是说，会滞后于 K 值的变动。总之，K 值更能反映近期变动，D 值更为反映长期变动，所以 K 值比 D 值更敏感。

6.3 指数平滑法

移动平均法的预测值实质上是以前观测值的加权和，且对不同时期的数据给予相同的加权。这往往不符合实际情况。指数平滑法则对移动平均法进行了改进和发展，其应用较为广泛。

1. 指数平滑法的基本理论

根据平滑次数不同，指数平滑法分为一次指数平滑法、二次指数平滑法和三次指数平滑法等。但它们的基本思想都是预测值是以前观测值的加权和，且对不同的数据给予不同的权，新数据给较大的权，旧数据给较小的权。

（1）一次指数平滑法

设时间序列为 $y_1, y_2, \cdots, y_t$，则一次指数平滑公式为：

$$S_t^{(1)} = \alpha y_t + (1-\alpha)S_{t-1}^{(1)}$$

式中，$S_t^{(1)}$ 为第 t 周期的一次指数平滑值；α 为加权系数，$0 < \alpha < 1$。

为了弄清指数平滑的实质，将上述公式依次展开，可得：

$$S_t^{(1)} = \alpha \sum_{j=0}^{t-1} (1-\alpha)^j y_{t-j} + (1-\alpha)^t S_0^{(1)}$$

由于 $0 < \alpha < 1$，当 $t \to \infty$ 时，$(1-\alpha)t \to 0$，于是上述公式变为：

$$S_t^{(1)} = \alpha \sum_{j=0}^{\infty} (1-\alpha)^j y_{t-j}$$

由此可见，$S_t^{(1)}$ 实际上是 $y_t, y_{t-1}, \cdots, y_{t-j}$，的加权平均。加权系数分别为 $\alpha, \alpha(1-\alpha)$, $\alpha(1-\alpha)^2, \cdots$，是按几何级数衰减的，越近的数据，权数越大，越远的数据，权数越小，且权数之和等于 1，即

$$\alpha \sum_{j=0}^{\infty} (1-\alpha)^j = 1$$

因为加权系数符合指数规律，且又具有平滑数据的功能，所以称为指数平滑。

用上述平滑值进行预测，就是一次指数平滑法。其预测模型为：

$$\hat{y}_{t+1} = S_t^{(1)} = \alpha y_t + (1-\alpha)\hat{y}_t$$

即以第 t 周期的一次指数平滑值作为第 $t+1$ 期的预测值。

例 6-4　现有 1987—2017 年某市 CPI 的数据，如图 6-20 所示，要求用一次指数平滑法预测 2018 年某市 CPI 的值，阻尼系数为 0.3、0.5 或 0.7。

单击"数据"→"分析"→"分析工具"按钮，从"分析工具"对话框中选择"指数平滑"，在弹出的"指数平滑"对话框中进行如下设置，如图 6-21 所示。

图 6-20　例 6-4 原始数据　　　　图 6-21　例 6-4 "指数平滑"对话框参数设置

该对话框中的"标志"复选框用以选择输入区域中是否含有用来区分不同时间序列的行标志或列标志，如果输入区域的第一行或第一列含有标志就选中它。

单击"确定"按钮后，可得到在阻尼系数为 0.3 时的平滑预测值，重复此步骤，分别将阻尼系数改为 0.5 和 0.7，并在阻尼系数为 0.7 时同时选中"图表输出"复选框，最终结果如图 6-22 所示。

图 6-22 中，C33、E33、G33 这三个单元格中的数据即为三种阻尼系数下的预测值，而 D33、F33 和 H33 这三个单元格中分别为三种阻尼系数下的标准差，根据方差最小的原则（在此例中转化为标准差最小），显然阻尼系数为 0.7 时的预测值为最佳预测值。这一点从图 6-23 中也能看出。

图 6-22　例 6-4 计算结果　　　　图 6-23　例 6-4 计算结果折线图

（2）二次指数平滑法

当时间序列没有明显的趋势变动时，使用第 t 周期一次指数平滑就能直接预测第 $t+1$ 期之值。但当时间序列的变动出现直线趋势时，用一次指数平滑法来预测仍存在着明显的滞后偏差。因此，也需要进行修正。修正的方法也是在一次指数平滑的基础上再做二次指数平滑，利用滞后偏差的规律找出曲线的发展方向和发展趋势，然后建立直线趋势预测模型。故称其为二次指数平滑法。

设一次指数平滑为 $S_t^{(1)}$，则二次指数平滑 $S_t^{(2)}$ 的计算公式为：

$$S_t^{(2)} = \alpha S_t^{(1)} + (1-\alpha)S_{t-1}^{(2)}$$

若时间序列 $y_1, y_2, \cdots, y_t$，从某时期开始具有直线趋势，且认为未来时期亦按此直线趋势变化，则与趋势移动平均类似，可用如下的直线趋势模型来预测：

$$\hat{y}_{t+T} = a_t + b_t T, \quad T = 1, 2, \cdots$$

式中：t 为当前时期数；T 为由当前时期数 t 到预测期的时期数；$\hat{y}_{t+T}$ 为第 $t+T$ 期的预测值；a_t 为截距；b_t 为斜率，其计算公式为：

$$a_t = 2S_t^{(1)} - S_t^{(2)}$$

$$b_t = \frac{\alpha}{1-\alpha}(S_t^{(1)} - S_t^{(2)})$$

例 6-5 已有 1989—2017 年间某地调查失业率的数据，要求用二次指数平滑法来预测 2018 年该地的失业率，阻尼系数为 0.7。原始数据如图 6-24 所示。

	A	B	C
1	调查失业率（%）		
2	1989	7.1	
3	1990	7.6	
29	2016	4.6	
30	2017	5.8	
31	2018		

图 6-24　例 6-5 原始数据

单击"数据"→"分析"→"数据分析"按钮，选择"指数平滑"选项，在弹出的"指数平滑"对话框中先对 B2:B30 区域按 0.7 的阻尼系数进行指数平滑分析，结果存放在 C3:C31 区域中，然后再次进行指数平滑分析，这次对 C3:C31 区域按 0.7 的阻尼系数进行指数平滑分析，结果存放在 D4:D31 区域中，如图 6-25 所示。

最终结果如图 6-26 所示。

图 6-25　例 6-5 "指数平滑"参数设置

D31			f_x	=0.3*C30+0.7*D30	
	A	B	C	D	E
1	调查失业率（%）				
2	1989	7.1			
3	1990	7.6	#N/A		
4	1991	9.7	7.1	#N/A	
5	1992	9.6	7.25	7.1	
6	1993	9.7	7.985	7.145	
7	1994	7.2	8.4695	7.397	
8	1995	7	8.17865	7.71875	
9	1996	6.2	7.885055	7.85672	
10	1997	5.5	7.6195385	7.8652205	
11	1998	5.3	7.19367695	7.7915159	
28	2015	4.6	5.37188179	5.172923377	
29	2016	4.6	5.29031725	5.2326109	
30	2017	5.8	5.083222208	5.249922805	
31	2018		4.93825545	5.199912586	

图 6-26　例 6-5 最终结果

（3）三次指数平滑法

若时间序列的变动呈现出二次曲线趋势，则需要使用三次指数平滑法。三次指数平滑是在二次指数平滑的基础上再进行一次平滑，其计算公式为：

$$S_t^{(3)} = \alpha S_t^{(2)} + (1-\alpha)S_{t-1}^{(3)}$$

三次指数平滑法的预测模型为：

$$\hat{y}_{t+T} = a_t + b_t T + c_t T^2$$

其中：

$$a_t = 3S_t^{(1)} - 3S_t^{(2)} + S_t^{(3)}$$

$$b_t = \frac{\alpha}{2(1-\alpha)^2}[(6-5\alpha)S_t^{(1)} - 2(5-4\alpha)S_t^{(2)} + (4-3\alpha)S_t^{(3)}]$$

$$c_t = \frac{\alpha^2}{2(1-\alpha)^2}(S_t^{(1)} - 2S_t^{(2)} + S_t^{(3)})$$

（4）加权系数的选择

在指数平滑法中，预测成功的关键是 α 的选择。α 的大小规定了在新预测值中新数据和原预测值所占的比例。α 值越大，新数据所占的比例就越大，原预测值所占比例就越小，反之亦然。

若把一次指数平滑法的预测公式改写为：

$$\hat{y}_{t+1} = \hat{y}_t + \alpha(y_t - \hat{y}_t)$$

则从上式可以看出，新预测值是根据预测误差对原预测值进行修正得到的。α 的大小表明了修正的幅度。α 值越大，修正的幅度越大，α 值越小，修正的幅度越小。因此，α 值既代表了预测模型对时间序列数据变化的反应速度，又体现了预测模型修匀误差的能力。

在实际应用中，α 值是根据时间序列的变化特性来选取的。若时间序列的波动不大，比较平稳，则 α 应取小一些，如 $0.1\sim$ 0.3；若时间序列具有迅速且明显的变动倾向，则 α 应取大一些，如 $0.6\sim0.9$。实质上，α 是一个经验数据，通过多个 α 值进行试算比较而定，哪个 α 值引起的预测误差小，就采用哪个。

2．应用举例

例 6-6 已知某厂 1997—2017 年的钢产量见表 6-2，试预测 2018 年该厂的钢产量。

下面利用"指数平滑"工具进行预测，具体步骤如下。

单击"工具"→"数据分析"按钮，此时弹出"数据分析"对话框。

在"分析工具"列表框中，选择"指数平滑"工具，此时将弹出"指数平滑"对话框，如图 6-27 所示。

在"输入"选项组中指定输入参数：在"输入区域"中指定数据所在的单元格区域 B1:B22；因指定的输入区域包含标志行，所以选中"标志"复选框；"阻尼系数"指定加权系数为 0.3。

在"输出选项"选项组中指定输出选项：本例选择"输出区域"，并指定输出到当前工作表以 C2 为左上角的单元格区域；选中"图表输出"复选框，单击"确定"按钮，此时，Excel 给出一次指数平滑值，如图 6-28 所示。

表 6-2　例 6-6 原始数据

年　　份	钢　产　量
1997	676
1998	825
1999	774
2000	716
2001	940
2002	1159
2003	1384
2004	1524
2005	1668
2006	1688
2007	1958
2008	2031
2009	2234
2010	2566
2011	2820
2012	3006
2013	3093
2014	3277
2015	3514
2016	3770
2017	4107

图 6-27　例 6-6 "指数平滑" 对话框参数设置

图 6-28　例 6-6 一次平滑结果

从图 6-28 可以看出，钢产量具有明显的线性增长趋势。因此需使用二次指数平滑法，即在一次指数平滑的基础上再进行指数平滑。注意事项同前面移动平均法是一样的，即在 "输入" 选项组中不要选中 "标志" 复选框。所得结果如图 6-29 所示。

图 6-29　例 6-6 二次平滑结果

利用前面的截距 a_t 和斜率 b_t 计算公式可得：

$$a_{21} = 2S_{21}^{(1)} - S_{21}^{(2)} = 2 \times 3\,665.47 - 3\,336.01 = 3\,994.9$$

$$b_{21} = \frac{0.3}{1-0.3}(S_{21}^{(1)} - S_{21}^{(2)}) = \frac{0.3}{0.7}(3\,665.47 - 3\,336.01) = 141.2$$

于是，可得钢产量的直线趋势预测模型为：

$$\hat{y}_{21+T} = 3\,994.9 + 141.2T \qquad T = 1,\ 2,\ 3,\ \cdots$$

预测 2013 年的钢产量为：

$$\hat{y}_{2013} = \hat{y}_{21+1} = 3\,994.9 + 141.2 \times 1 = 4\,136.1$$

分列显示数据

在一些特殊情况下，需要使用 Excel 的分列功能快速将列中的数据分列显示出来，如将日期以月与日分列显示、将姓名以姓与名分列显示等。以上述"硬件供应商信息表"为例，假定需要将供应商的姓名按姓和名分开表示，则分列显示数据的具体操作如下。

在"负责人"所在列 G 列之后插入一列，列字段为"负责人名"，而原来的"负责人"则改为"负责人姓"，如图 6-30 所示。

在工作表中选择需要分列显示数据的单元格区域 G3:G15，单击"数据"→"数据工具"→"分列"按钮，如图 6-31 所示。

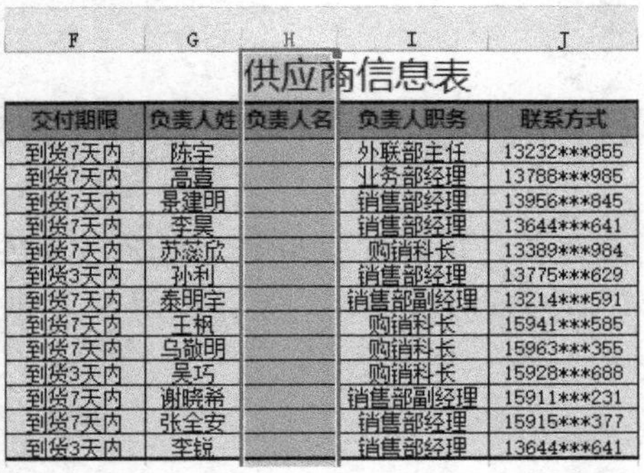

交付期限	负责人姓	负责人名	负责人职务	联系方式
		供应商信息表		
到货7天内	陈宇		外联部主任	13232***855
到货7天内	高喜		业务部经理	13788***985
到货7天内	晏建明		销售部经理	13956***845
到货7天内	李昊		销售部经理	13644***641
到货7天内	苏蕊欣		购消科长	13389***984
到货3天内	孙利		销售部经理	13775***629
到货7天内	泰明宇		销售部副经理	13214***591
到货7天内	王枫		购消科长	15941***585
到货7天内	乌加明		购消科长	15963***355
到货3天内	吴巧		购消科长	15928***688
到货7天内	谢晓希		销售部副经理	15911***231
到货7天内	张全安		销售部经理	15915***377
到货3天内	李锐		销售部经理	13644***641

图 6-30 分列显示数据步骤1：插入新列

图 6-31 分列显示数据步骤2：单击"分列"按钮

在弹出的文本分列向导对话框中，选择"最合适的文件类型"为"固定宽度"，单击"下一步"按钮，在文本分列向导第二步中，拖动"数据预览"区的向上箭头至合适位置，如图 6-32 所示。

单击"下一步"按钮后，保持默认值，或直接在这一步单击"完成"按钮，Excel 会弹出如图 6-33 所示的提示。

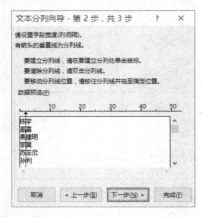

图 6-32 分列显示数据步骤3：选择合适的分列位置

图 6-33 提示替换

单击"确定"按钮后，效果如图 6-34 所示。

图 6-34　分列显示数据效果

这里只需设置格式即可。

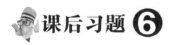

题图 6-1 所示数据表中给出了 2008 年 1 月至 2009 年 12 月中国银行间同业拆借加权平均利率的全部数据。

	A	B
1		银行间同业拆借加权平均利率（%）
2	Jan-08	2.32
3	Feb-08	2.65
4	Mar-08	2.25
5	Apr-08	2.59
6	May-08	2.83
7	Jun-08	3.07
8	Jul-08	2.69
9	Aug-08	2.81
10	Sep-08	2.88
11	Oct-08	2.7
12	Nov-08	2.3
13	Dec-08	1.24
14	Jan-09	0.9
15	Feb-09	0.87
16	Mar-09	0.84
17	Apr-09	0.86
18	May-09	0.85
19	Jun-09	0.91
20	Jul-09	1.32
21	Aug-09	1.21
22	Sep-09	1.27
23	Oct-09	1.3
24	Nov-09	1.25
25	Dec-09	1.25
26	Jan-10	

题图 6-1　数据表

要求：

（1）利用一次指数平滑法预测 2010 年 1 月的中国银行间同业拆借加权平均利率，并确定误差，阻尼系数为 0.3；

（2）利用二次指数平滑法预测 2010 年 1 月的中国银行间同业拆借加权平均利率，并确定误差，阻尼系数为 0.3。

第7章

Excel 高级分析工具的应用——规划分析

　　本章主要通过生产管理和经营决策中的最优配置问题，介绍 Excel 的规划求解工具的应用。着重说明了规划求解工具的适应范围，求解步骤，结果分析以及限制条件的修改。

　　在生产管理和经营决策过程中，经常会遇到一些规划问题。例如生产的组织安排，产品的运输调度，作物的合理布局以及原料的恰当搭配等问题，其共同点就是如何合理地利用有限的人力、物力、财力等资源，得到最佳的经济效果，即达到产量最高、利润最大、成本最小、资源消耗最少等目标。这些问题中通常要涉及众多的关联因素，复杂的数量关系，只凭经验进行简单估算显然是不行的。而线性规划、非线性规划和动态规划等方法正是研究和求解该类问题的有效数学方法。但是这些方法的求解大多十分繁琐复杂，常令人望而却步。而利用 Excel 的规划求解工具，可以方便快捷地帮助我们得到各种规划问题的最佳解。

7.1　规划模型

　　规划问题可以涉及众多的生产或经营领域的常见问题。例如生产的组织安排问题：如果要生产若干种不同的产品，每种产品需要在不同的设备上加工，每种产品在不同设备上需要加工的时间不同，每种产品所获得的利润也不同。要求在各种设备生产能力的限制下，如何安排生产可获得最大利润。又如运输的调度问题：如果某种产品的产地和销地有若干个，从各产地到各销售地的运费不同。要求在满足各销地的需要量的情况下，如何调度可使得运费最小。再如作物的合理布局问题：不同的作物在不同性质的土壤上单位面积的产量是不同的。要求在现有种植面积和完成种植计划的前提下，如何因地制宜使得总产值最高。还有原料的恰当搭配问题：在食品、化工、冶金等企业，经常需要使用多种原料配置包含一定成分的产品，不同原料的价格不同，所含成分也不同。要求在满足产品成分要求的情况下，如何配方可使产品成本最小。

　　虽然规划问题种类繁多，但是其所要解决的问题可以分成两类：一类是确定了某个任务，研究如何使用最少的人力、物力和财力去完成它；另一类是已经有了一定数量的人力、物力和财力，研究如何使它们获得最大的收益。而从数学角度来看，规划问题都有下述共同特征。

　　① 决策变量：每个规划问题都有一组需要求解的未知数 $(x_1, x_2, \cdots, x_n)$，称作决策变

量。这组决策变量的一组确定值就代表一个具体的规划方案。

② 约束条件：对于规划问题的决策变量通常都有一定的限制条件，称作约束条件。约束条件可以用与决策变量有关的不等式或等式来表示。

③ 目标：每个问题都有一个明确的目标，如利润最大或成本最小。目标通常可用与决策变量有关的函数表示。

如果约束条件和目标函数都是线性函数，则称作线性规划；否则为非线性规划。如果要求决策变量的值为整数，则称为整数规划。规划求解问题的首要问题是将实际问题数学化、模型化，即将实际问题通过一组决策变量、一组用不等式或等式表示的约束条件以及目标函数来表示。这是求解规划问题的关键。然后即可应用 Excel 的规划求解工具求解。

例如，某企业要指定下一年度的生产计划。按照合同规定，该企业第一季度到第四季度需分别向客户供货 80、60、60 和 90 台。该企业的季度最大生产能力为 130 台，生产费用为：

$$f(x) = 80 + 98x - 0.12x^2$$

这里的 x 为季度生产的台数。该函数反映出生产规模越大，平均生产费用越低。若生产数量大于交货数量，多余部分可以下季度交货，但企业需支付每台 16 元的存储费用。所以生产规模过大，超过交货数量太多，将增加存储费用。那么如何安排各季度的产量，才能既满足供货合同，且使得企业的各种费用最小呢？

该问题是一个典型的非线性规划问题。下面首先将其模型化，即根据实际问题确定决策变量，设置约束条件和目标函数。

该问题的决策变量显然应为第一季、第二季、第三季和第四季的产量。设其分别为 x_1、x_2、x_3、x_4。该问题的约束条件如下。

① 交货数量的约束：

$$\begin{cases} x_1 \geq 80 \\ x_1 + x_2 \geq 140 \\ x_1 + x_2 + x_3 \geq 200 \\ x_1 + x_2 + x_3 + x_4 \geq 290 \end{cases}$$

② 生产能力的约束：

$$\begin{cases} x_1 \leq 130 \\ x_2 \leq 130 \\ x_3 \leq 130 \\ x_4 \leq 130 \end{cases}$$

该问题的目标应是企业的费用最小。其中，费用包括生产费用 P 和可能发生的存储费用 S 之和，用公式表示则分别为：

$$P = \sum_{i=1}^{4} (80 + 98x_i - 0.12x_i^2)$$

$$S = \sum_{i=1}^{4} 16y_i$$

则目标函数 Z 为：

$$\min Z = P + S$$

7.2 规划模型求解

建立好规划模型后，即可使用 Excel 的规划求解工具求解了。由于在默认情况下，Excel 不加载规划求解工具。所以要应用规划求解工具，且 Excel 的工具菜单中没有规划求解命令时，应先加载规划求解工具。其操作步骤如下。

① 单击"开发工具"选项卡（若无此选项卡，需先单击"文件"→"选项"，在弹出的"Excel 选项"对话框中单击"自定义功能区"命令，然后在右侧的"主选项卡"列表框中选中"开发工具"复选框），单击"加载项"组中的"Excel 加载项"命令，这时将出现加载宏对话框。

② 在当前加载宏列表框中，选定"规划求解加载项"的复选框，单击确定。

此后的"数据"选项卡中，将会出现"分析"组，其中就有"规划求解"命令。当需要进行规划求解操作时，直接执行该命令即可。如果不再需要进行规划求解操作时，可以按照类似的方法，通过加载宏命令，取消当前加载宏列表中规划求解的复选框。这样将会把规划求解命令从选项卡中移去。

7.2.1 建立工作表

规划求解的第一步，是将规划模型的有关数据输入到工作表中。其具体步骤如下。

① 在 B5、B6、B7 和 B8 单元格分别输入第一季到第四季的应交货数量。

② 设在 C5、C6、C7 和 C8 单元格分别存放第一季到第四季的生产数量。先设置其初始值与应交货数量相同。可以直接将 B5:B8 单元格区域的内容复制到 C5:C8 单元格区域。

③ 在 D5 单元格建立计算第一季生产费用的公式："$= 80 + 98 * C5 - 0.12 * C5 \wedge 2$"，并将其填充到 D6、D7 和 D8 单元格区域。计算出其他季度的生产费用。

④ 在 E5 单元格建立计算第一季存储数量的公式："$= C5 - B5$"，即应等于第一季的生产数量减去第一季的应交货数量。

⑤ 在 E6 单元格建立计算第二季存储数量的公式："$= E5 + C6 - B6$"，即应等于第一季的存储数量加上第二季的生产数量减去第二季的应交货数量。并将其填充到 E7 和 E8 单元格区域。计算出第三季和第四季的存储数量。

⑥ 在 F5 单元格建立计算第一季存储费用的公式："$=16 * E5$"，并将其填充到 F6、F7 和 F8 单元格区域。计算出其他季度的存储费用。

⑦ 在 G5:G8 单元格区域输入生产能力限制。

⑧ 在 H5 单元格建立计算第一季可交货数量的公式："$= C5$"，即应等于第一季的生产数量。

⑨ 在 H6 单元格建立计算第二季可交货数量的公式："$= E5 + C6$"，即应等于第一季的存储数量加上第二季的生产数量。并将其填充到 H7 和 H8 单元格区域。计算出第三季和第四季的可交货数量。

⑩ 在 B9:F9 单元格区域输入计算上述单元格的合计的公式。

⑪ 在 B2 单元格输入计算目标函数的公式："$= D9 + F9$"，即等于生产费用和存储费用的总和。

建立好的工作表如图 7-1 所示。

从图 7-1 可以看出，按照交货数量安排生产计划时，目标函数，即总的费用为 26 136 元。下面考查一下其他的生产计划方案。

先考虑均衡生产方式，即按 80、70、70 和 70 的数量安排生产计划，计算结果如图 7-2 所示。

E8 =E7+C8-B8

	A	B	C	D	E	F	G	H
1				规划求解				
2	目标函数	26136						
3								
4		应交货数量	生产数量	生产费用	存储数量	存储费用	生产能力	可交货数量
5	第一季度	80	80	7152	0	0	130	80
6	第二季度	60	60	5528	0	0	130	60
7	第三季度	60	60	5528	0	0	130	60
8	第四季度	90	90	7928	0	0	130	90
9	合计	290	290	26136	0	0		

图 7–1 规划求解的数据准备

B2 =D9+F9

	A	B	C	D	E	F	G	H
1				规划求解				
2	目标函数	26688						
3								
4		应交货数量	生产数量	生产费用	存储数量	存储费用	生产能力	可交货数量
5	第一季度	80	80	7152	0	0	130	80
6	第二季度	60	70	6352	10	160	130	70
7	第三季度	60	70	6352	20	320	130	80
8	第四季度	90	70	6352	0	0	130	90
9	合计	290	290	26208	30	480		

图 7–2 规划求解原始数据的调整

这时的生产费用和存储费用分别为 26 208 元和 480 元，总费用为 26 688 元，即效益不如图 7-1 的方案。

通过生产函数可知，生产规模越大，单位生产费用越低。故考查按 120、40、40 和 90 的数量安排生产计划，计算结果如图 7-3 所示。

B2 =D9+F9

	A	B	C	D	E	F	G	H
1				规划求解				
2	目标函数	26616						
3								
4		应交货数量	生产数量	生产费用	存储数量	存储费用	生产能力	可交货数量
5	第一季度	80	120	10112	40	640	130	120
6	第二季度	60	40	3808	20	320	130	80
7	第三季度	60	40	3808	0	0	130	60
8	第四季度	90	90	7928	0	0	130	90
9	合计	290	290	25656	60	960		

图 7–3 规划求解原始数据的再次调整

该方案的生产费用和存储费用分别为 25 656 元和 960 元，总费用为 26 616 元，即效益介于图 7-1 和图 7-2 方案之间。

7.2.2 规划求解

显然，可选的方案很多。利用 Excel 的规划求解工具可以迅速帮助找到最佳方案。其具体操作步骤如下。

① 单击“数据”→“分析”中的规划求解命令，这时将出现“规划求解参数”对话框，如图 7-4 所示。

② 设置目标函数：指定设置目标单元格为目标函数所在的单元格$B$2，并选定最小值单选钮。

③ 设置决策变量：指定可变单元格为决策变量所在的单元格区域$C$5:$C$8。如果此时单击“推测”按钮，则 Excel 2016 将自动将最左边手工输入的区域$B$5:$C$8 推测为可变单元格区域，这不符合本例的具体情况，故应手动选择。

④ 设置约束条件。单击添加按钮，这时将出现添加约束对话框，在单元格引用位置中

指定决策变量第一季生产数量所在单元格的地址$C$5，选择">="关系运算符，在约束值中键入第一季应交货数量所在的单元格地址$B$5，单击"添加"按钮，即添加了一个约束条件："$C$5 >= $B$5"：第一季的生产数量应大于或等于第一季的应交货数量。如图 7-5 所示。

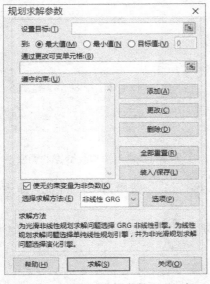

图 7-4   "规划求解参数"对话框

图 7-5   "添加约束"对话框

⑤ 按照上述步骤逐个添加如表 7-1 中的各约束条件。

表 7-1   本例的约束条件

约 束 条 件	说　明
$C$5<=$G$5	第一季的生产数量应小于或等于第一季的生产能力
$C$6<=$G$6	第二季的生产数量应小于或等于第二季的生产能力
$C$7<=$G$7	第三季的生产数量应小于或等于第三季的生产能力
$C$8<=$G$8	第四季的生产数量应小于或等于第四季的生产能力
$H$6>=$B$6	第二季的可交货数量应大于或等于第二季的应交货数量
$H$7>=$B$7	第三季的可交货数量应大于或等于第三季的应交货数量
$H$8=$B$8	第四季的可交货数量应等于第四季的应交货数量

特别说明：从$H$6>=$B$6 开始的后三条，是对变量约束的下限的设定，因为每季生产台数的上限都是一样的，但每季生产台数的下限不应该直接由每季的实际生产台数来确定，还应该考虑上一季的存储。所以，第一季还可以直接由$C$5>=$B$5 来确定，因第一季还没有上一季的存货，但第二季就要由包含上一季存货的 H6 来代替 C6 了，因为在工作表的公式中明确写明了 H6=E5+C6，而 E5=C5-B5，也就是说 H6=C5+C6-B5，而 C5+C6，正是前述交货量约束条件中所说的 x_1+x_2，当时条件说的是 $x_1+x_2 \geq 140$，而现在 B6 并没有 140，只有 60，那是因为 C5+C6 已经减了 B5 即 80 了，如果移项，则 H6≥B6，也就是

$$C5+C6-B5 \geq B6$$

写成

$$C5+C6 \geq B5+B6$$

正好就是前面的约束条件 $x_1+x_2 \geq 140$。

⑥ 添加完毕后，单击"确定"按钮。这时的"规划求解参数"对话框（局部）如图 7-6 所示。

⑦ 单击"求解"按钮。Excel 2016 即开始进行计算，最后出现"规划求解结果"对话框，如图 7-7 所示。

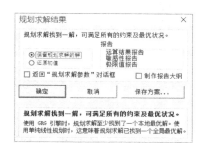

图 7-6　添加了约束条件的"规划求解参数"对话框（局部）　　图 7-7　"规划求解结果"对话框

注意：必须在 1～4 季度的"生产数量"已经预置为"120、40、40、90"时进行规划求解，才会得到"26 096"这个最佳值。如果用原始值"80、60、60、90"或平均值"80、70、70、70"来计算，则都会得到"26 136"这个原值。原因可能是出在"求解方法"的选择上。求解方法共有三种，默认使用 GRG，即"非广义简约梯度法"，该方法本身就严重依赖初始条件，有可能得不到全局最优解，而只能得到局部最优解。

⑧ 根据需要选择是保存规划求解结果还是恢复为原值；是否保存方案，是否生成运算结果报告、敏感度分析报告和限制范围报告。这里选择保存规划求解结果，并生成运算结果报告、敏感度分析报告和限制范围报告。最后的计算结果如图 7-8 所示。

从计算结果可以看出，最佳生产方案是第一季到第四季分别生产 130、10、60 和 90。其生产费用和存储费用分别为 25 296 元和 800 元，总费用为 26 096 元。该方案较原方案节省 520 元。

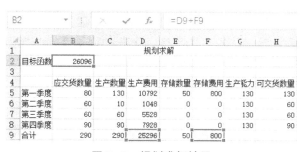

图 7-8　规划求解结果

7.3　分析求解结果

通过查看规划求解工具生成的各种报告，可以进一步分析规划求解结果，并根据需要修改或重新设置规划求解参数。当规划求解失败时，还可以适当调整规划求解选项。

1．显示分析报告

Excel 的规划求解工具可以根据需要生成多个报告。如图 7-9 所示是运算结果报告。

从报告中目标单元格和可变单元格的初值和终值可以清楚地看出最佳方案与原方案的差异。通过约束单元格的状态可以进一步了解规划求解的细节。在有关决策变量的约束条件中，约束"$C$5 <= $G$5"，即第一季的生产数量小于或等于第一季的生产能力的约束条件已达到限制值。这一点通过图 7-10 的敏感性报告可以更清楚地反映出来。

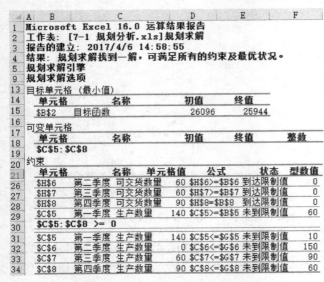

图 7-9　规划求解"运算结果报告"　　　　图 7-10　规划求解"敏感性报告"

从图中可以看出，决策变量$C$5，第一季生产数量的递减梯度为-12.80。这说明第一季生产数量增加一个单位，将使得目标函数约降低 13。

2．修改规划求解参数

当规划模型有所变动时，可以方便地修改有关参数后，再重新计算即可。

例如从上面的结果可以看出，如果扩大企业的生产能力，有可能进一步降低生产费用。假设经过采取有关措施，企业的每季度生产能力由原来的 130 台增加到 150 台。这时只需简单地将 G5:G8 单元格的内容改为 150，然后单击工具菜单中的规划求解命令，在弹出的"规划求解参数"对话框中直接单击"求解"命令即可。计算结果如图 7-11 所示。

	A	B	C	D	E	F	G	H
1				规划求解				
2	目标函数	25744						
3								
4		应交货数量	生产数量	生产费用	存储数量	存储费用	生产能力	可交货数量
5	第一季度	80	150	12080	70	1120	150	150
6	第二季度	60	-10	-912	0	0	150	60
7	第三季度	60	60	5528	0	0	150	60
8	第四季度	90	90	7928	0	0	150	90
9	合计	290	290	24624	70	1120		

图 7-11　修改规划求解参数后的运算结果

从图中可以看到，目标函数的值进一步降低到 25 744 元，但是且慢，此时第二季度的产量为-10 台，这显然不合逻辑。因此，有时还需要根据模型的变化修改约束条件。例如上例，严格地说约束条件还应该加上 x_1、x_2、x_3、$x_4 \geq 0$。添加上述约束条件的操作步骤如下。

① 单击"数据"→"分析"中的规划求解命令。

② 在弹出的"规划求解参数"对话框中单击"添加"命令。

③ 在弹出的"添加约束"对话框中的单元格引用位置中指定 C5:C8 单元格区域，在运算符列表框中选">="，在约束值框中输入"0"。单击"确定"即可完成添加约束条件的操作。

再次求解，得到 25 944 这个值。

如果对规划模型的参数修改内容较多，或是需要计算另一个规划模型时，可以在"规划求解参数"对话框中直接单击全部重设命令。然后重新设置规划求解的目标、可变单元格和约束条件。

3．修改规划求解选项

如果规划模型设置的约束条件矛盾，或是在限制条件下无可行解，系统将会给出规划求解失败的信息。规划求解失败也有可能是当前设置的最大求解时间太短、最大求解次数太少或是精度过高等原因引起的。对此可以修改规划求解选项。其操作步骤如下。

① 单击"工具"菜单中的"规划求解"命令。

② 在弹出的"规划求解参数"对话框中单击"选项"按钮。这时将弹出"选项"对话框，如图 7-12 所示。

③ 根据需要重新设置最长运算时间、迭代次数、精度和允许误差等选项。然后单击"确定"，再重新求解。要进行这里的操作，还需要有相当的数学知识。

下面对"选项"对话框中的"所有方法"选项卡中各主要参数设置的功能做以下介绍。

① "约束精确度"：此选项的默认值为 0.000 001，若要达到更高的求解精度，可将此值改小到所需值，使约束条件的数值能够满足目标值或其上、下限。其中，精度必须以小数表示，小数位数越多，达到的精度越高，但求解的时间越长。

② "使用自动缩放"：当输入和输出的数值相差很大时，例如，求投资百万元的盈利百分数，可选择此复选框，以放大求解结果。

图 7-12　规划求解"选项"对话框

③ "整数最优性"：此选项只适用于有整数约束条件的整数规划，指满足整数约束条件的目标单元格求解结果与最佳结果之间可以允许的偏差，若要改变默认值，可根据需要输入适当百分数。允许误差越大，求解过程也越快。

④ "最大时间"：设置的是求解过程的时间，可以根据实际问题的复杂程度、可变单元格、约束条件的多少，以及所选的其他选项的数目输入适当的运算时间。

⑤ "迭代次数"：设置的是求解过程中迭代变量的次数。在设置"最大时间"和"迭代次数"完毕后，若运算过程中尚未找到计算结果就已达到设定的运算时间和迭代次数，用户可以选择"继续"运行，通过更改运算时间和迭代次数，继续求解；也可以选择"停止"，在未完成求解过程的情况下显示规划求解结果。

如图 7-13 所示是“非线性 GRG”选项卡中的主要参数。这些参数，以及另一个“演化”选项卡中的参数，则需要更多的数学基础，这里不再介绍。

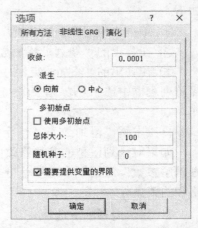

图 7-13　规划求解“选项”对话框

7.4 规划求解案例

1．童装销售问题

Excel 规划求解是一个外挂的加载宏程序，与单变量求解相比，一是同时求解的变量值数量不同，另一个最主要的差别是，单变量求解不需要对变量设置任何范围限制，而是通过不断调整变量值，直到达到所求公式的目标值，来确定变量的值。而标准版的 Excel 规划求解可以用来解决最多达 200 个决策变量、100 个外在约束和 400 个简单约束的问题。

下面通过一个童装销售数量分析的例子来说明从单变量求解到规划分析过程中逐步演进的问题。原始数据如图 7-14 所示。

在表中，只要调整男（女）装的销量（或成本）中的任意一项，都会改变边际利润。现在，如果想只改变其中一项（也就是假定其他可变项都已固定不变了），例如提高女装的销量，来使边际利润达到 90 万元，即可使用“单变量求解”功能来达到，如图 7-15 所示。

	A	B	C
1	童装销量问题		
2		销量	成本
3	男装	6000	70
4	女装	5000	65
5			
6	总产量	11000	=B3+B4
7	统一售价	120	
8			
9	销售收入	1320000	=B6*B7
10	变动成本	745000	=B3*C3+B4*C4
11	边际利润	575000	=B9-B10

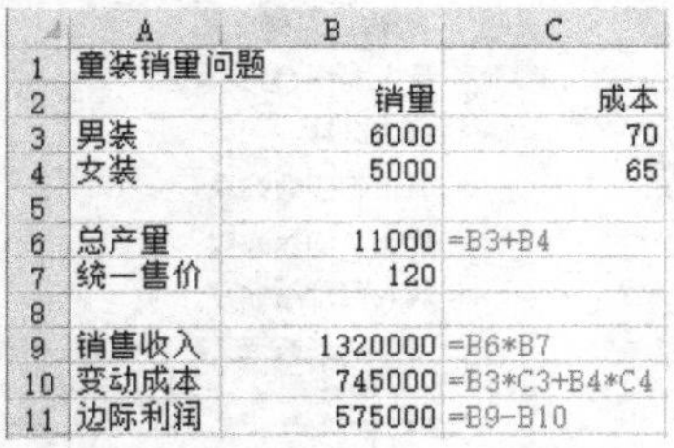

图 7-14　童装问题原始数据

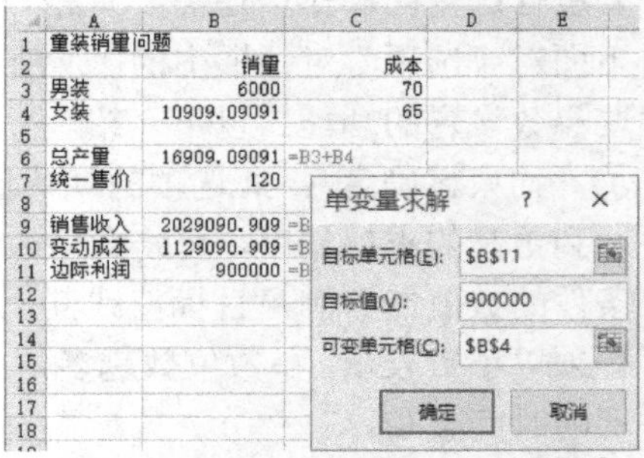

图 7-15　童装问题单变量求解

此时，如果想通过同时调整男装销量和女装销量的方式来使边际利润达到 90 万元，“单变量求解”功能就力不能及了，此时就需要使用规划求解了，具体操作如图 7-16 所示。

但此时仍没有获得实际所需答案，因为现在的结果与之前的单变量求解的结果一样，并且求解得到的值还带小数，这显然不符合实际，因此需要对可变单元格再进行约束。操作如图 7-17 所示。

从结果来看，销量已改为整数了，但这个结果并不能简单地直接应用到实际工作中，因为在实际销售过程中，是不可能将销量无限制地提高的，考虑到市场供求关系、童装的生产能力等因素，对销量的调整必须要有一个合理的规范，否则会产生无数个解。因此，在男装和女装销量的限制上，可以根据业务部门和企划部门的建议，并综合往年的销售记录与增长报告进行分析得到：

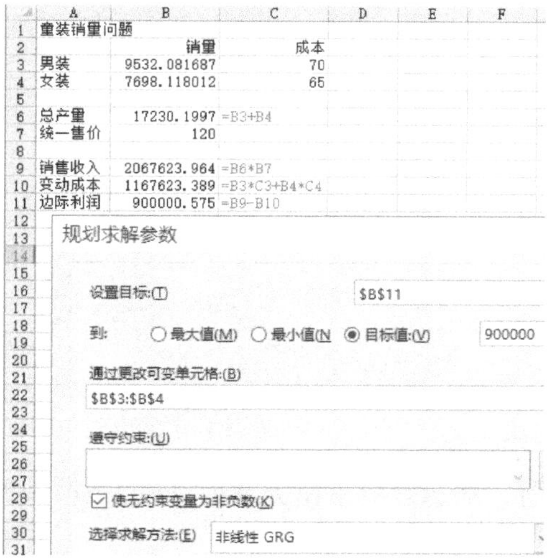

图 7-16　童装问题无约束规划求解 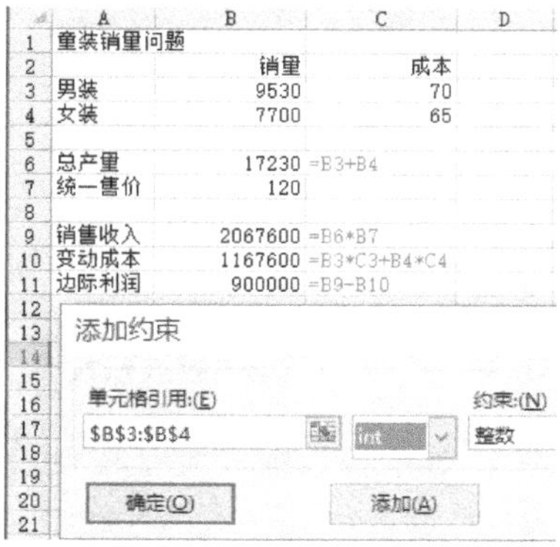　　　　图 7-17　童装问题添加内部约束规划求解

女装的销量不可能超过 6 500 套；男装的销量与女装的销量比约为 7:3。

现在需要把这些约束条件加入到规划方案中，如图 7-18 所示。

图 7-18　童装问题添加外部约束规划求解

2．积分兑换问题

这是个更简单的规划求解问题，可以很直观地理解规划求解。假设手里有些积分想要兑换成商品，怎样合理兑换能把手里的积分清零？

先建立数据清单，其中，D6=B6*C6，然后向下填充到 D15；B3=SUM(D6:D15)，目标单元格 C3=A3-B3，目标就是让 C3 为 0、为任意一个小的值，或为最小。原文件如图 7-19所示。

进入规划求解，做如下设置（注意，设置目标单元格的"值为 0"），如图 7-20 所示。

图 7-19 积分兑换问题原始数据

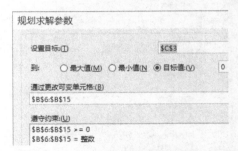

图 7-20 积分兑换问题规划求解设置决策目标

其中，等于整数的设置是在设置约束条件时，在运算符下拉列表框选择"int"即可，如图 7-21 所示。

同时，还要在选项中将默认的"忽略整数约束"的复选框清除，如图 7-22 所示。

图 7-21 积分兑换问题规划求解添加内部约束

图 7-22 积分兑换问题规划求解选项设置

如果在求解方法中选择了"非线性 GRG"，则求解结果如图 7-23 所示。

而如果在求解方法中选择了"单纯线性规划"，则求解结果如图 7-24 所示。

	A	B	C	D
1				
2	现有积分	已兑换积分	剩余积分	
3	6645	6645	0	
4				
5	商品编号	兑换数量	单价	金额
6	商品1	1	1461	1461
7	商品2	0	621	0
8	商品3	0	105	0
9	商品4	0	53	0
10	商品5	0	239	0
11	商品6	0	53	0
12	商品7	5	554	2770
13	商品8	0	209	0
14	商品9	1	1958	1958
15	商品10	4	114	456

图 7-23 积分兑换问题规划求解
选择算法 1 的结果

	A	B	C	D
1				
2	现有积分	已兑换积分	剩余积分	
3	6645	6645	0	
4				
5	商品编号	兑换数量	单价	金额
6	商品1	0	1461	0
7	商品2	1	621	621
8	商品3	0	105	0
9	商品4	0	53	0
10	商品5	0	239	0
11	商品6	0	53	0
12	商品7	0	554	0
13	商品8	2	209	418
14	商品9	1	1958	1958
15	商品10	32	114	3648

图 7-24 积分兑换问题规划求解
选择算法 2 的结果

不过，在 Excel 中的求解结果如图 7-25 所示。

也可设置目标单元格的值为其他值，例如设置为"6"，此时 Excel 窗体左下角滚动显示计算过程，整个计算耗时约 10 秒，如图 7-26 所示。

现有积分	已兑换积分	剩余积分
6645	6645	0

商品编号	兑换数量	单价	金额
商品1	0	1461	0
商品2	2	621	1242
商品3	0	105	0
商品4	0	53	0
商品5	0	239	0
商品6	65	53	3445
商品7	0	554	0
商品8	0	209	0
商品9	1	1958	1958
商品10	0	114	0

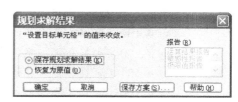

图 7-25　积分兑换问题规划求解在 Excel 中　图 7-26　积分兑换问题规划求解其他选项的选择结果
　　　　　的求解结果

最后的计算结果如图 7-27 所示。

但也有些要求的值求不到解，或者求到的解有些牵强，比如要求剩余积分为 1 时，它只求到剩余积分为 1.000 001 时的解，这明显是近似值了。还有，当不要求具体值、只要求剩余值为最小值时，得到"设置目标单元格的值未收敛"的提示，如图 7-28 所示。

现有积分	已兑换积分	剩余积分
6645	6639	6

商品编号	兑换数量	单价	金额
商品1	0	1461	0
商品2	0	621	0
商品3	0	105	0
商品4	0	53	0
商品5	1	239	239
商品6	34	53	1802
商品7	0	554	0
商品8	22	209	4598
商品9	0	1958	0
商品10	0	114	0

图 7-27　积分兑换问题规划求解最终计算结果　图 7-28　积分兑换问题规划求解未正确设置参数的提示

并且显示值为如图 7-29 所示的情况。

现有积分	已兑换积分	剩余积分
6645	1.8621E+11	-1.9E+11

商品编号	兑换数量	单价	金额
商品1	40059673.3	1461	5.85E+10
商品2	17027417.6	621	1.06E+10
商品3	2879031.96	105	3.02E+08
商品4	1453272.66	53	77023451
商品5	6553225.13	239	1.57E+09
商品6	1453260.66	53	77022815
商品7	15190321	554	8.42E+09
商品8	5730655.57	209	1.2E+09
商品9	53687091.2	1958	1.05E+11
商品10	3125806.34	114	3.56E+08

图 7-29　积分兑换问题规划求解未正确设置参数的运算结果

这时的运算结果具有太多位的小数了。

3. 家具日产量问题

此案例主要训练将具体问题转化为数学模型的过程。设某家具厂生产 4 种小型家具，大小、形状、重量和风格均不同，所以它们所需的主要原料（木材和玻璃）、制作时间、最大销量与利润均不同。该厂每天可提供的木材、玻璃和工人劳动时间分别为 600 单位、1 000 单位和 400 小时。具体情况见表 7-2。

表 7-2　家具日产量问题原始数据

家 具 类 型	1	2	3	4	可 提 供 量
劳动时间（小时/件）	2	1	3	2	400 小时
木材（单位/件）	4	2	1	2	600 单位
玻璃（单位/件）	6	2	1	2	1 000 单位
单位利润（元/件）	60	20	40	30	
最大销售量（件）	100	200	50	100	

问：应如何安排这 4 种产品的日产量，使该厂的日利润最大？

依题意，设置 4 种家具的日产量分别为决策变量 x_1、x_2、x_3、x_4，目标要求是日利润最大化，约束条件为三种资源的供应量限制和产品销售量限制。据此，列出下面的线性规划模型。

目标函数：$\text{Max}(Z) = 60x_1 + 20x_2 + 40x_3 + 30x_4$

约束条件：$4x_1 + 2x_2 + x_3 + 2x_4 \leqslant 600$　（木材约束）

$\qquad\qquad 6x_1 + 2x_2 + x_3 + 2x_4 \leqslant 1\,000$（玻璃约束）

$\qquad\qquad 2x_1 + x_2 + 3x_3 + 2x_4 \leqslant 400$　（劳动时间约束）

$\qquad\qquad x_1 \leqslant 100$（家具 1 需求量约束）

$\qquad\qquad x_2 \leqslant 200$（家具 2 需求量约束）

$\qquad\qquad x_3 \leqslant 50$　（家具 3 需求量约束）

$\qquad\qquad x_4 \leqslant 100$（家具 4 需求量约束）

$\qquad\qquad x_1, x_2, x_3, x_4 \geqslant 0$（非负约束）

首先，在 Excel 中描述问题，建立模型，如图 7-30 所示。

在 F14 单元格中使用函数 "=SUMPRODUCT(B14:E14,B$19:E$19)" 并填充到 F15、F16 单元格，在 G19 单元格使用函数 "=SUMPRODUCT(B12:E12,B19:E19)"。然后设置规划求解各项参数如图 7-31 所示。

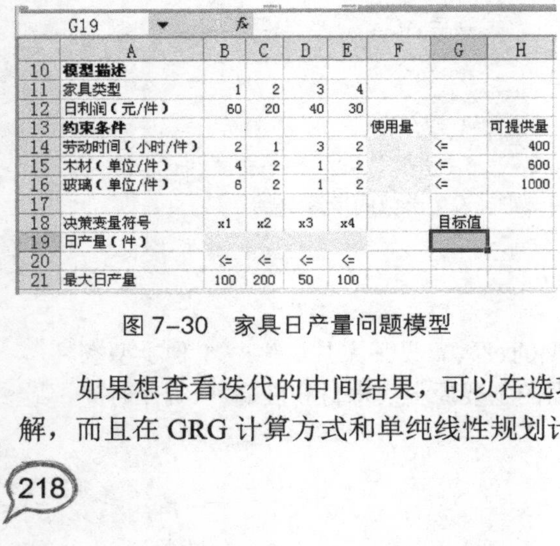

图 7-30　家具日产量问题模型

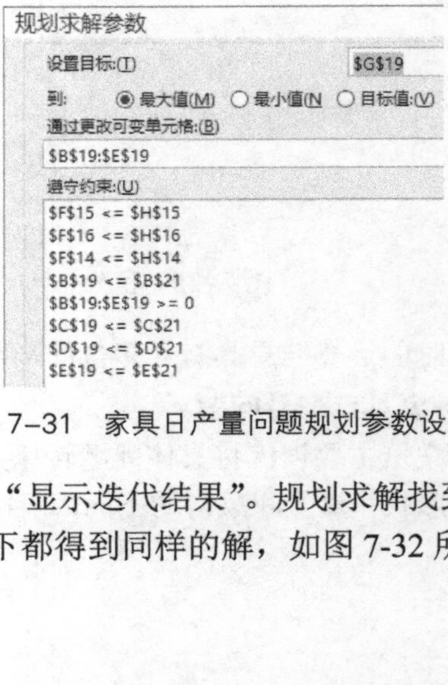

图 7-31　家具日产量问题规划参数设置

如果想查看迭代的中间结果，可以在选项中选中"显示迭代结果"。规划求解找到最优解，而且在 GRG 计算方式和单纯线性规划计算方式下都得到同样的解，如图 7-32 所示。

| G19 | | | | =SUMPRODUCT(B12:E12,B19:E19) | | | |

	A	B	C	D	E	F	G	H
10	模型描述							
11	家具类型	1	2	3	4			
12	日利润（元/件）	60	20	40	30			
13	约束条件					使用量		可提供量
14	劳动时间（小时/件）	2	1	3	2	0	<=	400
15	木材（单位/件）	4	2	1	2	0	<=	600
16	玻璃（单位/件）	6	2	1	2	0	<=	1000
17								
18	决策变量符号	x1	x2	x3	x4		目标值	
19	日产量（件）	0	0	0	0		0	
20		<=	<=	<=	<=			
21	最大日产量	100	200	50	100			

图 7-32　家具日产量问题规划求解结果

小技巧

快速删除表格中的重复数据

用户在制作表格时经常不小心输入重复的数据，此时如果要一行一行地找出重复数据，很不现实，Excel 提供了快速删除重复数据的方法。原始数据如图 7-33 所示。

首先，单击数据区域任意单元格，在"数据"→"排序和筛选"组中单击"高级"，打开"高级筛选"对话框。

其次，在对话框中的"列表区域"中清除 Excel 自动填入的 A1:C11，改为要调查其中有无重复数据的列，即"姓名"与"地址"两列所在的单元格区域 B1:C11 后返回"高级筛选"对话框。

再次，在"高级筛选"对话框中选中"选择不重复的记录"复选框后单击"确定"按钮，如图 7-34 所示。

	A	B	C
1	编号	姓名	住址
2	1001	张三	西山观1号
3	1002	李四	西山观2号
4	1003	王五	西山观3号
5	1004	赵六	西山观4号
6	1005	朱七	西山观5号
7	1006	周八	西山观6号
8	1007	王五	西山观3号
9	1008	张三	西山观1号
10	1009	吴九	西山观7号
11	1010	郑十	西山观8号

图 7-33　需要删除重复数据的原始表格

图 7-34　在"高级筛选"对话框中选中
"选择不重复的数据"

按"确定"之后，就能够隐藏有重复数据的行，然后将隐藏了重复数据的区域复制到另外的区域（或另外的工作表中）即可，如图 7-35 所示。

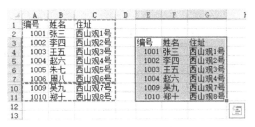

图 7-35　快速删除重复数据的效果

课后习题 **7**

1．每个规划求解都有一组需要求解的未知数，都有一个明确的目标和一组限定条件，分别称为什么？

2．Excel 2016 中常用的规划求解算法有哪些？

3．鸡兔同笼是中国古代著名趣题之一，现将其模型化后输入到 Excel 表格中，如题图 7-1 所示。

请按照"规划求解参数"对话框中给出的位置分别写出目标单元格、目标值、可变单元格和两条约束条件。

4．假定某公司要将开支控制在 5 万元之内，其中房租费 2 万元、广告费 0.8～1.2 万元、耗材费 1～1.3 万元、津贴费 1～1.2 万元，Excel 表如题图 7-2 所示。应如何安排？

题图 7-1　鸡兔同笼模型

题图 7-2　月开支计划

5．某厂生产 A、B、C 三种产品，每种产品都需三道工序，见题表 7-1。

题表 7-1　产品工序列表

		产品 A	产品 B	产品 C
所需劳动力	工序 1	4	3	5
	工序 2	3	2	2
	工序 3	1	2	2

另外，该厂在三道工序中分别有劳动力 40 000、30 000、25 000 个，且已知 A、B、C 三种产品的单件利润分别为 2 万元、2.8 万元、4 万元。请分析该厂应如何组织生产才能达到利润最大化。

6．根据给定的两种产品的单件成本、单件毛利、月成本限额等数据，求出两种产品的生产量为多少时，才能让总收益达到最高值。原始文件如题图 7-3 所示。

公司产品总收益额				
品名	成本（元/件）	毛利（元/件）	生产量	毛利合计
A产品	1.60	6.28		
B产品	1.80	6.50		
每月成本限制额	2000000			
实际成本总额				
总收益额				

题图 7-3　原始文件

第**8**章
CHAPTER 8

Excel 数据分析自动化
——宏和 VBA 的应用

本章提要

本讲主要通过 Excel 2016 的窗体以及宏等工具在研判股市行情和股票收益核算中的应用，介绍 VBA 的基础知识。

8.1 使用控件

股票证券市场是一个充满活力，同时又存在相当风险的资本市场。随着社会主义市场经济的不断发展，股票证券市场也日益规范。越来越多投资者愿意承担一定的风险投资股市，以获得更高的收益。与此同时，如何运用经验和智慧来降低和规避风险就成为投资者特别关注的问题。其中采用各种技术分析方法，研判股票价格的变动规律和股票价格的逻辑变动方向，可以为股票投资决策提供重要的参考依据。而 Excel 2016 则是应用多种技术分析方法核算股市收益的有力工具。

在买卖股票的操作中，如何计算某个股票的收益有时是比较麻烦的，除了买卖股票的价格外，还要计算印花税、手续费、委托费等，如果再加上送股、配股和派息等，则更为复杂。利用 Excel 制作一个股票收益计算器，可以使得上述工作大大简化。

8.1.1 公式的建立

首先新建一个工作表，输入有关的数据。其中委托费、成交费等项各股票交易所不完全相同，可以根据实际数据输入。建立好的工作表如图 8-1 所示。

然后在需要的地方输入适当的公式，如"金额"显然是"数量"与"价格"的乘积，因此 F3 单元格应输入公式"=D3*E3"。该公式可直接填充到 F5、F6、F7 三个单元格中。输入公式后的股票收益计算器如图 8-2 所示。

	A	B	C	D	E	F
1	股票收益计算器					
2	系统参数		股票参数	数量	价格	金额
3	印花税	0.50%	买入	1000	8.5	
4	手续费	0.35%	送股	200		
5	委托费	¥1.00	配股	100	3.5	
6	成交费	¥1.00	派息	1300	0.2	
7	通信费	¥4.00	卖出	1300	8.7	
8	总收益					

图 8-1　建立股票收益计算器的原始数据

=F7*(1-B3-B4)-F3*(1+B3+B4)-F5+F6-(SIGN(F3)+SIGN(F7))*(B5+B6+B7)

	A	B	C	D	E	F	G	H
1	股票收益计算器					金额		
2	系统参数		股票参数	数量	价格			
3	印花税	0.50%	买入	1000	8.5	8500		
4	手续费	0.35%	送股	200				
5	委托费	¥1.00	配股	100	3.5	350		
6	成交费	¥1.00	派息	1300	0.2	260		
7	通信费	¥4.00	卖出	1300	8.7	11310		
8	总收益			¥2,539.62				

图 8-2　输入公式后的股票收益计算器

该工作表中最关键的是 C8 单元格中的内容，其内容是计算股票收益的公式：

F7*(1-B3-B4)-F3*(1+B3+B4)-F5+F6-(SIGN(F3)+SIGN(F7))*(B5+B6+B7)

我们来解释一下这个公式。其中：

① B3 和 B4 分别是印花税和手续费，一般来说是常量（严格说是"常率"）；

② F7*(1-B3-B4)为卖出股票的收益(已扣除印花税和手续费)，因为 F7 只是账面收益，必须要减去按比例扣除的税收；

③ F3*(1+B3+B4)为买入股票的支出（含印花税和手续费），因为 F3 只是账面支出，必须要加上按比例缴纳的税收；

④ F5 为配股的支出，不缴税；

⑤ F6 为派息的收益，也不缴税；

⑥ 最后一项 (SIGN(F3)+SIGN(F7))*(B5+B6+B7)：其中 B5、B6、B7 为委托费、成交费和通信费，一般来说是常量；SIGN 函数为符号函数，当 F3 或 F7 大于 0 时值为 1，等于 0 时值为 0。公式这部分的意思是说，只要买入或卖出的金额为 0，即没有发生买入或卖出的行为，则委托费、成交费和通信费都不会产生，而只要买入或卖出有一项发生，则该值肯定不为 0，就直接取值为 1，也就是说委托费、成交费和通信费都是按交易的次数而不是按金额来收取，每次收一个固定值。

利用该计算器，只要输入买入和卖出股票的价格、数量，以及送、配股和派息数据，即可立刻计算出相应的收益。

8.1.2 窗体的应用

上例的计算器虽已可以自动完成股票收益的计算，但是还存在一些不足。例如交易的数量、价格每次都必须手工输入。当用户输入股票价格时，如果忘记输入小数点，将会得到一个不着边际的计算结果。为此我们利用 Excel 提供的滚动条、单选钮等多种窗体控件，对该计算器加以改造，防止其出现明显的错误，并使其操作更为方便。

首先为买入股票数量等单元格添加滚动条控件，具体操作如下：

① 在数量单元格后面插入一列；

② 单击"开发工具"→"控件"组中的"插入"按钮的下拉箭头，选定"表单控件"组中的"滚动条（窗体控件）"按钮，如图 8-3 所示；

图 8-3　"滚动条"控件

③ 在 E3 单元格上拖拽出一个矩形；

④ 右击刚刚建立的滚动条控件，在弹出的快捷菜单中单击"设置控件格式"命令，将出现"对象格式"对话框。根据需要设置有关参数，这里设置当前值为 1 000，最小值为 100，最大值为 10 000，步长为 10，页步长为 100。并指定单元格链接为 D3（当改变控件值时，D3 单元格的值相应改变）。如图 8-4 所示。

类似地为送股、配股和卖出数量建立滚动条控件。

建立股票价格的滚动条较股票数量的滚动条要复杂一些。因为滚动条变化的步长只能是整数，而价格可能需要按 0.01 元的步长变化。为此需要借助其他的单元格作为中间单元。

例如指定 G3 单元格的滚动条控件与 I3 单元格链接，其值的变化范围为 100～10 000，步长为 1，而在 F3 单元格中输入公式"＝I3 / 100"，即可实现当滚动条控件变化一个单位时，股票价格单元格 F3 能按 0.01 元的步长变化。类似地为配股价、派息和卖出价添加滚动条控件。

图 8-4　"设置控件格式"对话框

因为股市上还有多种基金可以买卖，而基金买卖时是不上印花税的，为此再为计算器添加两个单选钮控件，使其计算股票时，印花税为 0.50%，而计算基金时，印花税为 0。具体操作步骤如下：

① 在"系统参数"单元格下插入一行；

② 单击窗体工具栏中的单选钮控件（位于图 10-24 中第 1 行的第 6 个控件）；

③ 在工作表中的适当位置拖拽出一个矩形；

④ 将建立的单选钮控件的名称改为"股票"；

⑤ 右击该单选钮控件，然后在弹出的快捷菜单中单击"设置控件格式"命令；

⑥ 在弹出的对象格式对话框中设置单元格链接等有关参数，这里设置其与 I5 单元格链接。

按照类似的方法在股票单选钮旁边再建立一个基金单选钮，并使其也与 I5 单元格链接。

这样当单击股票时，I5 单元格的值为 1，而单击基金时，I5 单元格的值为 2。这是因为两个单选按钮链接到同一个单元格时，Excel 自动为不同按钮按顺序赋了值。然后还需要将单选钮的结果，即 I5 的结果与印花税单元格相连。为此，在 J5 和 J6 单元格分别输入 0.005 和 0，而在印花税单元格 B4 输入公式"= INDEX(J5:J6,I5)"。这样，当选定股票时，I5 单元格的值为 1，相应的 B4 单元格的值将取 J5:J6 单元格区域的第一个值，即为 0.005；而当选定基金时，I5 单元格的值为 2，相应的 B4 单元格的值则取 J5:J6 单元格区域的第二个值 0。各个控件添加完毕后，此时的股票计算器如图 8-5 所示。

显然，I 列和 J 列需要隐藏起来，另外再适当地重新组织各单元格区域，如有些标题单元格需要合并等，进行一些修饰，最后是直接使用"格式"菜单下的"自动套用格式"。完成后的计算器如图 8-6 所示。

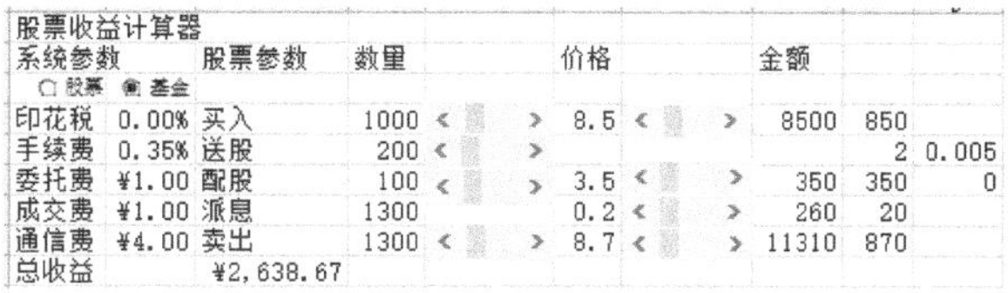

图 8-5　设置好各种控件的股票收益计算器 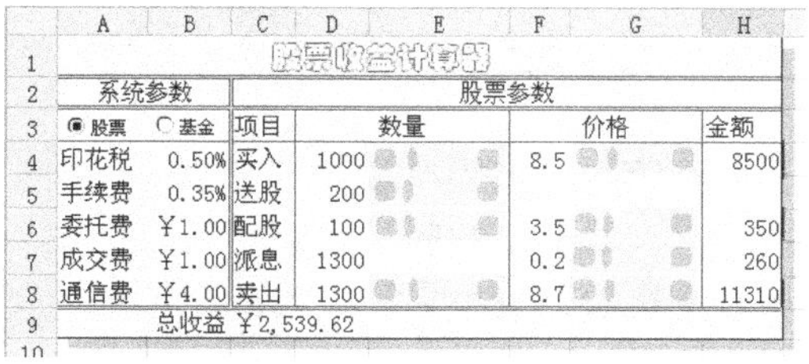　　图 8-6　最终完成的股票收益计算器

该计算器比最初的要好用得多。例如单击价格滚动条两端的滚动箭头，价格数据将会按 0.01 元的步长增加或减少；而单击价格滚动条（滚动块两侧），价格数据将会按 0.10 元的步长增加或减少；当需要快速增加或减少价格数据时，还可以直接拖拽滚动块。当计算的是基金时，只要单击基金单选钮，即可自动按基金的计算公式完成计算。

8.1.3　工作表的保护

这时的计算器虽已可以方便地使用了，但是还有一点美中不足，就是如果使用者直接在某个公式单元格中键入数据，将会使得精心设计的控件失灵。更有甚者，如果使用者在总收益单元格中键入数据，将使整个计算器失效。为了防止以上问题的发生，还需要为该计算器加上必要的保护。其具体操作步骤如下：

①　选定不需保护的单元格，例如买入、卖出、送配股的数量单元格，与买入、卖出、配股价格的滚动条链接的单元格（注意：隐藏的 I5、J5、J6 也要选中）；

②　单击"格式"菜单中的"单元格"命令，在"保护"选项卡下，清除锁定复选框；

③　单击"审阅"→"更改"组中的"保护工作表"命令，如图 8-7 所示；

④　将出现如图 8-8 所示的"保护工作表"对话框。从中选择需要保护的项，如果需要，还可以输入密码，单击"确定"。

图 8-7　选择"保护工作表"命令

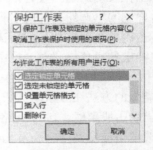

图 8-8　"保护工作表"对话框

这样，工作表中除了刚才解除锁定的单元格都不能修改其内容，精心建立的公式和修饰的格式就都不会被破坏了。此时如果要在被保护的单元格中进行操作，将弹出如图 8-9 所示的警告对话框。

图 8-9　设置了工作表保护后的警告对话框

在设置工作表保护时，如果不按上述步骤操作，只是简单地执行保护工作表命令，则保护的工作表的所有单元格都不能改变，计算器就只能计算当前锁定的一种情况了。所以应将不是公式的且需要变化的单元格，都解除锁定，然后再对工作表设置保护。

到此为止，股票收益计算器全部制作完成。读者在此基础上还可以根据需要进行各种改进。例如送、配股可以只输入百分比，然后自动计算相应的股数。还可以设置累加器，将多次买卖的结果累计，最后计算总的收益，等等。

8.2　创建和使用宏

在日常工作中，有些操作，甚至可能是一些较为复杂的操作经常需要进行。为了有效地提高工作效率，减少差错，可以利用 Excel 2016 提供的宏使得上述操作自动完成。宏是 Excel 的重要组成部分。学好用好宏，可以更方便地操作 Excel，更好地控制 Excel，进一步深入发掘 Excel 的强大功能，全面提高应用 Excel 的水平。

8.2.1　宏的基本概念

　　所谓宏实际上是一种计算机程序语言。早期的宏是模仿用户界面的，实质上就是一些按键的组合，再加上一些类似于 Basic 语言中的 INPUT、IF…THEN…ELSE 等语句的宏命令。例如，宏命令"RNC"相当于用户键入 R（区域"Range"）、N（名称"Name"）、C（创建"Create"），执行的是创建区域名称的操作。这样的宏不仅难以阅读，而且也与图形用户界面不适应。以后逐渐开始使用独立于用户界面的宏语言。例如在 Excel 4.0 版中至少有三种不同的方法复制一个区域：使用 [Ctrl]+🖰 复合键；使用工具栏中的复制工具按钮；使用编辑菜单中的复制命令。所有这些用户操作序列都被翻译成单一的宏函数"= COPY()"。这样的宏的主要缺点是 Excel 宏只能用于 Excel，而无法适应其他应用程序。从 Excel 5.0 开始使用 VBA（Visual Basic for Application）作为宏语言。Excel 2016 使用的是与 Visual Basic 6.0 兼容的面向整个 Office 2016 各应用程序的 VBA。Visual Basic 是 Windows 环境下开发应用程序的一种通用程序设计语言，功能强大，直观易用。而 VBA 是在 Visual Basic 程序设计语言的基础上，增加了对相应软件不同对象的控制功能。例如关于 Excel 工作簿、工作表、区域、数据透视表等对象的属性、事件和方法。

　　在 Excel 2016 中，宏都是由一个个过程构成。具体分为三类：Function 过程、Sub 过程和 Property 过程，也称作函数宏、命令宏和属性宏。其中 Function 过程用于创建自定义函数，Property 过程主要用来创建和操作自定义属性，对这两种过程本章不做进一步介绍。以下主要通过股票行情分析中的应用，介绍创建和应用命令宏的方法。

8.2.2　录制宏

　　所谓命令宏是指能独立完成一些特定操作的一段 VBA 程序。例如要创建一个命令宏，将单元格区域 A2:E2 的格式设置成货币样式，并清除工作表中的网格线，则相应的命令宏如下所示：

```
Sub Example()
    Range("A2:E2").Select
    Selection.Style="Currency"
    ActiveWindow.DisplayGridlines= False
End Sub
```

　　该命令宏的第 1 句使用 Range 对象的 Select 方法，实际上是执行选定 A1:E2 单元格区域的操作。第 2 句修改 Selection 的 Style 属性，实际上是执行将选定对象的样式设置为货币样式的操作。最后一句修改 ActiveWindow 对象的 DisplayGridlines 属性，将其设置为 False，实际上是取消当前活动窗口的表格线。

　　从上例可以看出用 VBA 创建命令宏的大致特点。显然要创建操作较为复杂的命令宏，需要熟悉 Excel 的各种对象，掌握 VBA 提供的各种语句、函数、方法和属性等内容，还需要具备一定的程序设计的能力。这对于一般用户，特别是对于非计算机专业的用户，是较为困难的。即使对于掌握了 VBA 的用户，逐字逐句地编写 VBA，也是相当辛苦的工作。为此，Excel 提供了记录宏的功能，可以录制用户执行的操作，自动生成有关的命令宏。例如，现有股票行情数据清单如图 8-10 所示。

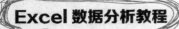

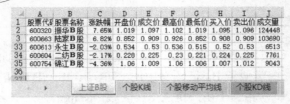

图 8-10　股票行情原始数据

要创建有关建立股票排行榜的命令宏，其操作步骤如下：

① 首先单击"开发工具"→"代码"组中的"宏安全性"命令，如图 8-11 所示；

② 在弹出的"信任中心"→"宏设置"对话框中将默认的"禁用所有宏"改为"启用所有宏"，如图 8-12 所示；

图 8-11　"宏安全性"命令

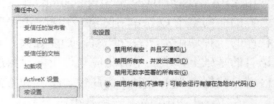

图 8-12　更改宏安全性

③ 再单击"开发工具"→"代码"组中的"录制宏"按钮 📋录制宏，或工作表最左下方的 就绪 📋，出现"录制宏"对话框，如图 8-13 所示；

④ 在宏名框中键入要录制的宏的名字，并根据需要输入说明的内容。本例在宏名框中输入"涨幅"替换默认的宏名；在说明框中键入"筛选涨幅为前 5 名的股票"替换默认的说明描述，单击"确定"；

⑤ 这时状态栏出现"录制"字样，并出现"停止录制"工具栏；此后所进行的操作，Excel 将自动记录下来，并将其转换成相应的命令宏；

图 8-13　"录制宏"对话框

⑥ 执行一遍筛选涨幅前 5 名的操作，为了保证宏无论在什么情况下都能正确地执行，此时操作的第 1 步就应先选定股票数据清单所在的工作表，以及该工作表中股票数据所在的任意单元格；

⑦ 单击"数据"→"排序和筛选"组中的"筛选"命令，在"涨跌幅"字段后的下拉框中先选择"降序排列"（如果是选跌幅前几名则应进行升序排列），然后再选择"数字筛选"→"前 10 项"，在弹出的对话框中选择"最大"，然后将缺省的"10"改成"5"即可；

⑧ 单击"停止录制"按钮 ■ 停止录制 。

这样就完成了录制宏的操作。要查看录制的宏的内容可单击"开发工具"→"代码"组中的 Visual Basic 按钮🖵。此时出现 Visual Basic 编辑器窗口，并已默认选中了左侧的"模块 1"，如图 8-14 所示。

```
Sub 涨幅()
' 涨幅 Macro
' 筛选涨幅为前5名的股票
    Range("B18").Select
    Selection.AutoFilter
    Range("A1:J35").Sort Key1:=Range("C1"), Order1:=xlDescending, Header:= _
        xlGuess, OrderCustom:=1, MatchCase:=False, Orientation:=xlTopToBottom,
        SortMethod:=xlPinYin, DataOption1:=xlSortNormal
    Selection.AutoFilter Field:=3, Criteria1:="5", Operator:=xlTop10Items
End Sub
```

图 8-14　在 Visual Basic 编辑器中查看宏代码

在 Visual Basic 编辑器中可以查看、编辑以及调试 VBA 宏。在其中的代码窗口中，可以看到刚才录制的操作所对应的宏语句。使用宏记录器录制的宏通常都是机械的，录制完后可以根据需要修改它们，使其更通用、更简洁。为了增加宏的可读性，还可以在宏语句后面添加有关的说明或注释语句。如果创建的宏较为复杂，可以根据其执行的功能，将其分解成几个简单的宏，分别录制。然后再录制依次执行这几个宏的宏，将简单宏组装成功能更强的宏。

按照相同的步骤分别录制筛选跌幅前 5 名和成交量前 5 名的宏"跌幅"和"成交量"。

8.2.3　执行宏

当需要执行宏时，可以有多种方式。一般情况下可以直接执行；对于使用较为普遍的宏，可以为其建立工具栏或菜单命令，使其像 Excel 的内部命令一样使用；还可以利用窗体控件，在工作表上建立有关命令宏的按钮，使其像应用系统一样工作。

1．直接执行

直接执行宏的基本操作如下：

① 单击"开发工具"→"代码"组中的"宏"按钮，这时出现"宏"对话框，如图 8-15 所示；

② 在宏名列表中选定要执行的宏，这里选"成交量"宏；

③ 单击"执行"按钮。

这时，宏将自动完成筛选成交量为前 5 名的股票的操作。

为了更方便地执行宏，可以在创建宏时指定快捷键，或是在"宏"对话框中单击选项命令，弹出如图 8-16 所示的对话框，为指定的宏添加快捷键。

图 8-15　在"宏"对话框中执行宏

图 8-16　在"宏选项"对话框中指定快捷键

注意：[Ctrl]+<字母>复合键大多已经是某些操作的快捷键，所以最好使用[Ctrl]+[Shift]+<字母>的复合键形式定义宏的快捷键。定义快捷键时，[Ctrl]键为缺省的，故只需按[Shift]

键和相应的字母键即可。例如可以分别指定 [Ctrl]+[Shift]+A 、[Ctrl]+[Shift]+B 和 [Ctrl]+[Shift]+C 作为"涨幅""跌幅"和"成交量"三个宏的快捷键。这样以后当需要执行某个筛选操作时，只需按相应的快捷键即可。

2．宏命令按钮

对于一些特殊的宏命令，可以利用 Excel 2016 的窗体控件中的按钮，直接放置到相应的工作表中。其操作步骤如下：

① 首先从"视图"工具栏中选择"窗体"工具栏；

② 单击"窗体"工具栏中的按钮控件，在工作表上根据所需按钮的大小拖拽出一个矩形；

③ 在弹出的"指定宏"对话框中，为创建的按钮指定"涨幅"宏；

④ 将按钮上显示的"按钮××"改为"涨幅前 5 名"。

按照类似的方法建立"跌幅前 5 名"和"成交量前 5 名"按钮。建好的按钮如图 8-17 所示。

3．从图形对象上运行宏

可以通过对图表、插入的各种图形对象（如剪贴画、图片、形状等）指定宏，从而运行宏，如图 8-18 所示。

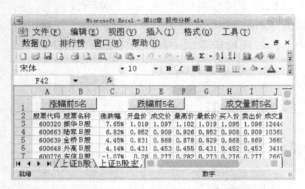

图 8-17　添加了宏命令按钮的工作表

图 8-18　从图形对象运行宏

8.2.4　函数宏简介

Excel 函数虽然丰富，但并不能满足我们的所有需要。我们可以自定义一个函数，来完成一些特定的运算。下面，就来自定义一个计算梯形面积的函数。

（1）执行"工具"→"宏"→"Visual Basic 编辑器"菜单命令（或按"Alt+F11"快捷键），打开 Visual Basic 编辑窗口，如图 8-19 所示。

图 8-19　选择 Visual Basic 命令

（2）在窗口中，执行"插入"→"模块"菜单命令，插入一个新的模块——"模块 1"，如图 8-20 所示。

（3）在右边的"代码窗口"中输入以下代码：

Function S(a,b,h)

$\quad S = h*(a + b)/ 2$

End Function

如图 8-21 所示。

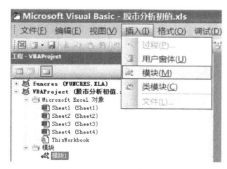

图 8-20　在 VBE 中插入模块

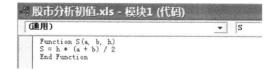

图 8-21　在 VBA 模块中输入代码

（4）关闭窗口，自定义函数完成。以后可以像使用内置函数一样使用自定义函数。

（5）在新工作表中列出需要计算面积的梯形的数据，如图 8-22 所示。

（6）在结果单元格中插入该函数，该函数在"用户定义"类别中。也就是说，如果是第一次使用该函数，应先在"或选择类别"选项框中选择最后一个"用户定义"，才能找到，如图 8-23 所示。

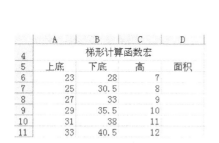

图 8-22　准备应用函数宏的数据

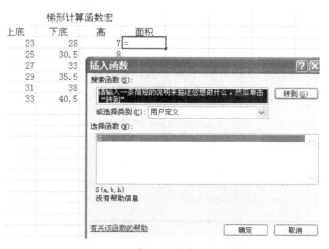

图 8-23　插入用户定义的函数

（7）弹出该函数的"函数参数"对话框，其中的三个参数就是我们刚才定义的，同时，编辑栏和结果单元格中都出现了函数形式，如图 8-24 所示。

（8）分别将上底、下底、高所在的单元格填入相应的参数中，如图 8-25 所示。

确定以后，就能计算出梯形的面积了。此时我们查看编辑栏，和以往输入公式最大的不同是，此时编辑栏中出现的是一个函数，如图 8-26 所示。

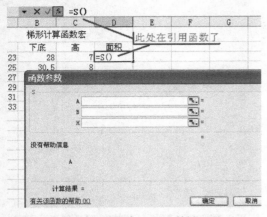

图 8-24　用户定义的函数被引用

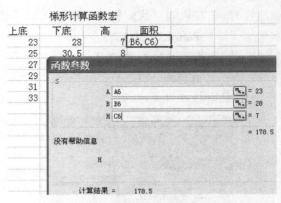

图 8-25　设置用户定义函数的参数

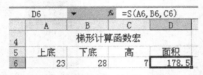

图 8-26　用户定义函数的计算结果

提示：用上面方法自定义的函数通常只能在相应的工作簿中使用。

8.3　VBA 初步

　引例：签到簿

在工作表 Sheet1 的代码窗口写下如图 8-27 所示的程序。

则在工作簿 A 列中输入后，工作表的 Change 事件被触发，会在 B 列自动输入签到日期和时间，如图 8-28 所示。

```
Private Sub Worksheet_Change(ByVal Target As Range)
    If Target.Count = 1 Then              '判断是否选中了单个单元格
        If Target.Column = 1 Then         '判断单元格是否在第一列
            'Application.EnableEvents = False  '禁止事件激活，可不要
            Target.Offset(0, 1) = Now & "签到"  '在相应行的第二列输入当前日期
            'Application.EnableEvents = True   '恢复事件激活，可不要
        End If
    End If
End Sub
```

图 8-27　签到簿代码

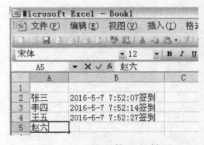

图 8-28　签到簿运行效果

修改工作表中其他列的单元格（如 C 列），工作表的 Change 事件同样会被触发，但是因为不满足代码中的判断条件，所以不会执行写入日期的代码。代码中写入值的地方是由 Offset 函数确定的，该函数是对源单元格（此处是 Target 这个 Range）的偏移量。

上述代码使用 Application.EnableEvents=False 为防止事件被意外多次激活。Application 对象的 EnableEvents 属性可以设置是否允许对象的事件被激活。上述代码中如果没有禁止

事件激活的代码，在写入当前日期的代码执行后，工作表的 Change 事件被再次激活，事件代码被再次执行。某些情况下，这种事件的意外激活会重复多次发生，甚至造成死循环导致事件代码重复调用，无法结束运行。因此在可能意外触发事件的时候，需要设置：

Application.EnableEvents=False

禁止事件激活。但这个设置并不能限制控件的事件被激活。

EnableEvents 属性的值不会随着事件过程的执行结束而自动恢复为 True，也就是说需要在代码运行结束之前进行恢复。如果代码被异常终止，而 EnableEvents 属性的值仍然为 False，则相关的事件都无法激活。恢复办法是在 VBE 的立即窗口中执行以下语句：

Application.EnableEvents=True

由引例可见，VBA 就是自动化操作的金钥匙，VBA 最简单的应用就是自动执行重复的操作。例如，在 Excel 中格式化报表、设置字体、添加边框等重复的操作，如果使用 VBA 代码，则可以让过程自动化。此外，VBA 还可以进行复杂数据分析对比，制作美观的图表，以及定制个性化用户界面。

8.3.1 学习 VBA 从宏开始

Excel 具有强大的数据处理和图形转换功能，因而被广泛应用于各行各业，小到大街上的商贩靠它记录采购、销售数据，大到上市公司用它分析、预测经营状况。但是这些功能远不能展现 Excel 的真正实力，它除了能实现对数据的存储、处理和管理外，还有更多自动化、人性化的操作是一般使用者所不知道的。

1．宏与 VBA 的关系

宏是一组计算机指令，是一个包含一系列操作命令的集合，代表了能实现某种效果的操作过程，主要用于有大量重复性操作的工作，目的是简化工作步骤。它背后的语言是 VBA（VB 下用于开发自动化应用程序的语言，可以创建自定义的解决方案）。宏与 VBA 的关系可以用句子与字母之间的关系来比喻，如图 8-29 所示。

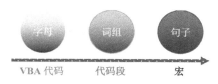

图 8-29 宏与 VBA 的关系示意

众所周知，Excel 中的所有命令、按钮的功能都是由代码实现的，这些命令和按钮其实就是代表了一个宏过程，所以宏和 VBA 是紧密相关、不可分割的。在 Excel 中有如下两种创建宏的工具。

- 宏录制器：把操作步骤用 VBA 代码记录下来，帮助用户创建宏过程。录制好的宏，也可以再通过 VBA 编程环境 VBE 来打开和修改。
- VBE：这是 VBA 编程环境，在其中用户可以自己编写指令代码，并指定宏名，这个方法更灵活、强大，能够实现许多宏录制器不能实现的功能。

（1）宏录制器

在 Excel 中，通过宏录制器创建宏有两种方法，第一种方法最简单、快捷，就是直接单击 Excel 工作簿窗口状态栏上的"录制宏"按钮，如图 8-30 所示。

第二种方法，就是在"视图"选项卡的"宏"组中，单击"宏"下三角按钮，即可选择"录制宏"或"查看宏"，如图 8-31 所示。

图 8-30 状态栏上的录制宏按钮　　　　图 8-31 视图选项卡中的宏组

第三种方法，就是在"开发工具"→"代码"组中单击"录制宏"按钮，如图 8-32 所示。

为了安全起见，默认状态下，Excel 禁止了所有的宏功能，因此，如果要使用宏，应先对工作簿启用宏，用户可打开"Excel 选项"对话框，通过"信任中心"→"信任中心设置"→"宏设置"→"启用所用宏"选项来开启宏功能，如图 8-33 所示。

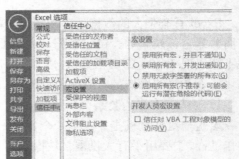

图 8-32 开发工具选项卡中的代码组　　　　图 8-33 宏安全设置

（2）VBA 编程环境

要进入 VBA 编程环境，首先应在 Excel 中添加"开发工具"选项卡。打开"Excel 选项"对话框，在其中单击"自定义功能区"，然后在右侧的"主选项卡"列表框中选中"开发工具"复选框，如图 8-34 所示。

图 8-34 开启"开发工具"选项卡

然后单击"确定"后返回工作界面，即可看到"开发工具"选项卡及卡中所有功能按钮了，如图 8-35 所示。

图 8-35　"开发工具"选项卡

在"开发工具"选项卡中单击第一个按钮"Visual Basic"，即可进入 VBA 编程环境，如图 8-36 所示。

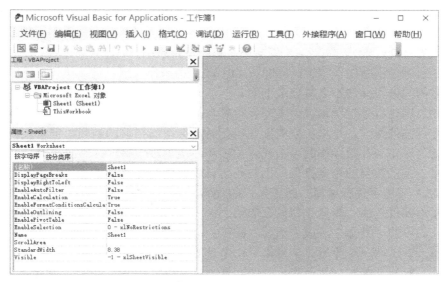

图 8-36　VBA 编程环境（VBE）

在 VBA 编程环境的工作界面中，"插入"菜单是使用频率最高的菜单，其主要作用是插入模块和用户窗体，模块是用来定义全局变量、函数的地方，也就是输入程序代码的地方，模块中的代码可以控制整个工作簿中的操作，而用户窗体是实现人机交互的桥梁。此外，"调试"和"运行"菜单也经常用到，"调试"菜单的主要作用是对输入的代码进行检测，对有错误的代码高亮显示；而"运行"菜单的主要作用是对代码发出运行或中断信号。

2．宏的录制和使用过程

宏录制器会完整记录用户的操作（包括错误的操作）供以后调用，其流程图如图 8-37 所示。

图 8-37　宏的操作过程

宏就这样将一系列复杂的操作变成一个简单的操作。例如，用户需要若干菜单命令和按钮才能建立一张个性化的工作表，并且每天、每周都要重复新建这样的表，倘若将这些步骤都记录在一个宏中，则每次只需要按一个快捷键就能完成工作表的设计，这就是宏的宏观性体现。

8.3.2 录制宏，减少重复工作

对 Excel 中的宏有了基本了解后，再来了解宏的录制、调用和编辑过程。

1. 录制宏

（1）录制过程

录制宏的过程很简单，前提是用户必须知道要录制的宏包含了哪些操作，以及这些操作的顺序，以确保宏过程正确无误。但在录制过程中，错误的操作是难免的，错了怎么办？

● 如果录制的宏只包括 3～5 步操作，那就重新录制。

● 在录制过程中发现错误，立即按 Ctrl+Z 撤销操作，然后继续执行正确的操作。被撤销的错误操作不会被记录下来。

● 在录制过程中发现错误，立即执行补救措施以抵消错误操作的影响，然后继续执行正确的操作，这样的宏将来在执行时不会得出错误的结果，但宏代码中会含有错误操作和补救操作的多余代码，因而不便于对代码进行二次编辑。

● 对于某些简单的错误操作，用户还可以将错就错地录制下去，等录制完成后再在 VBA 环境中进行编辑，改正错误的代码。例如，在录制设置单元格样式的宏时，原本要设置成"黑体"却设置成了"楷体"，那没关系，录制完成后在 VBA 中将代码中的"楷体"改成"黑体"即可。

> **例 8.3-1** 录制一个为所选单元格中文字设置样式的宏

第 1 步，开始录制宏。打开原始文件，单击状态栏中的"录制宏"，然后选中 A2 单元格。

第 2 步，输入宏名和快捷键。在弹出的"录制宏"对话框中，输入宏名"单元格样式"，然后设置快捷键"Ctrl+Q"（此处注意：在"快捷键"对话框中写入的是小写的"q"，表示将来执行宏时只要按 Ctrl 键和 Q 键即可，如果在"快捷键"对话框中写入的是大写的"Q"，则表示将来执行宏时只要按"Ctrl+Shift+Q"），在"说明"文本框中输入说明文字，如图 8-38 所示。

最后单击"确定"返回工作界面。

设置快捷键是为了方便快速调用宏，设置的快捷键最好不要与系统快捷键冲突，如不要使用"Ctrl+A""Ctrl+C"等常用的组合键。

图 8-38 录制宏

第 3 步，录制过程。单击"加粗"按钮，然后设置字体颜色为"蓝色"，再设置文本在单元格中的对齐方式为垂直和水平居中。

第 4 步，停止宏的录制。设置完成后，可看到单元格样式的变化，觉得达到自己的要求了，就单击状态中的"停止录制"按钮，停止宏的录制。

以上 4 步操作，就是录制宏的完整过程，在任何宏的录制过程中都可以用这 4 个步骤进行概括，而它们的主要区别仅在于"宏"指向的过程不同。

（2）保存录制的宏

对已经录制了宏的工作簿，如果以默认的后缀名".xlsx"来保存，则会弹出如图 8-39 所示的提示框。

此时用户需要单击"否"，然后选择保存路径，并在"保存类型"下拉列表框中选择"Excel 启用宏的工作簿（.xlsm）"来保存。保存好文档后，系统还会弹出提示框，提示用户所保存的文档可能包含检查器无法删除的个人信息，如图 8-40 所示。

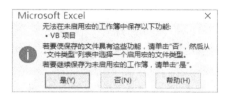

图 8-39　保存带宏的 Excel 文档时弹出的提示框　　图 8-40　保存带宏的 Excel 文档时弹出的提示框

不用管它，直接"确定"即可。

2．执行宏

录制宏是为了使用宏，使用过程很简单，一是通过快捷键执行，二是通过查看宏执行。

例 8.3-2　调用例 8.3-1 中录制的宏

第 1 步，添加新的表内容。在原始文件中新建 Sheet2 工作表，输入一些内容。

第 2 步，查看宏。切换到"视图"选项卡，在"宏"组中单击"宏"→"查看宏"。

第 3 步，在弹出的"宏"对话框中，选择在例 8.3-1 中录制的、名为"单元格样式"的宏，然后单击右侧的"执行"按钮。

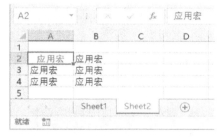

效果如图 8-41 所示。用户也可以直接在工作簿中按例 8.3-1 中定义的快捷键"Ctrl+Q"来执行宏。

3．宏代码的编辑

这里，用户可能会有疑问了：在例 8.3-1 中的

图 8-41　例 8.3-1 的运行效果

Sheet1 工作表中建立的宏，为什么不能直接在 Sheet1 工作表中使用，而要新建一个 Sheet2 工作表来使用它呢？这是因为，我们在录制宏的时候，是选择了 A2 单元格来修改其样式的，因此这个宏只能修改 A2 单元格，Sheet1 工作表中的 A2 单元格已经在录制宏的时候改了样式了，所以只能新建一个 Sheet2 工作表来修改它的 A2 单元格，以此类推，不论你建立多少个新工作表，都只能修改其中的 A2 单元格的样式，这显然是不合理的，所以，可以通过个性宏代码的方式来实现该宏也能对其他任意单元格修改样式。

例 8.3-3　编辑宏

第 1 步，进入 VBA 编程环境。打开原始文件，单击"开发工具"→"Visual Basic"进入 VBE，即可看到模块中的代码，这些代码是 Excel 在录制宏时自动生成的，如图 8-42 所示。

第 2 步，修改代码。从上述代码可以明显看出录制宏的 3 个代码段，若要对工作表的其他单元格使用该宏，只需将第 2 行代码中的"A2"修改成相应的数据区域即可。例如，

将其改为 "A:C"，即表示对 A ~ C 列所有单元格应用该宏，其他代码不变。

图 8-42　例 8.3-3 宏自动生成的代码

第 3 步，对 Sheet2 应用宏。切换到 Sheet2 工作表，按快捷键 "Ctrl+Q"，此时工作表中 A 至 C 列就应用了宏中定义的格式。

第 4 步，对 Sheet1 应用宏。切换到 Sheet1 工作表，按快捷键 "Ctrl+Q"，此时工作表中 A 至 C 列也应用了宏中定义的格式。

在上述操作中，将对单个单元格的操作修改成了对单元格区域的操作，实现了宏在不同情况下的应用。用户还可以将 A2 单元格修改成更多的形式，如：

- "A:A"：对单列（A 列）有效；
- "A:A, C:D"：对不连续的多列单元格（A、C、D 列）有效；
- "A2:D8"：对指定单元格区域（A2 至 D8）有效。

8.3.3　初识 VBA 代码

宏的操作是宏观且易实现的，而 VBA 代码就抽象多了。虽然 Excel 拥有很强的数据统计能力，但是常人可以处理的复杂程度是有限的，如果涉及很复杂的操作，就必须依靠 VBA 中的不同对象来实现了。如上例中出现的 "单元格/区域对象" Range，以及后面章节中会陆续遇到的 "工作表对象" Worksheet、"工作簿对象" Workbook 等。利用 VBA 能处理常规功能所不能完成的工作，如：

- 将多个连续的操作合并成一步操作；
- 规范并控制用户的操作行为；
- 实现人性化的操作界面；
- 制作 Excel 登录系统；
- 更多功能更强大的自动化程序。

这就是 VBA 抽象化的力量，VBA 能实现的自动化操作远比宏更强、更多，但对普通用户来说，它也是最难的。因此，要想实现更轻松的自动操作，必须对 VBA 代码有最基本的认识，即使不会编写，也要能看得明白关键代码的意义，以便对其修改，实现更多功能。

1. VBA 语法基础

1）对象

VB 及其子集 VBA 都是面向对象的语言，所谓对象代表应用程序中的元素，例如工作表、单元格、图表或窗体等。Excel 应用程序提供的对象按照层次关系进行排列管理，称为对象模型。Excel 应用程序中的顶级对象是 Application 对象，它代表 Excel 应用程序本身，它包含其他的对象，如 AddIns、Windows、Workbooks 等。其他对象都是 Application 对象的子对象，反之，Application 对象是这些对象的父对象。

许多同类的对象组成 "集"，而且 "集" 本身也是一个对象。例如 "Workbooks 集" 是所有 Workbook 对象的集合，要引用集合中的某个对象，只要在集的名字后面的括号中写入对象名称或者索引号即可。例如，1 个工作簿中有 3 个工作表（Sheet1、Sheet2、Sheet3），可以使用以下两种方法去访问每一个工作表：

        Worksheet (1)

或者

        Worksheets ("Sheet")

许多对象都有自己的子对象。例如 Workbook 对象包含 Worksheets 对象，或者说，Workbook 对象是 Worksheets 对象的父对象。Worksheets 对象是一种称为集合中的单个 Worksheet 对象。

（1）属性

属性用于描述对象的特性如大小、颜色或屏幕位置，也可指某一方面的行为，诸如对象是否被激活或是否可见。例如，Range 对象的属性有 Column、Row、Width、Value 等；有些对象的属性本身也是一个对象，如 Chart 对象的属性 Legend 和 ChartTitle 本身也是对象，也有自己的属性如 Font、Text 等。Excel 中有很多对象，每一个都拥有自己的属性集，可以通过 VBA 实现以下功能：

- 检查对象当前的属性设置；
- 更改一个对象的属性设置。

有些属性是只读的，例如对于一个单元格 Range 对象来说，行和列属性是只读的，用户可以测定单元格的位置，但不能通过变更行和列属性来改变它的位置。

有些属性是可写的，例如 Range 对象的 Formula 属性，可以通过修改该属性在单元格中插入一个公式。

对象层最顶端的 Application 对象有几个非常有用的属性，它们是：

- Application.ActiveWorkbook：返回 Excel 中当前活动工作簿；
- Application.ActiveSheet：返回活动工作簿中当前活动工作表；
- Application.ActiveCell：返回活动工作表中当前活动单元格；
- Application.Selection：返回当前活动窗口中被选中的对象，这些对象可以是 Range、Chart、Shape 或其他被选中对象。

通常情况下，可以用很多不同方法来引用同一个对象，例如有一个工作簿名为 Workbook1.xls，它是当前唯一被打开的工作簿，其中有一个名为 Sheet1 的工作表，此时引用该工作表的方法有：

        Workbooks ("Workbook1.xls").Worksheets ("Sheet1")

        Workbooks (1).Worksheets (1)

        Workbooks (1).Sheets (1)

        Application.ActiveWorkbook.ActiveSheet

        ActiveWorkbook.ActiveSheet

        ActiveSheet

很显然，第一种方法是绝对引用，后面几种都是相对引用。为了保证引用正确，第一种方法是最好的。

除了通过属性来引用对象外，还可通过修改对象的属性值改变对象的特性。如下代码

是设置活动工作表的名称为"ExcelHome":

> ActiveSheet.Name = "ExcelHome"

（2）方法

方法指对象能执行的动作。例如使用 Worksheets 对象的 Add 方法可以添加一个新的工作表，代码如下:

> Worksheets.Add

在代码中，属性和方法都是通过连接符"."来和对象连接的。

（3）事件

事件是一个对象可以辨认的动作，像单击鼠标或按下某键等，并且可以指定代码针对此动作来做出响应。用户操作、程序代码的执行和系统本身都可以触发相关的事件。

2）字符集与标识符

（1）字符集

VBA 中的字符集是指在 VBA 程序中可以使用的所有字符，包括 10 个阿拉伯数字、52 个大小写字母、34 个专用字符和一些特殊符号。

（2）标识符

VBA 中的标识符是指 VBA 程序中标识变量、常量、过程、函数等语言要素的符号，它可以细分为用户指定的标识符和系统默认的关键字。用户指定的标识符可以用来表示程序名、函数名、对象名、常量名、变量名等，注意在定义时一定要做到"见名知义"。VBA 中的标识符的命名规则如下:

- 标识符必须由字母、数字和下划线构成，如 A9b_c。
- 标识符必须以字母开头，因此 7A_c 是不合法的标识符。
- 不能与系统默认的关键字重名。VBA 中常用的默认关键字有:

As	Binary	ByRef	ByVal	Date	Dim
Else	Error	False	For	Friend	Get
Input	Is	Len	Let	Lock	Me
Mid	New	Next	Nothing	Null	On
Option	Optional	ParamArray	Print	Privat	Property
Public	Resume	Seek	Set	Static	Step
String	Then	Time	To	True	WithEvents

3）常量与变量

（1）常量

常量是指在执行 VBA 程序的过程中始终保持不变的量，如 1 月是 31 天，这个保持不变的天数就可定义为 VBA 中的常量。常量又称为常数，可在程序代码中的任何地方替代实际值，使程序设计变得更为简单，增强程序的可读性和灵活性。VBA 中有 3 种常量：直接常量、符号常量和系统常量。

- 直接常量：直接常量就是在代码中可以直接使用的量，如:

> Height = 10 + input1

其中的 10 就是直接常量。

直接常量也有不同的数据类型，包括：字符串（用英文引号括起的任何可见字符都是直接常量）、数值（由数字、小数点和正负号构成）、日期和时间（要用一对"#"号括起来，例如"#04/13/2017#"）、布尔值，以及任何算术运算符或逻辑运算符的组合。它们参与运算，被 VBA 程序存储，且在整个程序的执行过程都不改变。字符直接常量的值就是这些符号本身，在程序中只出现一次。

● 符号常量：在 VBA 中用来代替字符直接常量的一个标识符，在程序中可多次出现，适用于需要经常使用的常量。符号常量可以由 Excel 应用程序指定，或者由用户指定。用户自己指定符号常量的语句为：

  Const 标识符 As 数据类型 = 值

例如我们用以下语句声明 Pi 为常量且其值为 3.141 592 6：

  Const Pi = 3.1415926 As Single

● 系统常量：也称内置常量，它本质上也是符号常量，但它是 Excel 应用程序指定的，有特定的作用。为了方便使用和记忆这些常量，它们通常由"vb"两个小写字母开头，例如：

  vbGreen

表示绿色。要想查询某个系统常量的含义或值，可以使用 VBE 的"视图"→"对象浏览器"或快捷键 F2 调出"对象浏览器"，如图 8-43 所示。

（2）变量

变量是指在 VBA 程序运行过程中可以改变的量。例如，一个人的体重是在不断变化的，就可以设定一个表示体重的变量。变量的使用包含两层含义：变量名和对变量的赋值。变量名是用户自己为变量定义的标识符；变量的值表示其实际的量，存储在计算机系统中以变量标识符标记的存储位置。

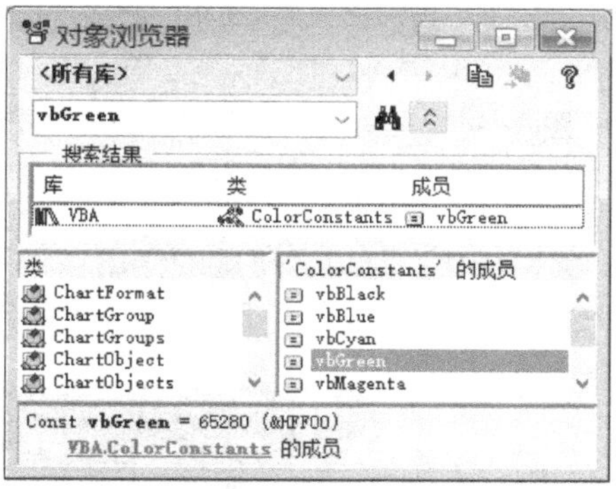

① 声明变量

a．显示声明

在过程开始之前先对变量进行声明，称为

图 8-43 使用 VBA 对象浏览器查看 VB 常量

显示声明，此时 VBA 会为该变量分配内存空间。在 VBA 中有 3 种方式显式声明变量，见表 8-1。

表 8-1 VBA 中声明变量的方式

关键字	语法格式	示　例	说　　明
Dim	Dim 标识符 As 数据类型	Dim change As String	定义 change 为字符串变量
Public	Public 标识符 As 数据类型	Public Num As Integer	定义 Num 为整型变量，其作用与用 Dim 语句定义的变量类似，只是在作用域上有差别
Static	Static 标识符 As 数据类型	Static go As Boolean	定义 go 为逻辑变量，该语句与 Dim 语句的不同之处在于，用 Static 声明的变量在调用时仍保留其原来的值

关于常量与变量的辨识与数学中的一样，如表达式 $y=x+5$，其中字母 x 和 y 为变量，数字 5 为常量，其他情况可以类推。

b. 隐式声明

隐式声明是指在过程开始之前先不声明变量，在首次使用变量时由系统自动声明变量，并指定其数据类型为 Variant 变体型。由于变体型会比其他类型占用更多的内存空间，当隐式声明的变量太多时，会影响系统的性能。因此应尽量减少使用隐式声明。

c. 强制声明

强制声明主要用于确保程序中的每个变量都经过正确的声明，如果没有声明就使用变量，系统会提示出错。有两种方法进行强制声明，一种方法是在 VBE 中选择"工具"→"选项"命令，在弹出的"选项"对话框的"编辑器"选项卡中选中"要求变量声明"复选框，如图 8-44 所示。

另一种方法是在模块中代码的第一行手动输入 Option Explicit，如图 8-45 所示。

图 8-44 在 VBE 中强制声明变量的方法　　图 8-45 在 VBA 代码中强制声明变量的方法

② 变量的作用域

表 8-1 中还提到了变量的作用域，简单地说，作用域表示变量可以被程序使用的范围。在 VBA 中，共有 3 种不同级别的变量作用域，如图 8-46 所示。

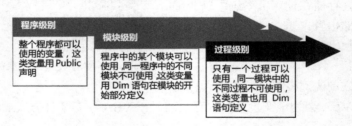

图 8-46 VBA 中变量的作用域

一般来说，变量作用域的原则是：哪部分定义就在哪部分起作用，模块中定义的则在该模块中起作用，通用部分定义的则在全局起作用。因此，在显示声明中用不同的声明关键字，只是表明用该关键字声明的变量的作用域不同，其他的完全相同。这些声明关键字如下。

Public：用于声明公共变量。在第一个模块的第一个过程之前使用 Public 关键字声明的变量，作用域为所有模块，即在所有模块的过程中都可以使用它。

Private 或 Dim：用于声明模块级变量。在模块的第一个过程之前使用 Private 或 Dim 关键字声明的变量，其作用域为模块中的所有过程，即该模块的过程中都可以使用它。

Static 或 Dim：用于声明本地变量。在一个过程中任何地方使用 Dim 关键字声明的变量，只在本过程中使用，Static 也是过程级变量，但它的值不会因为过程的结束而被清空，也就是该关键字声明的变量所分配的内存在过程结束之后不会被收回。

③ 变量的赋值

把数据存储到变量中，称为变量的赋值，语法为：

  Let 变量名 = 数据

其中关键字 Let 可以省略，其含义是把等号右边的数据存储到等号在左边的变量里，因此，等号在这里被称为赋值号。例如：

```
Sub test( )
        Dim x1 As String, x2 As Integer
        xl = "Hello! VBA"
        x2 = 100
    End Sub
```

上面的程序中先声明两个变量，再分别为它们赋值。

下面还是使用一个 Excel 工作表的示例来说明声明和使用变量。

例 8.3-4 声明变量，并对变量赋值和使用变量

第 1 步，插入模块。新建工作表，在 VBA 编程环境中选择"插入"菜单中的"模块"命令，如图 8-47 所示。

此时会弹出"模块"窗口，默认情况下会占满整个工作界面，用户可单击其右上角的"还原"按钮将其缩小，如图 8-48 所示。

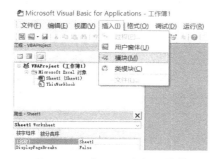

图 8-47 在 VBE 中插入模块

图 8-48 在模块中输入代码

第 2 步，编写代码。在模块窗口中输入如下代码:

```
Sub 认识变量( )
        Dim Num As Integer
        Num = Range ("A1").Value
        Range ("A2").Value = Num
    End Sub
```

第 3 步，在 A1 单元格中输入数据。用户可以按 Alt+F11 返回工作表，也可在任务栏中进行切换。然后在 A1 单元格中输入数字，再切换到 VBE，选择菜单栏中的"运行"下的"运行子过程/用户窗体"命令，如图 8-49 所示。

或者直接单击常用工具栏中的运行按钮 ▷ ▯ ▯。

第 4 步，运行宏名。执行上一步操作后，系统会弹出"宏"对话框，在其中选择"认识变量"宏，单击"运行"按钮，如图 8-50 所示。

第 5 步，查看运行结果。再次切换到 Excel 工作表，此时会看到 A2 单元格显示了和

A1 单元格一样的内容。

　　这段代码的功能是将 A1 单元格的内容存储到 Num 变量中，然后再将其复制到 A2 单元格中。这就是变量的典型使用方法——暂存数据。后面会大量出现类似代码。

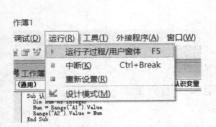

图 8-49　在 VBE 中运行程序

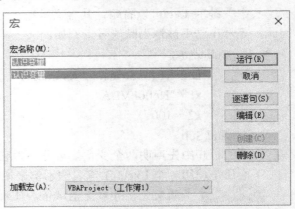

图 8-50　选择要运行的过程

4）数据类型

　　在上面的示例中，其实就已经提到了数据类型，如代码段中的 Integer 就是一种数据类型。在 VBA 中共有 12 种数据类型，见表 8-2。

表 8-2　VBA 的数据类型

数据类型	关键字	说　　明	类型符
布尔型	Boolean	最简单的数据类型，取值只能是 False 或 True，默认为 False	
整型	Integer	用于存储程序中的整数，其范围为-32 768~32 767	%
长整型	Long	存储范围更大的整数，-2 147 483 648~2 147 483 647	&
单精度浮点型	Single	存储正负小数数值，其中， 负数范围为-3.402 823 E38~-1.401 298 E-45， 正数范围为 1.401 298 E-45~3 402 823 E38	!
双精度浮点型	Double	同样存储正负小数数值，但精度更高，可存储的小数位数更多 其中，负数范围为-1.797 693 134 862 31E 308~-4.940 656 458 412 47E -324， 正数范围为 4.940 656 458 412 47E -324~1.797 693 134 862 32E 308	#
字符串型	String	存储可识别的字符排列而成的串，分为定长字符串和变长字符串。使用定长字符串定义变量时需要为其指定长度，其格式为 String*[指定长度]	$
日期型	Date	存储日期和时间的数据类型，任何可辨认的文本日期都可赋值给 Date 变量	
货币型	Currency	存储 8 个字节的整数形式，在货币计算和定点计算中很好用	@
小数型	Decimal	存储为 12 个字节带符号的整数形式，并除以一个 10 的幂数	
字节型	Byte	存储一个特定长度的数据，还可以定义无符号整数，一切可以应用于整型变量的操作都可以应用于字节型变量	
变体型	Variant	一种特殊的数据类型，所有没有被声明数据类型的变量都默认为变体型变量，因此只需省略声明语句中的 As 部分，就可声明成变体型变量	
对象型	Object	存储为 4 个字节的地址形式，为对象的引用，利用 Set 体语句	

　　相同数据类型之间可以进行计算、比较、赋值等操作。认识 VBA 中的数据类型就是为了方便计算处理。

这里以日期型数据类型为例，说明如何在程序中定义日期型变量，并对其赋值。以下是一段简单的代码，该段代码定义了一个日期型变量 CloseTime，用来存储文件关闭的时间：

　　　　Dim CloseTime As Date

将 CloseTime 定义为日期型变量

　　　　　CloseTime=#October 28.2015#

给变量赋值为 2015 年 10 月 28 日

日期型变量会根据计算机中的短日期格式来显示，而时间则根据计算机中的时间格式来显示。在对日期型变量赋值时需使用"#"号将日期括起来，即日期数据的左右都应有"#"。

5）数组类型

上面介绍的数据类型是 VBA 中的基本数据类型，在 VBA 程序中还有非基本数据类型，即 VBA 数组，它是一种复合的数据类型。数组是一系列相同类型元素的有序集合，使用数组可提高程序的灵活性和可读性。在内存中，VBA 数组占用一片连续的存储区域，它们具有相同的名称和数据类型，根据数组名和具体元素的位置，就可以得到相应的元素。

数组的声明方式和普通变量是相同的，都可以使用 Dim、Static 和 Public 语句来声明。下面分别说明不同类型数组的声明过程。

（1）固定大小的数组

当数组大小不随程序的变化而变化时，可声明固定大小的数组。例如，声明一个数组，数组元素是某个部门 20 位员工的姓名：

　　　　Dim Department (1 To 20) As String

（2）动态的数组

当数组的元素不可预测时，就声明动态的数组，动态数组方便灵活，可有效利用内存空间。例如，声明一个动态数组，数组元素是某个部门各员工的姓名：

　　　　Dim Department ( ) As String

6）书写规则

在 VBA 中，作为常识的书写规则有以下 4 条：

① VBA 不区分标识符的大小写，一律认为是小写字母；

② 一行可以写多条语句，用英文冒号 "："隔开；

③ 一条语句可以分多行书写，以空格加下划线 "_"来续行，例如下面这条语句：

　　　　Sheets ("Sheet1").Range ("C1").Value = _
　　　　Sheets ("Sheet1").Range ("A1").Value

就等值于

　　　　Sheets("Sheet1").Range("C1").Value=Sheets("Sheet1").Range("A1").Value

④ 在代码中可在任意位置插入注释，以单引号开始。

此外，还要注意，标识符必须简洁明了，不能造成歧义。

2．不得不学的 4 类 VBA 运算符

运算符可以和关键字、变量等组成表达式。除了赋值号 "＝"之外，VBA 中共有 4 种运算符。

（1）算术运算符

算术运算符是用来进行数值运算的符号，是最常用、也是最简单的运算符，见表 8-3。

表 8-3　VBA 的算术运算符

运 算 符	名　　称	语法格式	功能说明
＋	加	result = number1＋mumber2	求和
－	减	result = number1－mumber2； result =－number	求差 求负值
*	乘	result = number1 ＊ mumber2	求积
/	除	result = number1 / mumber2	两数相除并返回一个浮点数
^	乘方	result = number1 ^ mumber2	求幂，即指数运算
\	取商	result = number1 \ mumber2	两数相除并返回一个整数
Mod	取余	result = number1 Mod mumber2	两数相除并只返回余数

例 8.3-5 在 "立即" 窗口中显示算术运算的结果。

第 1 步，进入 VBE，插入模块并输入如下代码，如图 8-51 所示。

第 2 步，输出结果。准确无误地输入代码后，先单击工具栏中的运行按钮，在弹出的 "宏" 对话框中选择 "算术运算符" 宏运行，然后在 "视图" 菜单中选择 "立即窗口" 命令，如图 8-52 所示。

图 8-51　例 8.3-5 的代码页

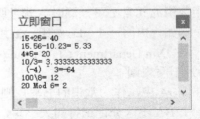

图 8-52　立即窗口

（2）比较运算符（或称关系运算符）

比较运算符是用来比较两个操作数的，因此它是二元运算符。比较运算符通常包括大于、小于、大于等于、小于等于，等，其结果值是 Boolean 型。比较运算符的作用和格式见表 8-4。

表 8-4　VBA 的比较运算符

运算符	名称	语法格式
=	等于	result = epn1 = epn2
<	小于	result = epn1 < epn2
>	大于	result = epn1 > epn2
<=	小于等于	result = epn1 <= epn2
>=	大于等于	result = epn1 >= epn2
<>	不等于	result = epn1 <> epn2

注：表中 epn1 和 epn2 分别指表达式 1、表达式 2。两个表达式中有一个为 Null 时，最终的运算结果也是 Null。

此外还有两个特殊的比较运算符 Is 和 Like。Is 用来比较两个对象的引用变量，其语法格式为：

result = Object Is Object

如果引用相同的变量，则结果为 True，否则为 False。

Like 用来比较两个字符串，其语法格式为：

result = String Like Pattern

如果 String 和 Pattern 匹配，则结果为 True，否则为 False。

例 8.3-6　比较两个单元格的值。通过比较 A1 和 A2 单元格的值说明比较运算符的使用，预设 A1 单元格的值为 125，A2 单元格的值为 225。

第 1 步，输入原始数据。分别在单元格 A1 和 A2 中输入预设值。

第 2 步，输入代码。在 VBE 环境中插入模块并输入以下代码，如图 8-53 所示。

第 3 步，显示比较结果。输入代码后，先单击工具栏中的运行按钮（或按 F5 键选择宏名并运行），然后在"视图"菜单中选择"立即窗口"命令（或按 Ctrl+G 组合键），如图 8-54 所示。

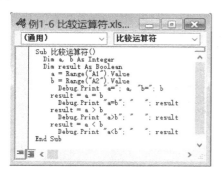

图 8-53　例 8.3-6 代码

图 8-54　例 8.3-6 运行效果

可以很明显地看到，只有 a 小于 b 的运算结果才为真。

（3）逻辑运算符

逻辑运算符用来执行表达式之间的逻辑操作，其执行结果也是 Boolean 型，即 True 或 False。逻辑运算符的作用和格式见表 8-5。

表 8-5　VBA 的逻辑运算符

运算符	名称	语法格式	功能说明
And	与	result = epn1 And epn2	表达式两边都为真时结果才为真
Or	或	result = epn1 Or epn2	表达式两边至少一个为真时结果才为真
Xor	异或	result = epn1 Xor epn2	表达式两边真假不相同时结果才为真
Not	非	result = Not (epn1)	表达式的真假值取反，为一元运算符
Equ	相等	result = epn1 Equ epn2	表达式两边真假相同时结果才为真，与 Xor 正好相反。
Imp	蕴涵	result = epn1 Imp epn2	当表达式 1 为真而表达式 2 为假时，结果为 False，其他情况下都为真

逻辑运算符的用法与比较运算符相似，也可以在模块中声明变量和数据类型，然后对变量赋值，再使用 Debug.Print 语句在"立即窗口"中输出结果，这里就不再举例了。

（4）连接运算符

连接运算符主要用于连接两个字符串，包括"+"和"&"两种，见表 8-6。

表 8-6　VBA 的连接运算符

运算符	语法格式	功能说明
+	result = epn1 + epn2	可连接数据类型同为 String 或 Variant 的字符串，或一个表达式为 String，另一个为 Null 之外的任意 Variant
&	result = epn1 & epn2	实现将两个表达式作字符串强制连接。"强制"意味着如果表达式不是 String，则将其强制转换成 String 后再连接

连接运算符的应用同样与算术运算符类似。

在以上四种运算符中，算术运算符中的"−"和逻辑运算符中的"Not"都是一元运算符，又叫单目运算符，即只有一个算子。

为了让读者可以自行编写比较运算符和连接运算符的相关程序，这里总结了一个框架，如图 8-55 所示。

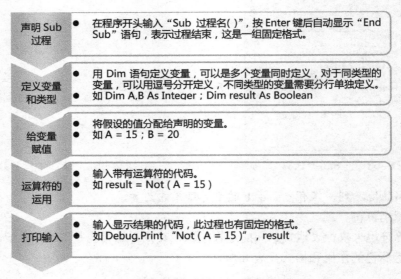

图 8-55　VBA 运算符的使用方法

此框架仅限于有关运算符操作后在"立即"窗口中显示结果的程序。当然，如果读者对代码比较熟悉，则可对框架进行变换，使其可应用于更多的程序中。

（5）运算符的优先级

学习了各种运算符后，还需要掌握不同运算符在同一表达式中的优先运算关系。在一个表达式中进行若干操作时，每一部分都会按照预先确定的顺序进行计算，这称为运算符的优先顺序。表 8-7 显示了算术运算符、比较运算符、逻辑运算符的优先顺序。

表 8-7　VBA 运算符的优先级

优 先 级	算术运算符	比较运算符	逻辑运算符
1	^	=	Not
2	-（负号）	<>	And
3	*、/	<	Or
4	\	>	Xor
5	Mod	<=	Equ
6	+、-（减号）	>=	Imp

连接运算符的优先顺序在所有算术运算符之后、所有比较运算符之前。

3．务必掌握的 3 种 VBA 控制语句

语句是一段代码的核心，VBA 语句按照其执行的顺序可以分为顺序结构、循环结构和选择结构。正确使用控制语句，程序的执行就会变得有条不紊，利用不同的流程控制结构可以实现不同的功能。

（1）顺序结构

顺序结构是按照语句出现的顺序一条一条地执行的，执行顺序是自上而下、依次执行，它是最简单的一类结构，我们在前面看到的示例都是顺序结构的。顺序结构没有复杂的逻辑关系，用户只需要按照解决问题的先后顺序编写代码即可。

（2）循环结构

循环结构可以看作一个条件判断语句和一个向回转向语句的组合。循环结构可以减少源程序重复书写的工作量，用来描述重复执行某段算法的问题，这是程序设计中最能发挥计算机特长的程序结构。循环结构可用如图 8-56 所示的结构进行描述。

从图中可以看出，循环结构有 3 个要素：循环变量、循环体和循环终止条件。VBA 提供了 3 种循环语句：Loop 语句、While p 语句、For…Next 语句，见表 8-8。

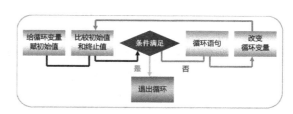

图 8-56　VBA 循环结构示意图

表 8-8　VBA 常用循环语句语法格式

循环语句	语法格式	功能说明
Do…Loop	Do [While | Until 条件] 　　循环体 Exit Do 　　循环体 Loop	当条件为 True 或变为 True 时，重复执行一个语句块
While…Wend	While 条件 　　循环体 Wend	当条件判断为 True 时，重复执行循环体
For…Next	For 循环变量 = 初值 To 终值 　　[Step 步长] 　　循环体 Exit For 　　循环体 Next	实现指定次数的循环，故也称计数循环

在 VBA 中的循环语句也可以看作一个条件判断语句和一个转向语句的组合。表 8-8 所示的三种循环语句中，最常用的是 For…Next 语句和 Do…Loop 语句，现简述如下。

① For…Next 语句

For…Next 语句一般用指定次数来重复执行某一操作，语法为：

    For　循环变量 = 初值　To　终值 [Step　步长]
        循环体

    Exit For
        循环体

    Next　循环变量

其中，step 默认为 1。

For…Next 语句中循环的次数由循环控制变量决定，程序运行初始时将初值赋给循环控制变量，然后判断该值是否超出终值，若没有超出，则执行后面的语句块，执行完毕后根据步长对循环控制变量进行增加或减少，并在此与终值进行比较，决定是否继续执行语句块，就这样一直循环，直到循环控制变量超出终值，则停止循环，执行 Next 后面的语句。例如：

    Dim i As Integer
    Dim total As Integer
    total = 0
    For i = 1 To 100
        total = total + i
    Next i

该程序表示计算 1～100 的累加和。程序运行时，For 语句开始执行累加计算，从 1 开始累加到 100 为止。

下面还是用一个 Excel 中的实例来说明 For…Next 语句的应用。

例 8.3-7　For…Next 语句的应用

现有如图 8-57 所示的原始文件：

1	车辆编号	调车时间	交车时间	调用部门	使用人	事由	此准人
2	川A. 51621	2015/4/22 9:00	2015/4/22 18:00	行政部	谭晔	公事	张东
3	川A. R6511	2015/4/27 8:35	2015/4/27 15:30	企划部	张华杰	公事	张东
4	川A. 325V3	2015/5/10 9:40	2015/5/10 16:40	宣传部	朱俊	公事	张东
5	川A. 78SD3	2015/5/22 10:10	2015/5/22 18:00	市场部	何春燕	公事	张东
6	川A. 69411	2015/6/14 9:25	2015/6/14 17:25	企划部	李凯	公事	张东
7	川A. 5DS33	2015/7/25 8:20	2015/7/25 15:50	宣传部	吴梅	公事	张东
8	川A. XE540	2015/8/3 8:50	2015/8/3 12:40	行政部	李佳乐	公事	张东
9	川A. 65Q22	2015/8/19 10:30	2015/8/19 17:30	市场部	魏浩	公事	张东
10	川A. SD689	2015/9/4 13:00	2015/9/5 9:10	销售部	陈家	公事	张东
11	川A. 54102	2015/9/11 14:20	2015/9/12 10:10	销售部	张婕	公事	张东
12	川A. 36945	2015/9/23 9:00	2015/9/23 16:10	行政部	谭林	公事	张东
13	川A. 695AS	2015/10/10 8:45	2015/10/10 14:00	行政部	张可可	公事	张东
14	川A. 6314C	2015/10/19 11:00	2015/10/20 8:50	市场部	林杰艺	公事	张东
15	川A. 5639G	2015/10/25 14:30	2015/10/26 10:25	企划部	张志华	公事	张东

图 8-57　例 8.3-7 原始文件

该文件内容的字体样式为"宋体，10 磅"，偏小，且字体颜色默认为"黑色"，表格中的记录项排列也紧凑，行与行之间不便于区分，因此需要对偶数行设置不一样的字体样式，以免看错。要达到这一目的，可用循环语句来解决。

在 VBE 中插入模块，输入以下代码，如图 8-58 所示。

该代码首先初始化变量 j，设其初始值为 1，终止值为 7（因偶数行共有 7 行），步长值为缺省值 1。程序运行后，先对条件进行判断，如果循环变量 j 的值小于等于终止值，则执行循环体，为选中的偶数行设置格式。执行到 Next 语句后，j 的值加 1，再返回到 For 进行判断，这样一直重复到 $j=8$ 时才不再执行循环体，并从 Next 的下一条开始执行，而下一条语句就是 End Sub，程序结束。

程序运行后的效果如图 8-59 所示。

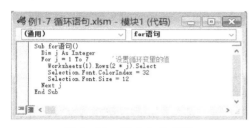

图 8-58　例 8.3-7 代码

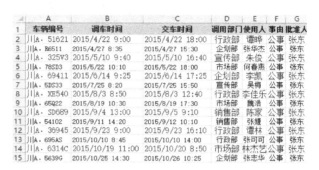

图 8-59　例 8.3-7 运行效果

② Do…Loop 语句

Do…Loop 语句表示在条件为 true 时重复执行语句，语法为：

    Do [While | Until　条件]

        循环体

    Exit Do

        循环体

    Loop

或者使用如下语法形式：

    Do

        循环体

    Exit Do

        循环体

    Loop [While | Until　条件]

其中，while 为"当"循环型，until 为"直到"循环型。

Do 语句首先判断条件表达式的真假，若为 true，则执行语句块，执行完毕后继续判断条件表达式的真假，并决定是否继续执行；若条件为 false，则跳出循环结构。

（3）选择结构

在 VBA 中，除了顺序结构与循环结构，还定义了一些可以控制程序流程的语句，它们提供了选择功能。选择语句主要有适用于二路分支的 If …Then…Else 语句和适用于多路分支的 Select Case 语句两种，见表 8-9。

表 8-9　VBA 常用选择语句语法格式

选择结构	语法格式	功　能	说　明

If …Then…Else	If 条件 Then
	　语句块
	End If
	If 条件 Then
	　语句块 1
	Else
	　语句块 2
	End If
		根据条件的判断结果选择执行语句	先执行条件判断，如为真则执行 Then 后的语句，如为假，则在有 Else 语句的情况下执行 Else 后的语句，否则不做任何操作

Select Case	Select Case 判断的对象 Case 1 　语句块 1 Case 2 　语句块 2 … Case　Else 　其他语句 End Select	根据条件的判断结果，决定执行几组语句中的哪一组	如果需要判断的对象与 Case 的条件表达式匹配，则执行 Case 子句之后的语句，否则执行最后的"其他语句"

在 VBA 中，判断语句主要用于先做判断再选择的问题，判断语句的执行是依据一定的条件来选择执行路径的，而不是严格按照语句出现的物理顺序。

① If…Then…Else 语句

If…Then…Else 语句的语法规则为：

　　If 条件 Then 语句块 1 Else 语句块 2

例如有如下语句：

　　If a>b and c>d Then a=b+c Else a=c+3

表示当 a>b 且 c>d 时，a=b+c，否则 a=c+3。

If 语句也可以写成语句块的形式，即：

　　If 条件 1 Then
　　　语句块 1
　　ElseIf 条件 2
　　　语句块 2
　　……
　　Else
　　　语句块 *n*
　　End If

例如：

　　If Number < 50 Then
　　　Digits = 1
　　ElseIf Number <100 Then

```
            Digits = 2
        Else
            Digits = 3
        End If
```

表示数值小于 50 时，Digits 为 1；数值大于等于 50 但小于 100 时，Digits 为 2；其他条件下，Digits 为 3。

② Select Case 语句

在程序中如果分支太多，会使代码看起来比较烦琐，可读性也降低，此时更适合采用 Select Case 语句，其语法为：

```
Select Case  判断的对象
        Case 1
            语句块 1
        Case 2
            语句块 2
        ......
        Case Else
            其他语句
    End Select
```

程序将根据表达式的结果在多个条件值中找到与之对应的一个（注意是第一个，即是说，即便有多个 Case 都符合，但只执行第一个符合的后就不再执行后面的了），并执行其后面的语句。若都不符合，则执行"其他语句"。例如：

```
Select Case Pid
        Case Num > 10000
            Price = 200
        Case Num > 1000
            Price = 300
        Case Else
            Price = 900
    End Select
```

该语句的意思是，当数量大于 10 000 时，价格为 200；数量大于 1 000 时，价格为 300；其余数量下价格为 900。

下面还是用一个 Excel 中的实例来说明 Select Case 语句的应用。

例 8.3-8 Select Case 语句的应用

现有销售部员工的基本工资情况如图 8-60 所示：

	A	B	C	D
1	姓名	部门	职位	基本工资
2	董俊	销售部	经理	5500
3	郭彪	销售部	副经理	4500
4	雷小雨	销售部	业务员	2800
5	李小娟	销售部	业务员	2200
6	王明	销售部	业务员	2000

图 8-60 例 8.3-8 原始文件

现在需要根据不同的岗位发放不同的绩效，最终得出每位员工的实发数额。代码如图 8-61 所示。

程序执行后的效果如图 8-62 所示。

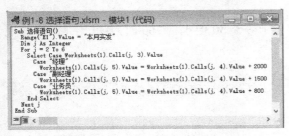

图 8-61 例 8.3-8 代码　　　　　　　图 8-62 例 8.3-8 运行效果

③ Choose 函数

Choose 函数也用于选择结构，语法为：

　　　　　　Choose（Index，Choice-1，Choice-2，…，Choice-n）

Choose 函数可以用来选择自变量串列中的一个值，并将其返回，此函数中 index 是必要参数，为数字表达式或字段，它的运算结果必须是一个数字，介于 1 和可选择的项目数之间（例如，有 50 个可供选择的项目，则 index 的运算结果就必须在 1～50 之间）；Choice 也是必要参数，是变体型的，包含可选择项目的其中之一。

④ Switch 函数

Switch 函数也用于选择结构，语法为：

　　　　　　Switch（expr-1，value-1，expr-2，value-2，…，expr-n，value-n）

Switch 函数和 Choose 函数类似，但它以两个一组的方式返回所需的值，在串列中，最先为 true 的值会被返回。expr 是必要参数，是要加以计算的 Variant 表达式；value 是必要参数。如果相关的表达式为 true，则返回此部分的数值或表达式，若没有一个表达式为 true，则返回空值。

（4）With 语句

在三种结构之外，Excel 中还大量使用 With 语句，该语句可以在一个单一对象或一个用户定义类型上执行一系列的语句。使用 With 语句不仅可以简化程序代码，而且可以提高代码的运行效率。With/End With 结构中以"."开头的语句相当于引用了 With 语句中指定的对象。当程序一旦进入 With…End 结构，With 语句指定的对象就不能改变。因此不能用一个 With 语句来设置多个不同的对象。如下代码是使用 With 语句设置活动工作表的相关属性。

```
With ActiveSheet
    .Visible = True
    .Cells(1, 1 ) ="ExcelHome"
    .Name = .Cells(1,1)
End With
```

8.3.4　与用户交互，快速读取与显示

Excel 在强大的数据处理与分析功能之外，还提供了强大的人机交互功能，主要体现在图形用户界面的应用上。图形用户界面是 Windows 操作系统下的应用程序与用户进行人机交流的方式，包括按钮、菜单、工具栏、对话框、列表框等图形元素。图形用户界面设计在 Excel 中主要分为工作表界面设计和用户窗体设计。

利用 Excel 的图形用户界面设计功能，不仅能有效地改善工作表的外观，还能为操作提供诸多方便，如设计出友好的数据输入界面、数据操作界面和数据查询界面等。要设计出人性化的图形用户界面，必须首先掌握表单控件和 ActiveX 控件。

1．使用控件，实现对表单的操作控制

设计工作表界面的过程就是向工作表中逐一添加控件并对控件进行设置的过程。而控件则是一些可以放置在窗体上的图形对象，包括命令按钮、单选按钮、文本框、列表框等。使用控件显示或输入数据，提供可选择的选项或按钮，可使窗体更加易于使用。

若要使用 Excel 中的控件，可在"开发工具"选项卡的"控件"组中单击"插入"下三角按钮，然后在展开的列表中可看到有两类控件：表单控件和 ActiveX 控件，如图 8-63 所示。

这两类控件有很多相同的功能，如都可以指定宏。但是它们也有明显的区别，主要在于使用范围不同，具体如下。

① 表单控件：
- 只能在工作表中添加，且只能通过设置控件格式或指定宏使用它。
- 可以和单元格关联，操作控件可修改单元格的值。

② ActiveX 控件：
- 在工作表和用户窗体中使用，具备众多的属性和事件，提供更多的使用方法。

图 8-63　Excel 控件工具箱

- 虽然它属性强大，可控性强，却不能和单元格关联。

如果要熟练使用这些控件，需要对每一类控件的形状和功能有充分的认识，见表 8-10。

表 8-10　常用控件功能说明

控件形状	控件名称	功能说明
▭	按钮	在使用 Windows 系统中的应用程序时，常常会用到如"确定"、"下一步"、"取消"等按钮，单击这些按钮可执行相应的功能
Aa	标签	主要用于显示说明性文本，如标题、题注等
◉	选项按钮	也称单选按钮，在多个选项中只能选择一种，选中后其圆形按钮中多出一个黑点
✓	复选框	每个选项前都有一个小方框，如果选中，则会在方框中出现对钩，可同时选中多个，或都不选中
▤	列表框	用于以列表的形式显示一些值，这些值中可以有一个或多个被选中
▤	组合框	为用户提供可选择的选项，用户将组合框展开才能看到所有的选项
▱	数值调节钮	通过单击控件的向上或向下按钮来选择数值
XYZ	分组框	将控件分类，使工作表界面更加清晰，方便使用

例 8.3-9 制作电子版调查问卷

首先准备如下原始文件，该文件中预留了一些空白行用于摆放控件。然后：

在"插入"下拉列表框中单击"表单控件"中选取"选项按钮"来绘制单选按钮，然后右击该按钮，在弹出的快捷菜单上选择"编辑文字"，即可在单选按钮上输入相关信息；

用同样方式添加好所有单选按钮，也可复制已有按钮后修改按钮文字。然后，再插入复选框，并输入相关信息。

为了使工作界面更加友好，用户可以在没有选项的开放式问题下绘制分组框，输入相关信息，然后在分组框上绘制一个矩形文本框，供被调查者输入文字。

将其他所有问题的选项补充完整后，在"视图"选项卡下取消网格线的显示，即完成了电子问卷的制作，最终效果如图 8-64 所示。

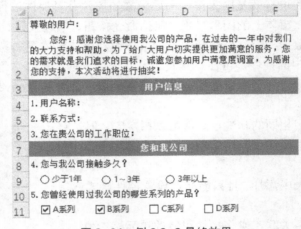

图 8-64 例 8.3-9 最终效果

2．调用对话框，实现内容的输入/输出

如果需要 Excel 的应用程序进行真正的控制和操作，则必须学会 Application 对象，应用程序操作的正确与否和 Application 对象密切相关，它代表整个 Excel 应用程序本身，所有打开的工作簿、工作簿窗口都属于一个 Excel 应用程序，即一个 Application 对象。此外，还有 Workbook 和 Worksheet 对象，大多数的操作都是围绕这些对象进行的。

Application 对象中有一些属性可以控制 Excel 的外观和状态，它所提供的方法可以让用户执行自己需要的功能。Application 对象还有一些专有的成员可配合属性和方法的操作。

（1）Application 对象的属性

Application 对象有 6 个重要属性，见表 8-11。

表 8-11 Application 对象的 6 个重要属性

属　　性	语法格式	功能说明
ActiveSheet	表达式. ActiveSheet	获得活动工作簿中活动的工作表
Cells	表达式. Cells	返回一个单元格 Range 对象
ScreenUpdating	表达式. ScreenUpdating	更新屏幕
Caption	表达式. Caption	更改 Excel 主窗口的标题栏名称
Interactive	表达式. Interactive	设置 Excel 是否处于交互模式
UserName	表达式. UserName	返回或设置当前用户的名称

表中的"表达式"是一个代表 Application 对象的变量，例如，要重新设置标题栏为"表格数据处理"，则 Sub 过程中的代码为：

Application.Caption = "表格数据处理"

程序执行后即可更改标题栏中显示的名称。不过要注意的是，这个名称不是工作簿的名称。

（2）Application 对象的方法

Application 对象有 4 种方法，每种方法能实现不同的功能，见表 8-12。

表 8-12　Application 对象的 4 个方法

方　　法	语法格式	功能说明
InputBox	表达式. InputBox (一系列参数)	显示一个接收用户输入的对话框，返回此对话框中输入的信息
FindFile	表达式. FindFile （一系列参数）	显示"打开"对话框，并让用户打开一个文件
GetOpenFilename	表达式. GetOpenFilename (一系列参数)	显示标准的"打开"对话框，并获取用户文件名，而不必真正打开任何文件
GetSavesAsFilename	表达式. GetSavesAsFilename （一系列参数）	显示标准的"另存为"对话框，并获取用户文件名，而不必真正保存任何文件

Application 对象除了提供属性和方法外，还拥有大量事件。例如，当工作表被激活时，会产生 Sheet Activate 事件；当工作簿中新建工作表时，会产生 Workbook NewSheet 事件，等。下面的例子就是通过 Application 对象实现人机交互界面。

例 8.3-10 通过 Application 对象实现人机交互

首先，在模块中输入如下代码，实现的是输入正确的计算机用户名来修改 Excel 标题栏中的名称，如图 8-65 所示。

然后验证用户名。按 F5 执行代码，如果代码无误，则会弹出如图 8-66 所示的对话框，用户要在其中输入正确的用户名"张老三"。

图 8-65　例 8.3-10 代码　　　　图 8-66　例 8.3-10 运行过程中弹出的验证对话框

当用户输入正确的用户名后，单击"确定"，便会进入到修改标题栏的第一步，注意此时对话框是出现在 Excel 主界面了，如图 8-67 所示。

单击"是"，进入到修改标题栏的第二步，可在新弹出的对话框中输入用户需要的名称，并且修改完成后，会弹出提示信息，提示用户修改成功，而如果此时放弃修改，也会弹出信息框来确认用户已放弃修改。

而如果用户在最初的对话框中未输入正确的用户名，Excel 也会弹出提示信息，提示用户名出错并中止程序。

修改后的工作簿标题栏效果如图 8-68 所示。

图 8-67　例 8.3-10 运行过程中弹出的"询问"对话框　　　图 8-68　例 8.3-10 运行结果

3．构建用户窗体，实现人机交互

在 Windows 操作系统中，窗体是可视化编程的基本单位，每个窗体都有独立的功能，包含若干控件，而每个控件也有特定的基本功能。每个窗体和其他窗体之间有着一定的联系，或顺次发生，或相互调用，所有的窗体组成了一个完整的界面。在一个应用程序中，所有的功能和实现这些功能的代码都是围绕着窗体来安排的。

相对于同样实现人机交互功能的对话框，用户窗体是一种更强大的用户界面，运用用户窗体可使程序变得更加可视化，设计者可以根据自己的需要定义窗体的外观、按钮位置、名称和功能。前述的对话框是用户与 Excel 工作表之间的直接交互，当用户不需要 Excel 应用程序的工作环境时，就需要能脱离 Excel 工作表进行交互的用户窗体功能了。

用户窗体的使用与模块类似，也需要在 VBA 编程环境中通过"插入"→"用户窗体"命令执行，VBE 会立即弹出一个 UserForm 窗口，一般情况下，还会同时自动弹出设计窗体所需要的工具箱，如图 8-69 所示。

这就是一个 VB 窗体，用户窗体的大小可以像调整文本框那样进行调整。如果没有弹出工具箱，用户可以通过"视图"菜单打开工具箱。

如果要把用户窗体设置成符合用户需要的个性化窗体，则要通过设置用户窗体的属性来完成。用户窗体的属性窗格在默认情况下是打开的，若没有显示，则可右击窗体，在弹出的快捷菜单中选择"属性"命令来打开。

用户窗体的各项属性可以按字母或分类进行排序，如图 8-70 所示。

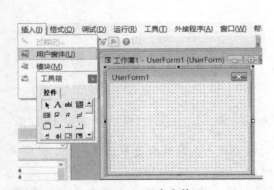

图 8-69　用户窗体

图 8-70　用户窗体的属性

如果用户要对属性进行修改，则必须在属性窗格中找到对应的属性，然后在其右侧单击不同的按钮或输入值来修改，而这些按钮或文本框在没有修改前都是隐藏的，需要鼠标单击才会显示。

用户窗体的属性有很多，一些常用的属性如下。

- Caption：修改窗体标题栏的名称
- BackColor：修改窗体的背景色
- Picture：可为窗体添加背景图片
- Font：可修改窗体中的字体样式

例 8.3-11 新建一个用户窗体

第1步，插入模块。通过"插入"菜单插入用户窗体，默认的窗体名称为 UserForm1。

第2步，添加滚动条。在属性窗格中单击"按分类序"标签，设置"滚动"选项组的第一个属性。单击该属性右侧选项，将显示下三角按钮，然后单击该按钮，选择不同的滚动条效果，这里要同时添加水平和垂直滚动条，因此选择第4个选项。

第3步，添加图片并修改窗体名。在"图片"选项组中的 Picture 属性右侧单击后添加图片，然后在"外观"选项组中修改 Caption 属性，直接在右侧文本框中输入"我的 VBA 窗体"。

第4步，运行后的效果。修改窗体的属性后，用户窗体会发生相应的改变，此时按 F5 键运行窗体，会弹出如图 8-71 所示的窗体。

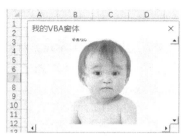

图 8-71　例 8.3-11 运行结果

8.3.5　VBA 对象

1．常用对象与对象模型

对象具有相对性，因此一个对象可以包含其他对象，也可以包含在其他对象里。因此，Excel 中的对象层次分明地组织在一起，称为对象模型，如图 8-72 所示。

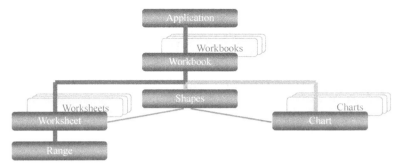

图 8-72　VBA 对象模型

解释如下。

① 一个 Excel 程序就是一个 Application 对象，比如菜单、工具条等都属于该 Application 对象，如果用户需要自定义工作界面，就是对 Application 对象进行操作。

② 一个 Application 对象可以包含很多个 Workbook 对象，它们合称为（或归类于）

Workbooks 对象。例如，我们可以同时打开很多个工作簿（Workbooks），但只有一个工作簿（Workbook）处于编辑状态，该工作簿即活动工作簿（ActiveWorkbook）。

③ 一个 Workbook 对象可以包含很多个 Worksheet 对象，它们合称为（或归类于）Worksheets 对象。例如，一个工作簿（Workbook）中有多个工作表（Worksheets），但只有一个工作簿（Worksheet）处于编辑状态，该工作簿即活动工作簿（ActiveWorksheet）。

④ 一个 Workbook 对象同时还包含很多个 Chart 对象，它们合称为（或归类于）Charts 对象。例如，一个工作簿（Workbook）中有多个图表工作表（Charts），每个图表工作表（Chart）中有一个图表（Chart）。

⑤ 一个 Workbook 对象中同时还包含很多个 Shapes 对象，它们是一些浮在（或可以理解为嵌入于）工作表页面上的诸如标记、批注、控件、插入的图片之类的对象。

⑥ 一个 Worksheet 对象可以包含很多个 Range 对象，例如一个工作表中有很多单元格，单元格范围即是 Range，只不过一个 Range 对象可以只是一个单元格，也可以是一组单元格，关键看用户一次操作时选取多少个单元格，同时操作的一个或一批单元格就是一个 Range。

2. 通过 Application 对象改造工作界面

（1）Application 对象的属性

① UserName

用于返回或者设置当前用户的名称，其值为 String 类型。例如，要弹出对话框以显示当前用户名称，可使用如图 8-73 所示代码。

按 F5 运行程序后，显示结果如图 8-74 所示。

 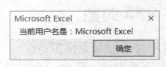

图 8-73 编程调用 Application 对象的 UserName 属性　　图 8-74 Application 对象的 UserName 属性运行结果

② Path

用于返回 Excel 的安装路径。例如，要弹出对话框以显示 Excel 的安装路径，可使用如图 8-75 所示代码。

按 F5 运行程序后，显示结果如图 8-76 所示。

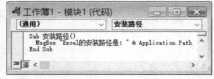 

图 8-75 编程调用 Application 对象的 Path 属性　　图 8-76 Application 对象的 Path 属性运行结果

③ DisplayAlerts

用于决定是否在程序运行中显示警告信息，其值为逻辑型，缺省为 True。例如，在 Excel 中删除有内容的工作表时会弹出如图 8-77 所示的警告。

图 8-77　Excel 中常见的"警告"对话框

此时，如果在某段程序的前面加入以下代码：

　　　　Application.DisplayAlerts = False

则在同样情况下将不再弹出对话框。不过在程序中，在设置了这个功能，跳过了弹出对话框的步骤后，一定要在其后再补上一句：

　　　　Application.DisplayAlerts = True

以使程序恢复正常。

④ ScreenUpdating

用于决定是否在程序进行中将中间计算结果显示到屏幕上，即是否进行屏幕更新，其值为逻辑型，缺省为 True。也就是说，默认情况下，在运行 VBA 程序时，Excel 是一步一步地进行计算的，运算结果也会一步一步地在屏幕上显示。

为了方便理解这一点，可以简单地写一段代码来示范，如图 8-78 所示。

此时按 F5 运行，结果如图 8-79 所示。

图 8-78　一段可以在 Excel 中显示中间结果的代码

图 8-79　在 Excel 中显示的中间结果

此时 A1:A10 对话框中出现了数字 1，单击确定后程序继续运行，结果如图 8-80 所示。

再单击"确定"，直到 C 列中也出现数字 3，并弹出对话框，最后再单击"确定"，结束程序。从刚才的过程中我们看到，每弹出一次对话框时，相应列的结果已经显示出来了。如果我们想加快程序运行，不要它显示中间结果，可将刚才的代码改为如图 8-81 所示。

图 8-80　继续在 Excel 中显示的中间结果

图 8-81　修改代码

在有中间结果之前先关闭屏幕更新，等所有中间结果都显示完成后再恢复屏幕更新。此时再运行该程序，会发现每次弹出对话框时，单元格里并没有数据，直到单击最后一个对话框的确定按钮，将程序结束之后，所有单元格的数据才同时显示出来。

⑤ WorksheetFunction

用以调用部分工作表函数。当 VBA 提供的内置函数不能满足我们的要求时，可以在 VBA 中直接编写代码（Sub 过程或 Function 函数过程）来实现目的。例如统计如图 8-82 所示的成绩单中获得良好（80 分）以上的人数。

由于 VBA 中没有可以直接使用的函数，因此可以编写如下代码实现，如图 8-83 所示。运行结果如图 8-84 所示。

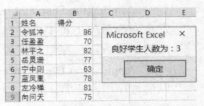

图 8-82 统计成绩原文件　　图 8-83 用于统计成绩的代码　　图 8-84 程序运行结果

那么，问题就出来了：Excel 中有函数 COUNTIF 可用于统计满足某一条件的单元格个数，比如在这里直接用公式 "=COUNTIF(B2:B9, ">=80")" 就可以了，如图 8-85 所示。

遗憾的是，COUNTIF 只存在于 Excel 中，在 VBA 中并没有这个内置函数。其实，Excel 中很多有用的函数如 SUMIF、VLOOKUP 等，在 VBA 中都没有，而这些函数的功能如果要在 VBA 中通过编程实现，其工作量是很大的，像查找函数可能需要几百行代码。

为了在 VBA 中也能调用 Excel 中的函数，VBA 专门提供了 Application 对象的 WorksheetFunction 属性，以提高我们编写 VBA 代码的效率。

例如在前例中，要想统计 80 分以上的学生人数，可调用 Excel 中的 COUNTIF 函数来实现，代码如图 8-86 所示。

图 8-85 在 Excel 中调用函数计算　　图 8-86 在 VBA 中调用 Excel 函数的代码

运算结果同上。

由此可见，当需要使用 WorksheetFunction 属性时，语法为：

Application.WorksheetFunction.要调用的工作表函数名([函数参数])

此处需要注意的是：有些 Excel 函数是 VBA 中也有的，如 LEN 函数，这些函数在使用时就不能使用 WorksheetFunction 属性，否则会出错。例如统计字符串 abc 的长度，正确的 VBA 代码句是：

LEN("abc")

而不是：

Application.WorksheetFunction. LEN("abc")

（2）Application 对象的方法

① Volatile

用于控制函数重新计算。在编写 Function 过程中使用该方法时，只需在定义"函数名=过程结果"之前加入：

Application.volatile True

即可设置当工作表单元格发生变化时，重新计算函数。例如，如果需要编写一个 Function 过程，获得一个自定义的函数，能生成一个 1～100 之间的随机整数，并且当工作表中任意单元格发生变化时该函数将重新计算并更新结果，可以写成如图 8-87 所示的代码。

要检验这个 Function 过程，只需要在工作表中某个单元格使用这个自定义函数，如图 8-88 所示。

图 8-87　在 VBA 中调用 Application 对象的 Volatile 方法　　图 8-88　准备检验 Volatile 方法

然后再在另外一个任意单元格输入文字，确认之后会发现函数的结果发生了变化，如图 8-89 所示。

② SendKeys

用于模拟键盘输入。例如可以利用该方法编写 Sub 过程，模拟在 Excel 中同时按下 Alt、F 和 X 组合键，以退出 Excel，代码如图 8-90 所示。

图 8-89　Volatile 方法的使用效果　　图 8-90　在 VBA 中调用 Application 对象的 SendKeys 方法

按 F5 运行程序，即可使用该方法退出 Excel。如果退出前未保存，则会弹出提示对话框让用户做出选择。本例中的"%fx"表示在 Excel 中同时按下 Alt、F 和 X 这三个键。

（3）返回的子对象们

前面介绍 Excel VA 对象结构时已经提到，对象具有相对性，在对象模型中，可以明显地看到，某对象的属性，也可能是个具有属性的子对象。因此，我们可以通过引用 Application 对象的属性，返回不同的子对象，语法如：

Application. Workbooks ("工作簿名称"). Worksheets ("工作表名称"). Range ("单元格地址")

此时，需要引用的每一级子对象的名称都要写清楚，比如要引用名为"工作簿 1"的工作簿中名为"Sheet1"的工作表中的 A1 单元格，应写为：

Application. Workbooks ("工作簿 1"). Worksheets ("Sheet1"). Range ("A1")

不过，对于某些特殊的对象，表达式可以不需要这么严谨，例如 Selection 对象，要表达在当前选中的单元格中输入数字 1，可以写作：

Application. Selection. Value = 1

其中的 Application 是可以省略不写的，因此通常的写法是：

Selection. Value = 1

表 8-13 列出了一些常用的 Application 对象属性。

表 8–13　Application 对象的常用子对象

属性（对象）	说　　明
ActiveCell	当前活动单元格
ActiveChart	当前活动工作簿中的活动图表
ActiveSheet	当前活动工作簿中的活动工作表
ActiveWindow	当前活动窗口
ActiveWorkbook	当前活动工作簿
Charts	当前活动工作簿中的所有图表工作表
Selection	当前活动工作簿中的所有选中对象
Sheets	当前活动工作簿中的所有表
Worksheets	当前活动工作簿中的所有普通工作表
Workbooks	当前所有打开的工作簿

这些属性与 Selection 对象类似，可以返回子对象，引用时可省略 Application。

（4）改造 Excel 工作界面

例如，Application 对象的 Caption 属性用于返回或设置 Excel 窗口的标题，这个标题包括两部分：一部分是工作表名，另一部分是工作表后缀为"-Excel"，即图 8-91 中标示的地方。

假定现在要把"-Excel"中的"Excel"改为"数据表"，只需在 Sub 过程中使用以下代码即可：

　　　　Application. Caption = "数据表"

此时如果调用 MsgBox 来显示工作表的标题，可在立即窗口中使用如下语句：

　　　　MsgBox "当前 Excel 窗口标题为："& Application.Caption

则会弹出提示框，显示完整的 Excel 窗口标题，如图 8-92 所示。

　　　图 8-91　工作表名称的后缀　　　　　　图 8-92　更改工作表名称后的工作表后缀

设置 Excel 窗口标题时，并不仅限于当前工作簿，而是针对 Excel 程序窗口；而返回 Excel 窗口标题时，则只返回当前活动工作簿的窗口标题。

下面将给出一些在改造 Excel 工作界面时常常用到的 Application 对象的属性，它们可以在 Sub 过程中使用，也可以在立即窗口中输入并立即执行。

① DisplayFormulaBar 属性

用于显示与隐藏编辑栏。在立即窗口中输入以下代码并回车：

　　　Application.DisplayFormulaBar = False

将立即隐藏编辑栏，如图 8-93 所示。

图 8-93　在 Excel 中隐藏了编辑栏的效果

若需恢复，只需执行以下代码即可：

　　　Application.DisplayFormulaBar = True

② DisplayStatusBar 属性

用于显示或隐藏状态栏，用法同上。

③ StatusBar 属性

用于设置和返回状态栏的显示信息，还可用于恢复状态栏的初始状态。当需要改变状态栏的显示信息时，例如在立即窗口中输入：

　　　Application.StatusBar = "呵呵呵……"

执行后的效果如图 8-94 所示。

StatusBar 属性还能用于返回当前状态栏的显示信息，例如利用 MsgBox 返回的代码是：

　　　MsgBox "当前状态栏的内容是："& Application.StatusBar

效果如图 8-95 所示。

图 8-94　更改了状态栏的效果

图 8-95　返回状态栏的内容

如果需要将状态栏内容恢复到初始状态，则可执行以下语句：

　　　Application.StatusBar = False

④ Application 对象的 ActiveWindow 子对象的 DisplayHeadings 属性

用于显示或隐藏行号和列标。例如，在立即窗口中执行以下语句：

　　　Application.ActiveWindow.DisplayHeadings = False

则效果如图 8-96 所示。

图 8-96　隐藏了行号和列标的效果

若想恢复显示则更改其值为 True 即可。

⑤ Application 对象的 ActiveWindow 子对象的 DisplayWorkbookTabs 属性

用于显示或隐藏工作表标签，用法同上。

⑥ Application 对象的 ActiveWindow 子对象的 DisplayHorizontalScrollBar 属性

用于显示或隐藏工作表的水平滚动条，用法同上。

⑦ Application 对象的 ActiveWindow 子对象的 DisplayVerticalScrollBar 属性

用于显示或隐藏工作表的垂直滚动条，用法同上。

⑧ Application 对象的 ActiveWindow 子对象的 DisplayGridlines 属性

用于显示或隐藏工作表的网格线，用法同上。

3．通过 Workbook 对象管理工作簿

在 VBA 中，声明一个 Workbook 对象通常有三种方式：Workbooks 对象、ThisWorkbook 对象和 ActiveWorkbook 对象。

（1）用 Workbooks 声明 Workbook 对象

Workbooks 和 Workbook 看起来差不多，就多了一个"s"，这两者之间有什么区别和联系呢？可以这样理解：在 VBA 中，一个 Workbook 对象就是一个 Excel 文件，多个 Workbook 对象就可以组成一个 Workbooks 对象，即 Workbooks 集合，而集合是一种特殊的对象。

当我们编写 VBA 代码时，需要声明一个 Workbook 对象，引用某工作簿，其实就是用代码指明工作簿的位置和名称，这时候，就要通过 Workbooks 来引用工作簿，有如下两种常用的方法。

① 利用索引号

当我们在电脑中打开多个工作簿以后，可以看到在任务栏中有这些已打开的工作簿的缩略图，默认情况下它们按照打开的先后顺序"排队"，如图 8-97 所示。

图 8-97　多个打开的工作簿

而这个"排队"的顺序，就是我们需要利用的索引号，排在缩略图第 1 位的工作簿，其索引号就是"1"，以此类推（当然，此时如果用鼠标拖动某工作簿的缩略图到其他位置，则缩略图的顺序会发生变化，并导致索引号也发生相应的变化）。

当存在这样的索引号时，如果要引用 Workbooks 集合中的第 1 个 Workbook 对象（即工作簿），则可以使用如下代码段来表示它：

Workbooks.Item(1)

不过，其中的 Item 常常又可以省略掉，因此我们常常直接写为：

Workbooks (1)

它就是排队中的第 1 个 Workbook 对象。

② 利用工作簿名称

例如要引用 Workbooks 集合中名叫"Book1"的 Workbook 对象（即工作簿），代码为：

Workbooks ("book1")

需要注意的是，如果是已经保存的文件，且在电脑系统中设置了显示文件扩展名，则在引用时也需要在工作簿的文件名后添加后缀的扩展名，如：

> Workbooks ("book1.xlsx")

否则可能出错。

（2）ThisWorkbook 对象和 ActiveWorkbook 对象

在 VBA 中，ThisWorkbook 和 ActiveWorkbook 都是 Application 对象的属性，都返回 Workbook 对象，可以理解为 ThisWorkbook 和 ActiveWorkbook 都是比较特殊的工作簿对象，两者的区别在于，使用 ThisWorkbook 表示的是程序所在的工作簿，而 ActiveWorkbook 是当前活动工作簿。

另外，使用这两个对象时，不用写成 Application.ThisWorkbook.属性（或方法），可以直接写为 ThisWorkbook.属性（或方法）。

（3）获得 Workbook 的基本信息

① Name

Workbook 对象的 Name 属性返回工作簿的名称，其值为 String 型，例如：

> ThisWorkbook.Name

将返回引用代码所在的工作簿的名称，
或

> ActiveWorkbook.Name

将返回当前活动工作簿的名称。

例如，如果要在消息框中显示当前代码所在工作簿的名称，可写为如图 8-98 所示。

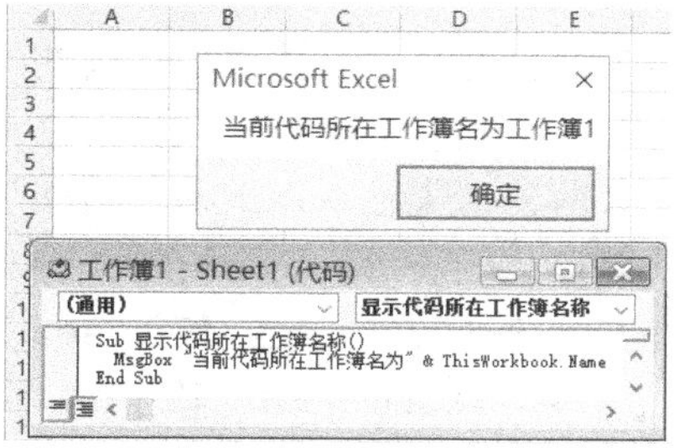

需要注意的是，该属性不能赋值（即不能通过代码来命名）。

图 8-98 用消息框返回代码所在工作簿的名称

此外，如果要在 Excel 的单元格中显示代码所在工作簿名称，可写作：

> Range ("B1") .Value = ThisWorkbook. Name

或

> Range ("C1") .Value = ActiveWorkbook. Name

在立即窗口中输入以下代码并回车执行，结果如图 8-99 所示。

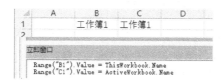

图 8-99 用单元格显示代码所在工作簿以及活动工作簿的名称

② Path

Workbook 对象的 Path 属性返回工作簿的保存路径。使用方法与 Name 属性一样，该属性也不能赋值，如果要在 Excel 的单元格中显示代码所在工作簿名称，方法也同 Name 一样。

③ FullName

Workbook 对象的 FullName 属性返回工作簿的带保存路径的文件名称。使用方法与 Name 属性一样，该属性也不能赋值，如果要在 Excel 的单元格中显示代码所在工作簿名称，方法也同 Name 一样。

（4）创建工作簿

创建工作簿要使用到 Workbooks 对象的 Add 方法，语法为：

> Workbooks.Add [参数]

当省略参数时，将创建一个含有一定数目的空白工作表的新工作簿。如果要指定新工作簿中所含空白表的数目，应在 SheetsInNewWorkbook 属性中设定。Add 方法的参数见表 8-14。

表 8-14　Add 方法的参数

参　　数	说　　明	新表包含
xlWBATWorksheet	只含一个工作表	工作表
xlWBATChart	只含一个图表工作表	图表
xlWBATExcel4MarcoSheet	只含一个 Excel4 宏表	MS Excel 4.0 宏表
xlWBATExcel4IntlMarcoSheet	只含一个 Excel4 国际性宏表	MS Excel 5.0 对话框

例如要创建有一个图表工作表的新工作簿，语句为：

> Workbooks.Add xlWBATChart

在立即窗口中输入以上语句后回车执行，就会生成一个新的图表工作表了。

此外，我们还可以将现有的 Excel 文件作为模板，来创建工作簿，此时需要提供该模板文件的带路径的文件名，作为 Add 方法的参数，例如：

> Workkbooks.Add "F:\VBA 示例\Book1.xlsx"

（5）打开工作簿

打开工作簿要使用到 Workbooks 对象的 Open 方法，语法为：

> Workbooks.Open　参数名称:=参数值

例如，要打开 F 盘"VBA 示例"文件夹中的名为"Book1"的 Excel 工作簿，代码如图 8-100 所示。

图 8-100　用于打开工作簿的代码

上例中的参数名称通常可以不写，因此语句可精简为：

> Workbooks. Open "F:\VBA 示例\Book1.xlsx"

按 F5 运行程序，即可打开该文件。

除了 Filename 参数外，Open 方法还有 14 个参数，用以决定打开文件的方式。

（6）激活工作簿

利用 Workbooks 对象的 Activate 方法，可以将当前打开的多个工作簿中的一个激活成当前活动工作簿，例如：

Workbooks ("Book1"). Activate

此时原来的活动工作簿自动转为不活动的工作簿。

（7）保存工作簿

利用 VBA 保存工作簿会遇到两种情况：保存工作簿或者将工作簿另存为新文件。

① 保存工作簿

ThisWorkbook.Save

或

ActiveWorkbook.Save

② 将工作簿另存为

当我们首次保存一个新建的工作簿，可需要将文件另存为一个新的文件时，可使用：

ThisWorkbook.SaveAs Filename:=参数值

或

ActiveWorkbook. SaveAs Filename := 参数值

例如图 8-101 所示为另存为工作簿文件的代码。

图 8-101　另存为工作簿的代码

需要注意的是，使用 SaveAs 方法将工作簿另存为新文件后，Excel 将自动关闭原文件并打开新文件。这实际上就是各种 Office 文档默认的方法，在日常中，当我们把一个"文件"另存为"文件 1"时，此时留在编辑区的就是"文件 1"了。

③ 另存为工作簿并保留原文件

要想在"另存"之后仍留在原文件的活动窗口而不打开新文件，这需要用到 SaveCopyAs 方法：

ThisWorkbook. SaveCopyAs Filename := 参数值

或

ActiveWorkbook. SaveCopyAs Filename := 参数值

此处的参数值是一个带路径的文件名，如果省略路径，则保存在当前目录下。

（8）关闭工作簿

这要用到 Workbooks 对象的 Close 方法：

Workbooks. Close

关闭当前所有打开的工作簿。或：

Workbooks（"工作表名称"）. Close

关闭指定的工作簿。

如果要关闭的工作簿是经过编辑且未保存的，会弹出对话框询问是否保存更改，如果想要避免该对话框，可设置 Close 方法的 SaveChanges 属性，该属性值为逻辑值，例如：

Workbooks（"工作表名称"）. Close SaveChanges := True

则会自动保存更改后再关闭工作簿。当然也可以自动放弃更改，只需要写成：

Workbooks（"工作表名称"）. Close SaveChanges :=False

再进一步说，连参数名 SaveChanges 本身也可以省略，因此该语句可进一步简化为：

Workbooks（"工作表名称"）. Close True

提示：利用 Application 对象的 DisplayAlerts 属性也可以跳过提示对话框，但无法像设置 Close 方法的参数那样轻松地选择关闭前是否保存。

（9）设置工作簿打开密码

这需要用到 Workbook 对象的 Password 属性，如图 8-102 所示。

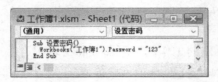

图 8-102　设置工作簿打开密码

运行该程序后保存并关闭工作簿，再次打开时就需要输入密码了。如果要取消密码，只需将 Password 密码设置为空，运行该程序后保存并关闭工作簿，再次打开时就没有密码了。

（10）保护工作簿结构

这实际上就是保护工作簿（注意：不是保护工作表）了。要用到 Workbook 对象的 Protect 方法，表达式为：

ThisWorkbook（或 ActiveWorkbook）. Protect Password

保护工作簿结果的代码如图 8-103 所示。

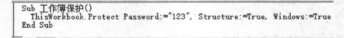

图 8-103　保护工作簿结构的代码

该代码中，Structure 表示工作表结构，Windows 表示工作表窗口，这两者的值取 True 表示要保护该项目。

运行程序后切换到工作表窗口，在"文件"选项卡的"信息"中可以看到工作簿受到保护了，如图 8-104 所示。

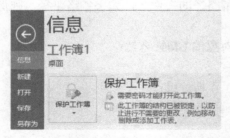

图 8-104　保护了工作簿结果的信息显示

此时再切换到"开始"选项卡，会发现无法插入新的工作表，对现有工作表也不能移动、删除等，也无法对工作表标签命名，也就是说，对表的操作受限了。

要想撤销对工作簿的保护，只需要在"立即"窗口中输入：

ThisWorkbook. Protect

回车执行后将弹出"撤销工作簿保护"对话框，输入密码后即可解除保护。

4．通过 Worksheet 对象操作工作表

（1）声明 Worksheet 对象

要声明 Worksheets 对象集合中的一个 Worksheet 对象以引用某工作表，有如下方法。

① 利用索引号

例如：

　　Worksheets.Item(1)

或直接为

　　Worksheets (1)

不过如果调整了表的位置，则索引号也会发生变化。

② 利用工作表标签名称

例如

　　Worksheets（"工作表 1"）

③ 利用工作表代码名称

在 VBE 窗口的资源管理器和属性窗口中，可以看到工作表的代码名称（CodeName）和标签名称（Name），如图 8-105 所示。

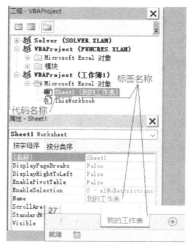

图 8-105　工作表的代码名称

两者的区别在于，代码名称只能在 VBE 窗口的属性窗口中修改，且不会随工作表标签名称或索引号的变化而变化。因此在编写 VBA 代码时，如果工作表的标签名称或索引号会经常发生变化，则最好直接写出该工作表的代码名称来声明该工作表。

④ ActiveSheet

当前活动工作表，在其后可添加对象的属性和方法。

（2）Sheets 与 Worksheets

其实，在 Excel 中共有 4 种不同类型的工作表，分别是：普通工作表、图表工作表、MS Excel 4.0 宏表和 Excel 4 国际性宏表（使用 MS Excel 5.0 对话框）。在 Excel 中右击工作表标签，在弹出的快捷菜单中单击"插入"命令，就会打开如图 8-106 所示的"插入"对话框。

图 8-106　工作表的四种类型

这其中就可以看到这四种类型的工作表。Sheets 集合就是所有这四种工作表对象的集合，而 Worksheets 集合只是普通工作表对象的集合，即图 8-106 中的第一种类型。

（3）新建工作表

Worksheets.Add [参数]

如直接写作 Worksheets.Add，将在当前活动工作表前面创建一张新的空表。

Worksheets.Add before := Worksheets(1)

第一张工作表前新建一张工作表。

Worksheets.Add after := Worksheets("成绩表")

在"成绩表"之后新建一张工作表。

Worksheets.Add. Count := 5

在当前活动工作表前面创建 5 张新的空表。

Worksheets.Add after := Worksheets("成绩表"), Count := 5

在"成绩表"之后新建 5 张工作表。

总结：在不指定位置时，默认创建在活动工作表前面，默认创建一张。

（4）删除工作表

① 删除指定工作表

Worksheets("工作表 1").Delete

② 删除活动工作表

ActiveSheet.Delete

③ 删除非活动工作表

需要配合 For...Next 循环语句和 If...Then 条件判断语句来构建代码以实现，如图 8-107 所示。

图 8-107　删除多个非活动工作表的代码

按 F5 键运行程序，即可删除当前活动工作簿中所有非活动工作表。

（5）复制工作表

Worksheets("工作表名称").Copy [参数]

① 复制到新工作簿

不带任何参数，直接使用语句

　　　Worksheets（"工作表名称"）.Copy

此时 Excel 将创建一个新工作簿，并将指定工作表复制到这个新工作簿中。

② 在原工作簿中创建副本

此时需要为 Copy 方法设置参数 after/before。例如要将活动工作表复制到某一确定工作表之后，如图 8-108 所示。

图 8-108　在工作簿中创建表的副本

（6）**移动工作表**

　　　Worksheets（"工作表名称"）.Move [参数]

具体方法与复制工作表的两种方法相同。

（7）**激活工作表**

　　　Worksheets（"工作表名称"）.Activate

或

　　　Worksheets（"工作表名称"）.Select

这两种方法有一个很大的区别，即可以同时选中所有工作表：

　　　Worksheets.Select

但不能同时激活所有工作表：

　　　Worksheets.Activate

另外，还有一个区别，即如果工作簿中存在隐藏工作表，它可以被激活，但不能被选择。

（8）**隐藏或显示工作表**

在 Excel 中，我们可以右击工作表标签，在弹出的快捷菜单中选择"隐藏"来隐藏一张工作表，然后在"开始"→"单元格"组中选择"格式"→"隐藏和取消隐藏"来取消隐藏。在 VBE 中我们可以通过以下代码实现同样功能：

　　　Worksheets（"工作表名称"）.Visible = False/True

或

　　　Worksheets（"工作表名称"）.Visible = 0/1

或

　　　Worksheets（"工作表名称"）.Visible = xlSheetHidden/xlSheetVisible）

还可以在 VBE 的属性窗口中，选中"Visible"属性，在右侧打开对应的下拉列表框，选择需要的参数，即可设置隐藏/显示工作表，如图 8-109 所示。

图 8-109　显示或隐藏工作表

（9）更改工作表标签名称

更改该工作表（即该 Worksheet 对象）的 Name 属性值即可。如果要为新建的工作表（也就是刚插入的一张新表）更名，由于新建的工作表通常是活动工作表，因此可直接写为：

ActiveSheet. Name = "名称"

如果想在新建工作表的同时就指定该工作表的名称，可写为：

Worksheets. Add [before := Worksheet(1)]. Name = "命名"

这样就在第 1 张工作表前新建了一张名为"命名"的工作表。

需要注意的是，在一次性新建多张工作表的情况下，即 Worksheets. Add 方法的 Count 参数值大于 1 的时候，不能使用一句代码为所有新建的工作表标签命名。

（10）获取工作表数目

Worksheets.Count

但要注意，如果该工作簿中含有图表工作表等其他类型的工作表时要使用

Sheets.Count

例如，要通过消息框显示当前工作簿中有几张工作表，可用如图 8-110 所示的代码。

图 8-110　获取工作簿中工作表的数量

5．通过 Range 对象操作单元格

Range 对象代表的是工作表中的单元格或单元格区域，它包含在 Worksheet（工作表）对象中。

（1）认识 Range 对象

Range 对象是 Excel 中最常用的对象，一个 Range 对象可以是一个单元格、一行、一列或者多个相邻（或不相邻）的单元格区域。

在 Excel 中，我们在操作单元格或单元格区域之前，需要将其表示为一个 Range 对象，然后才能使用该对象的属性和方法。

（2）多种方法引用单元格

在编写 VBA 代码时，我们需要引用单元格或单元格区域，然后才能使用该对象的属性和方法。VBA 提供了多种引用单元格的方法，可以根据目的选择最适合的方法。

① Worksheet（Range）对象的 Range 属性

利用 Worksheet 对象（或 Range 对象）的 Range 属性可以引用单元格区域，语法为：

Range (参数)

此时，其实是省略了 ActiveSheet。我们还可以为 Range 对象前指定工作簿或工作表，如：

Worksheets ("Sheet1"). Range (参数)

此时代表活动工作簿中指定的"Sheet1"工作表的指定单元格或单元格区域。

或者如：

Workbooks ("Book1"). Worksheets ("Sheet1"). Range (参数)

此时代表指定的"Book1"工作簿中的"Sheet1"工作表中的指定单元格或单元格区域。

其中的参数，可以是单元格地址，也可是以定义的名称，还可以是定义的变量等。使用不同参数时的表达方式如下。

当参数为单元格地址时，可以用英文引号来引用单元格地址，如：

Range ("A1:A10")

当我们事先定义了变量，如：

Dim n As String

n = "A1:A10"

那么就可以将这个表示单元格地址的字符串变量作为参数，写为：

Range (n)

当我们给单元格定义了名称，如图 8-111 所示。

此时可以用表示名称名的字符串或字符串变量作为参数，如：

Range ("数据 1")

图 8-111　为单元格定义名称

此外，利用 Worksheet（Range）对象的 Range 属性引用单元格时，我们可以引用多种类型的单元格区域。

引用多个不连续的单元格区域时，可以在各区域间添加逗号，如图 8-112 所示代码。

程序运行后的效果如图 8-113 所示。

图 8-112　引用不连续单元格区域的代码

图 8-113　引用不连续单元格区域的效果

需要注意，此时参数只用了一对英文引号，表示其只是一个参数。

引用公共区域（多个区域的相交部分）时，可以在各区域间添加空格来分隔，如图 8-114 所示。

程序运行后效果如图 8-115 所示。

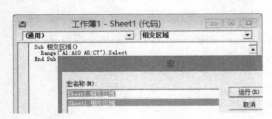

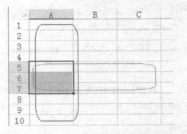

图 8-114　引用公共区域的代码　　　　图 8-115　引用公共区域的效果

需要注意，此时参数仍然只用了一对英文引号，表示其只是一个参数。

引用两个区域围成的矩形区域时，使用两个参数，在两个代表区域的参数间用逗号隔开，如图 8-116 所示。

程序运行后效果如图 8-117 所示。

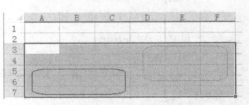

图 8-116　引用两个区域围成的矩形的代码　　　　图 8-117　引用两个区域围成的矩形的效果

需要注意，此时参数使用了两对英文引号，表示其是两个参数。

② Worksheet（Range）对象的 Cells 属性

在 Excel 中，我们要引用单元格地址主要有两种方法：一种是常见的 A1 样式，即"列标+行号"的方法，先列后行；另一种是"R1C1"样式，即先行后列，这种方法在 Excel 工作界面中不常用，却是 Worksheet（Range）对象的 Cells 属性返回指定单元格的方法。

如果要通过 Worksheet 对象的 Cells 属性引用指定工作表中指定行与列相交的单元格，语法为：

　　　　ActiveSheet.Cells (行号，列号)

或者表达为：

　　　　ActiveSheet.Cells (行号，"列标")

其中，使用列标时必须使用英文双引号。

此外，在指定 Worksheet 对象时，可以根据需要选择声明方式，如 Worksheets ("工作表 1")或 Worksheets (1)或 Sheet1，等等。

例如，要通过 Worksheet 对象的 Cells 属性引用名为"我的工作表"的工作表中的 C2 单元格，可写作：

　　　　Worksheets ("我的工作表"). Cells (2, 3)

或者写为：

　　　　Worksheets ("我的工作表"). Cells (2, "C")

如果要通过 Range 对象的 Cells 属性来引用指定单元格区域中指定行与列相交的单元

格，可表达为如图 8-118 所示。

程序运行后的效果如图 8-119 所示。

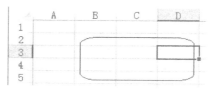

图 8-118　引用行列交叉单元格区域的代码　　图 8-119　引用行列交叉单元格区域的效果

这里要特别注意的是：虽然前面说了，Cells (2, 3)指的是 C2 单元格，但那是在整个工作表中的定位，换到本例中，只在 B2:D5 中定位，即在 B2:D5 区域范围内的第 2 行、第 3 列，那就是 D3 单元格了。

如果要通过 Worksheet 对象的 Cells 属性引用工作表中指定索引号的单元格，可写为：

ActiveSheet. Cells (2)

其中的"2"是索引号，表示引用活动单元格中的第 2 个单元格。这里要注意的是，这个"第 2 个"单元格是哪一个？在 Excel 2016 中，当使用 Worksheet 对象的 Cells 属性时，工作表中的索引号共有 1～17 179 869 184 个，即 1 048 567 行*16 384 列，索引号是按先行后列、从左到右、从上到下的顺序排列的，各索引号的位置如图 8-120 所示。

图 8-120　单元格的索引号

如果要通过 Range 对象的 Cells 属性引用工作表中指定索引号的单元格，可写为：

Range ("B2:D5"). Cells (2)

它表示在 B2:D5 这个区域内按先行后列、从左到右、从上到下的顺序来计数，因此结果是 C2 单元格。

如果要通过 Worksheet 对象或 Range 对象的 Cells 属性，引用指定工作表（或单元格区域）中的所有单元格，则写作：

ActiveSheet. Cells

或

Range ("B2:D5"). Cells

此外，Cells 属性还可用作 Worksheet（或 Range）对象的 Range 属性的参数，例如，以下两句代码是等效的：

Range ("B2", "D5")

Range (Cells (2,2), Cells (4,5))

不过日常工作中很少遇到需要使用 Cells 属性作为 Range 属性的参数的情况。

③ Rows 引用整行

利用 Worksheet（或 Range）对象的 Rows 属性可引用指定工作表（或单元格区域）中的整行或多行。例如：

ActiveSheet.Rows ("2, 2")

引用活动工作表的第 2 行（写为从第 2 行到第 2 行）

ActiveSheet.Rows ("2, 6")

引用活动工作表的第 2～6 行（写为从第 2 行到第 6 行）

ActiveSheet.Rows

引用活动工作表的所有行（等效于 ActiveSheet.Cells）

注意，参数中的行数要用英文引号括起来，如果不括起来，将表示为索引号。如：

ActiveSheet.Rows (2)

引用活动工作表的第 2 行（写为索引号为 2 的行）

很显然，对于一整张工作表来说，索引号所指的行，和以英文引起来的作为字符串所指的行是等效的，但对于单元格区域则有区别。

Range 对象的 Rows 属性与之类似，例如：

Range ("A5:B10").Rows ("1, 1")

单元格区域的第 1 行（实为第 5 行的 A5:B5）

Range ("A5:B10").Rows ("1, 3")

单元格区域的第 1～3 行（实为 A5:B7 区域）

注意，一般来说，用 Range 对象的 Rows 属性引用的只是区域，不是整行。如果想用 Range 对象的 Rows 属性来引用整行，得先将 Range 对象本身指定的范围扩大到整行，即不要使用列标，只用行号来表示 Range 对象本身指定的范围，例如：

Range ("5:10").Rows ("1, 3")

单元格区域的第 1～3 行（实为整个工作表的 5～7 行）

④ Columns 引用整列

方法同上。

⑤ Application 对象的 Union 方法

Application 对象的 Union 方法非常适用引用多个不连续的单元格区域，用该方法组合多个不连续的单元格区域的语法为：

Application.Union (参数 1，参数 2，参数 3….)

其中，Application 常可以省略不写，表示参数为 2～30 个 Range 对象。

例如，用 Application 对象的 Union 方法选中两个不连续的单元格区域，代码如图 8-121 所示。

运行后的效果如图 8-122 所示。

图 8-121　选中两个不连续单元格区域的方法的　　图 8-122　选中两个不连续单元格区域的方法的
　　　　　　代码　　　　　　　　　　　　　　　　　　　效果

⑥ 快捷方式

Application 对象的 Evaluate 方法非常适合于引用一个固定的 Range 对象，因为该方法拥有一种非常快捷的简写形式："[ ]"。例如，要利用这个快捷方式来引用某个单元格或单元格区域，可以写为：

[A1]	表示引用 A1 单元格
[A1:B3]	表示引用 A1:B3 单元格区域
[A1:B3, C4:D5]	表示引用多个单元格区域
[A3:E4 C1:D6]	表示引用两个区域相交处的单元格区域

利用快捷方式引用区域的方法如图 8-123 所示。

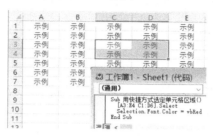

图 8-123　用快捷方式引用区域

此外，如果在 Excel 中为单元格定义了名称，则也可将名称作为参数使用。

需要注意的是，在[ ]中的参数无论是 A1 样式的单元格地址，还是定义的名称，都可以不加英文引号而直接写在[ ]中即可。

这种方式虽然很快捷，但不能在[ ]中使用变量作参数，因此灵活性欠缺。

⑦　Worksheet 对象的 UsedRange 属性

这是一个非常高效适用的属性，它返回当前工作表中已有数据的单元格所围成的矩形区域。不过它的缺点也很明显：如果表中的数据区域不连续，出现空行或空列，它不能识别。

Worksheet 对象的 UsedRange 属性如图 8-124 所示。

图 8-124　Worksheet 对象的 UsedRange 属性

⑧　Range 对象的 CurrentRegion 属性

该属性返回基于当前 Range（不管是一个单元格还是一个单元格区域），向周围扩展到有空行和空列时为止，所形成的矩形，它特别适合于当工作表中存在多个不连续的数据区域时，指定其中某个数据区域中的一个（或几个）单元格为基础，来仅选中该数据区域，如图 8-125 所示。

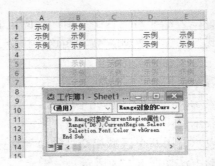

图 8-125　Range 对象的 CurrentRegion 属性

⑨ Range 对象的 End 属性

用于返回当前区域结尾处的单元格，如：

　　　　Range ("C2").End (参数)

而这里的参数就是指的从 C2 开始向哪个方向。End 属性共有以下 4 个参数：xlToLeft、xlToRight、xlUp、xlDown，其含义一目了然，如图 8-126 所示。

图 8-126　Range 对象的 End 属性

⑩ Range 对象的 Offset 属性

用于设置偏移量，与引用函数 Offset 相类似。

⑪ Range 对象的 Resize 属性

用于调整单元格区域的大小（注意，是单元格区域的大小，不是单元格的大小，即经过调整使得单元格区域所包含的单元格的数量增多或减少），如图 8-127 所示。

图 8-127　Range 对象的 Resize 属性针对单个单元格的变动

该例表示，从指定的单元格 C2 开始，扩大成一个 3 行 2 列的新单元格区域。

Resize 属性共有两个参数，都是正整数，最小为 1。当新区域的行、列数大于原区域时，即扩大了单元格区域，反之就缩小了区域，因此不需要负数来反方向设置。

　　此外，无论是扩大还是缩小，都是基于指定单元格的，如果指定的是单个单元格，那好理解，但如果指定本身就已经是个单元格区域了，则要以指定区域最左上角的单元格为基准，向下、向右来使用新的参数规定的数据，如图 8-128 所示。

图 8-128　Range 对象的 Resize 属性针对已有区域的变动

（3）单元格的三个基础属性

① Range 对象的 Address 属性

返回 A1 格式的单元格地址，常用方式为：

　　　Selection.Address

该属性的使用方法如图 8-129 所示。

② Range 对象的 Value 属性

这是 Range 对象的默认属性，可省略，例如以下两条语句是等值的：

　　　Range ("A1"). Value = " 学好 VBA，走遍职场都不怕 "

　　　Range ("A1") = " 学好 VBA，走遍职场都不怕 "

不过，为了避免程序运行中的意外情况，最好还是不要省略该属性名。

思考：如何在 Msgbox 中显示选中单元格的内容？如图 8-130 所示。

图 8-129　Range 对象的 Address 属性

图 8-130　Range 对象的 Value 属性

③ Range 对象的 Count 属性

用于返回指定区域的单元格个数，如：

　　　Selection.Count

　　　Range("A1:C4").Count

　　　Range("A1:C4").Rows.Count 或 Range("A1:C4").Colunms.Count

　　　ActiveSheet.UsedRange.Count

ActiveSheet.UsedRange.Rows.Count

下面仅举一例，如图 8-131 所示。

图 8-131　Range 对象的 Count 属性

（4）选中单元格

选中单元格有两种方法：Activate 和 Select。例如要选中活动工作表中的 A1:C5 区域，以下两种方法是等效的：

ActiveSheet.Range ("A1:C5"). Activate

ActiveSheet.Range ("A1:C5"). Select

但当我们已经选中 A1:C5 区域后，再在其中选择 B3 单元格，区别就出现了：

Select 方法，如图 8-132 所示。

Activate 方法，如图 8-133 所示。

图 8-132　用 Select 方法选中单元格

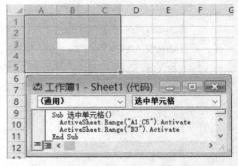

图 8-133　用 Activate 方法选中单元格

（5）选择性清除单元格

利用 Range 对象的 Clear 方法可能删除指定单元格（或单元格区域）的信息。例如：

Range ("A1:C5"). Clear

这是全部清除，但 Clear 方法还有以下参数（严格说不能算是参数，而是 Clear 方法的变种）可以选择性地清除：

ClearComments	清除批注
ClearContents	清除内容
ClearFormats	清除格式
ClearHyperlinks	清除超链接

（6）复制单元格

将 A1 单元格的内容复制到 B1 单元格，可写为：

Range ("A1"). Copy Destination := Range ("B1")

其中参数名 Destination 和连接符 ":=" 可省略，因此通常写作：

Range ("A1"). Copy Range ("B1")

例如，要将工作表 Sheet1 中 A1:E5 单元格中的内容复制到工作表 Sheet2 中 B2:F6 单元格，如图 8-134 所示。

图 8-134　跨工作表复制单元格

其中，代码一定要写在"模块"中。

另外，代码可以更严格地写为：

Worksheets("Sheet1").Range("A1:E5").Copy Worksheets("Sheet2").Range("B2:F6")

也可更简单地写为：

Sheet1.Range ("A1:E5").Copy Sheet2,Range ("B2:F6")

需要注意的是，在指定将源区域复制到目标区域时，要么两个单元格区域的大小（行列数）必须一致，要么在指定目标区域时只指定目标区域最左上角的单位格的地址。因此上例也可表述为：

Worksheets (1).Range ("A1:E5").Copy Worksheets (2).Range("B2 ")

如果在复制数据时连源区域的大小也无法准确输入，可表达为：

Worksheets (1).Range ("A1") .CurrentRegion.Copy Worksheets (2).Range("B2")

（7）剪切单元格

方法同复制单元格，区别只是将方法由 Copy 换为 Cut 即可。

（8）删除单元格

通常利用 Range 对象的 Delete 方法，如：

Range ("A1").Delete [参数]

参数通常可省略，因为用 VBA 来删除单元格时，不可能像在 Excel 中删除单元格那样弹出"删除"对话框来选择删除方式，因此如果省略参数，通常会执行"下方单元格上移"。Delete 方法的参数有以下 4 种，见表 8-15。

表 8-15　Delete 方法的 4 种参数

参数	代码示例	说明
xlToLeft	Range ("A1").Delete Shift := xlToLeft	下方单元格上移
xlUp	Range ("A1").Delete Shift := xlUp	右方单元格左移
EntireRow	Range ("A1").EntireRow. Delete	删除整行
EntireColumn	Range ("A1").EntireColumn. Delete	删除整列

6．其他常见对象

（1）通过 Name 对象定义名称

在 Excel 中，定义的名称就是为单元格区域（或数值常量、公式等）取的名字。一个自定义的名称就是一个 Name 对象，而工作簿中定义的所有名称的集合就是 Names。

① 新建名称

如果要在工作簿中新建一个名称，要使用 Name 对象的 Add 方法，如图 8-135 所示。

此时在工作表中打开"公式"→"定义的名称"组中的"名称管理器"，可看到如下信息，如图 8-136 所示。

图 8-135　用 Add 方法新建名称　　　　图 8-136　用 Add 方法新建名称的效果

当然，还有更简单的新建名称的方法，即直接利用 Range 对象的 Name 属性来设置。在 VBE 的"立即"窗口中输入：

Range ("C2:C5"). Name = "数据 2"

如图 8-137 所示。

按回车键后，即可在"名称管理器"中看到如下信息，如图 8-138 所示。

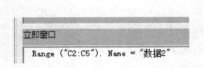

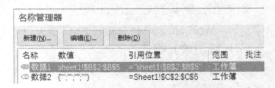

图 8-137　用 Name 属性新建名称的效果　　　图 8-138　用 Name 属性新建名称的效果

② 引用定义的名称

当有了名称之后，如果需要使用该名称，则可以表达如：

ActiveWorkbook. Names ("数据 1")

利用名称名来引用：

或

ActiveWorkbook. Names (1)

利用名称索引号来引用：

名称的索引号就是在"名称管理器"中看到的由上到下的序号，在没有人为更改顺序的情况下，这个顺序就是创建名称的先后顺序。

例如，要用 Msgbox 显示出顺序号为 1 的名称名，可在"立即"窗口中输入如图 8-139 所示的代码。

回车后可在工作表界面下看到如图 8-140 所示的消息框。

图 8-139　用 Msgbox 显示出顺序号为 1 的名称名　图 8-140　用 Msgbox 显示出顺序号为 1 的名称名的效果

又比如要用提示框显示名称名为"数据 2"的名称的引用位置，如图 8-141 所示。

图 8-141　用提示框显示名称名为"数据 2"的名称的引用位置的代码

回车后可在工作表界面下看到如图 8-142 所示的消息框。

Microsoft Excel　　×
名称的引用位置为：=Sheet1!$C$2:$C$5
确定

图 8-142　用提示框显示名称名为"数据 2"的名称的引用位置的效果

③　更改定义的名称

要将活动工作簿中名为"数据 1"的名称名字改为"报废"，语句为：

ActiveWorkbook. Names (1). Name ＝ "报废"

要将活动工作簿中名为"数据 2"的名称引用位置改在 A2:A5，语句为：

ActiveWorkbook. Names (2). RefersTo = "sheet1!$A$2:$A$5"

（2）通过 Comment 对象操作单元格批注

在 Excel 中一个批注就是一个 Comment 对象，而工作簿中所有批注的集合就是 Comments。

①　添加与删除批注

为单元格添加批注可使用 Range 对象的 AddComment 方法，如图 8-143 所示。

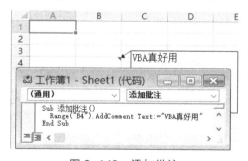

图 8-143　添加批注

如果指定的单元格已有了批注，再用程序为其添加批注就会弹出错误提示。

要删除批注，表达式为：

Range ("B4"). Comment. Delete

其中要确保选中的单元格中有批注，否则程序也会弹出错误提示。

② 更改批注内容

        Range ("B4"). Comment. Text   "新的内容"

注意，在这里感觉 Text 是方法而不是属性，因为当输入 "Text :='新的内容'" 时提示 "编译错误：缺少表达式"，而当输入 "Text ='新的内容'" 时又提示 "编译错误：不允许给常数赋值"，因此可知在这里 Text 不是作为属性在使用，只能理解成是方法。

③ 隐藏与显示批注

在 Excel 中，默认情况下为单元格添加的批注是隐藏起来的。利用 Comment 对象的 Visible 属性可修改该默认值：

        Range ("B4"). Comment. Visible = True

④ 判断是否有批注

判断是否有批注的代码如图 8-144 所示。

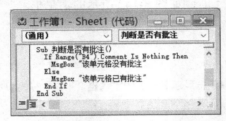

图 8-144　判断是否有批注

该程序只判断 B4 单元格，如果要判断任意单元格，只需将 "Range("B4")" 改为 "Selection" 即可。

（3）设置样式美化表格

① 通过 Font 对象设置字体

通过 Font 对象设置字体，如图 8-145 所示。

② 通过 Interior 对象设置单元格底纹

通过设置 Interior 对象的 Color 属性和 ColorIndex 属性来实现，如图 8-146 所示。

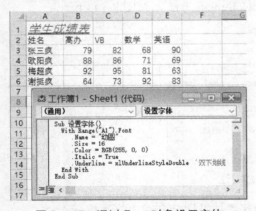

图 8-145　通过 Font 对象设置字体

图 8-146　Interior 对象的 Color 属性和 ColorIndex 属性

其中，ColorIndex 属性的索引号与常用颜色的对应关系见表 8-16。

表 8-16　ColorIndex 属性值的含义

索引号	颜色	索引号	颜色
0	无色	5	深蓝
1	黑	6	黄
2	白	7	紫
3	红	8	天蓝

③ 通过 Borders 对象设置单元格边框

通过设置 Borders 对象的 LineStyle 属性、Color 属性和 Weight 属性来设置边框样式，如图 8-147 所示。

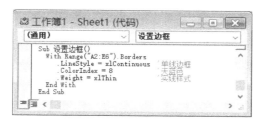

图 8-147　设置 Borders 对象的 LineStyle 属性、Color 属性和 Weight 属性

最终结果如图 8-148 所示。

图 8-148　Borders 对象的 LineStyle 属性、Color 属性和 Weight 属性的效果

提示：在 VBA 中通过代码设置样式，如果不熟悉参数值，可以先录制一个涉及该样式的简单宏，然后查看、编辑宏代码，从中了解各参数值的应用效果，并将自己常用的记下来。

通过本章的学习，应全面复习 Excel 2016 的排序、图表、数据透视表的操作，并掌握数据的筛选、窗体的使用、录制宏和执行宏的操作，并能根据需要自定义工具栏和菜单栏，能够将全书的内容融会贯通，得心应手。同时，对 VBA 有最基本的了解。

8.3.6　综合案例：设计一张课程调查表

使用控件收集学生对课程和老师的反馈，并通过代码将反馈意见存储到反馈结果中。要求：

首先，设计"调查表"的界面如图 8-149 所示；

填写调查内容并单击"提交"后，将弹出 MsgBox，同时会清空"调查表"中已填写的数据，如图 8-150 所示；

图 8-149 调查表运行界面 1

图 8-150 调查表运行界面 2

"反馈结果"表中已收集了"调查表"中提交的信息，如图 8-151 所示。

操作步骤如下。

（1）在"调查表"中进行如图 8-152 所示的设置。

图 8-151 调查表运行界面 3

图 8-152 调查表中间单元格设计

（2）设置各控件，其中：

① 选性别用的两个单选按钮链接到 K4 单元格；

② 选年级用的组合框链接到 K5 单元格；

③ 选专业用的组合框链接到 K6 单元格；

④ 选课程用的 6 个复选框链接到 K7～K12 单元格。

（3）设置各控件的返回内容，其中：

① 在 H4 单元格输入 "=IF(K4,INDEX(L4:M4,K4), "")"；

② 在 H5 单元格输入 "=IF(K5,INDEX(J4:J7,K5), "")"；

③ 在 H6 单元格输入 "=IF(K6,INDEX(J8:J12,K6), "")"；

④ 在 H7 单元格输入 "=IF(K7, "★", "")"，并填充到 H12。

（4）在 VBE 中输入如图 8-153 所示的代码。

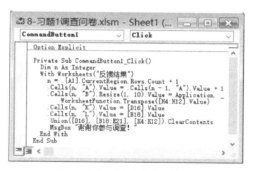

图 8-153　调查表代码输入

这组代码的含义是，先将记录行中当前已有的记录行数加 1 赋给变量 n，后面的所有代码都在这个 n 值所代表的行中进行：

① 第 n 行第 A 列（即 A_n 单元格）用上了第 $n-1$ 行第 A 列（即 A_{n-1} 单元格）中的数字加 1 作为当前的值，这实际上是自动编号；

② 第 n 行第 B 列（即 B_n 单元格）开始的 10-1 个（共 9 个）单元格依次用上了从操作表格（即调查表）中传过来的 H4:H12（也是 9 个）单元格中的值；

③ 第 n 行第 K 列（即 K_n 单元格）用上了调查表中 D16 单元格的值；

④ 第 n 行第 L 列（即 L_n 单元格）用上了调查表中 B18 单元格的值；

⑤ 将调查表中的 D16、B18:E21、K4:K12 这三个区域清空；

⑥ 最后弹出 MsgBox，程序完成。

所有工作完成后，可以考虑将"调查表"中所有存放中间结果的列都隐藏起来，必要时可对工作表进行保护。

小技巧

使用记录单

记录单是用来管理表格中每一条记录的对话框，使用它，可以方便地对表格中的记录执行添加、查找、修改、删除等数据库操作，有利于数据的管理。在 Excel 中，向一个数据量较大的表单中插入一行记录时，通常需要逐行逐列地输入相应的数据。若使用 Excel 的"记录单"功能，则可以帮助用户在一个小窗口中完成输入数据的工作，而不用冒险直接对大的数据列表进行操作。

（1）添加记录单

Excel 默认的功能选项卡中是不会显示"记录单"及其相关命令的，只能手动添加到"快速访问工具栏"中，操作如下。

选择"文件"→"选项"→"Excel 选项"，打开"Excel 选项"对话框，单击"自定义功能区"，在"从下拉位置选择命令"下拉列表框中选择"不在功能区中的命令"，在其下拉列表框中选择"记录单"选项，单击"添加到"按钮将其添加到右侧的列表框中，如图 8-154 所示。

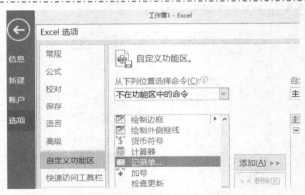

图 8-154 添加"记录单"功能

然后，单击"确定"后返回到工作表中，即可在快速访问工具栏中看到新添加的"记录单"按钮，如图 8-155 所示。

图 8-155 添加了"记录单"功能的程序界面

（2）编辑记录单

要添加并编辑记录，可在工作表中选择除标题外的其他含有数据的单元格区域，然后在快速访问栏中单击"记录单"按钮，在打开的记录单对话框中执行以下操作。

① 添加记录：在打开的记录单对话框的空白文本框中输入相应的内容后按回车键或单击"新建"按钮，继续添加记录文本到表格中，完成后单击"关闭"按钮来关闭记录单对话框。

② 修改记录：在打开的记录单对话框中，拖动垂直滚动条至需要修改的记录，在其中根据需要修改相关项目即可。记录被修改后，"还原"按钮被自动激活，如果想放弃修改，可单击"还原"按钮。

③ 查找记录：在打开的记录单对话框中单击"条件"按钮，然后在打开的对话框中输入查找条件，完成后按回车键，即可在当前对话框中将符合条件的记录显示出来。

④ 删除记录：先在打开的记录单对话框中查找需要删除的记录，然后单击"删除"按钮，系统将弹出确认提示，单击"确定"即可。

利用记录单查找记录时，输入的查找条件越多，查找到符合条件的记录就越准确。另外，在打开的记录单对话框中单击"上一条"按钮或"下一条"按钮，可查看当前记录的上一条或下一条记录。

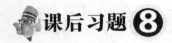
课后习题 8

1. Excel 中的宏本质上是什么？

2. 现有一段 VBA 代码如题图 8-1 所示，请逐句分析并写出含义。

题图 8-1 VBA 代码 1

3. 以下一段 VBA 代码如题图 8-2 所示，请分析其含义和作用是什么？

题图 8-2 VBA 代码 2

参 考 文 献

[1] 卞诚君，苏婵. 完全掌握 Excel 2016 高效办公[M]. 北京：机械工业出版社，2016.

[2] 盖玲，李捷. Excel 2010 数据处理与分析立体化教程[M]. 北京：人民邮电出版社，2015.

[3] 刘志红. Excel 2013 统计分析与应用（第 3 版）[M]. 北京：电子工业出版社，2016.

[4] 张岩艳，严晨. 活用 Excel VBA 让你的工作化繁为简[M]. 北京：机械工业出版社，2016.

反侵权盗版声明

　　电子工业出版社依法对本作品享有专有出版权。任何未经权利人书面许可，复制、销售或通过信息网络传播本作品的行为；歪曲、篡改、剽窃本作品的行为，均违反《中华人民共和国著作权法》，其行为人应承担相应的民事责任和行政责任，构成犯罪的，将被依法追究刑事责任。

　　为了维护市场秩序，保护权利人的合法权益，我社将依法查处和打击侵权盗版的单位和个人。欢迎社会各界人士积极举报侵权盗版行为，本社将奖励举报有功人员，并保证举报人的信息不被泄露。

举报电话：（010）88254396；（010）88258888

传　　真：（010）88254397

E-mail：　dbqq@phei.com.cn

通信地址：北京市万寿路 173 信箱

　　　　　电子工业出版社总编办公室

邮　　编：100036